JN107525

Tuyano SYODA
掌田津耶乃 著

Python Django 4 超入門

秀和システム

サンプルのダウンロードについて

サンプルファイルは秀和システムのWebページからダウンロードできます。

●サンプル・ダウンロードページURL

http://www.shuwasystem.co.jp/support/7980html/6241.html

ページにアクセスしたら、下記のダウンロードボタンをクリックしてください。ダウンロードが始まります。

ダウンロード

●注　意

1. 本書は著者が独自に調査した結果を出版したものです。
2. 本書は内容において万全を期して制作しましたが、万一不備な点や誤り、記載漏れなどお気づきの点がございましたら、出版元まで書面にてご連絡ください。
3. 本書の内容の運用による結果の影響につきましては、上記2項にかかわらず責任を負いかねます。あらかじめご了承ください。
4. 本書の全部または一部について、出版元から文書による許諾を得ずに複製することは禁じられています。

はじめに

Django 4 でPythonによるWeb開発をマスターしよう！

はじめてプログラミングをやってみよう、と思った人が最初に手にする言語といえば、なんといっても「Python（パイソン）」でしょう。Pythonは構文が簡単で読みやすく、初心者でも習得しやすいために広く利用されています。おそらく学校や仕事先で最初に学ぶことになった言語がPythonだった、という人は多いんじゃないでしょうか。

が、せっかくPythonを覚えても、授業や業務で使うことがなくなったらそれで終わり、となってしまう人は多いようです。せっかく身につけた技術、「使わなくなったらおしまい」ではあまりにもったいない。

そんな人に勧めたいのが「Webアプリケーション」の開発です。Webならば、作成して公開すれば多くの人に見てもらい、利用してもらえます。またアプリのように「作ったら終わり、気がつけば忘れ去られて消えてしまった」ということもありません。Webアプリは何年もかけて少しずつ改良していくことで次第に多くの人に利用してもらえるようになっていくのですから。

実をいえば、Pythonには本格Webアプリを開発するための素晴らしいソフトウェアが用意されているのです。それが「Django（ジャンゴ）」です。

本書は、2020年に出版された「Python Django 3 超入門」の改訂版です。Djangoは、2021年末に「Django 4」というメジャーアップデートがリリースされ、その後改良されて2023年4月には4.2がリリースされました。本書はこの4.2を使い、PythonでWebアプリケーション開発をするための基礎知識を一通り学んでいきます。一般的なWebアプリの開発から、Web APIというものを利用した開発、そして「React」というフロントエンドフレームワークを利用したアプリとの連携などまで幅広い開発スタイルを説明していきます。

Webの開発はさまざまな言語を使って行われますが、基本的な機能や概念などはどれも共通しています。本書を使って、Web開発の基本をしっかりと身につけましょう。それはきっと、あなたの技術者としての財産となってくれるはずですよ。

2023.08　掌田津耶乃

Contents

目次

Chapter 1
Chapter 2
Chapter 3
Chapter 4
Chapter 5

アプリ作りに挑戦しよう 345

Chapter

1

Djangoをはじめよう

ようこそ、Djangoの世界へ！ Djangoは、Pythonというプログラミング言語で動きます。まずは、PythonとDjangoを使う準備を整えましょう。そして実際にWebアプリを作って動かしてみましょう。

Section 1-1

PythonとDjangoを準備しよう

ポイント

- ▶ PythonとDjangoがどんなものか理解しましょう。
- ▶ Pythonをインストールしましょう。
- ▶ Pythonが動くか確認しましょう。

「パイソン」って、なに？

「プログラミング言語」は、プログラムを作るための専用言語です。これには、たくさんの種類があります。よりハードウェアに近い処理を作成するもの、とにかく速く動くもの、人間の言葉に近い感覚で書けるもの、などなど言語によってその性格はそれぞれ異なります。

では、「Webアプリケーションを作るのに使う言語」としては、どんなものが利用されているのでしょうか。以前ならば、たくさんの言語が候補として挙げられたでしょうが、最近では挙げられる言語はほぼ2つに絞られているでしょう。それは「Python」と「JavaScript」です。

JavaScriptは、おそらく多くの人に馴染みのある言語でしょう。特に、「Webアプリを作ろう」と考えている人ならば、Webページで利用されているJavaScriptは既に使ったことがあるかもしれません。

では、もう1つの「Python（パイソン）」はどうでしょうか。

AIブームで火がついたPython

Pythonという言語の名前そのものは、おそらく耳にしているでしょう。ここ数年、もっとも注目されている言語といっても過言ではありません。

Pythonは、欧米ではかなり以前から広く使われていたのですが、日本ではそれまで注目されていませんでした。それが、何年か前にはじまった機械学習（AI）ブームのおかげで、日本でも急速に注目されるようになったのです。そして実際に触ってみて、これが実にユニークで「使える」言語であることが次第にわかってきました。

そうしてPythonの面白さに目覚めた人々が、今度はAI以外の分野でもPythonを使うようになり、更に利用が広がる——こうして今やPythonはさまざまなジャンルで使われるようになっています。Webの開発もその1つといえます。

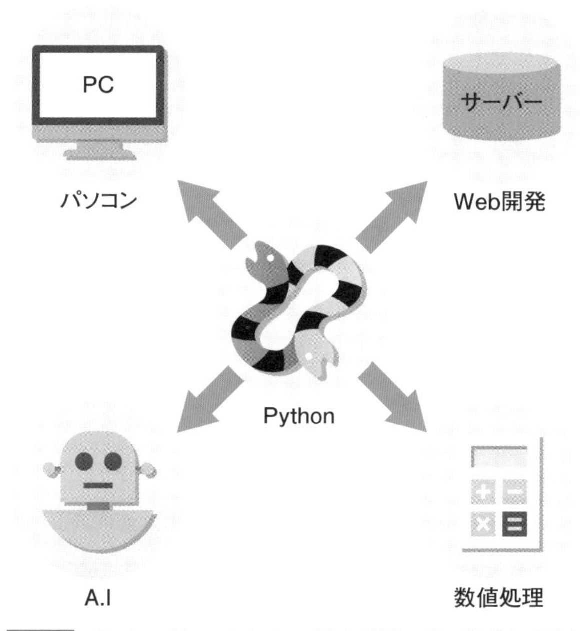

図1-1 Pythonは、パソコン、Web開発、AI、数値処理など幅広い分野で使われている。

Djangoってなに？

このPythonは、Web開発用に設計された言語ではありません。もっと普通にパソコンでプログラムを動かしたりするのに使われていたのです。もちろんWebの開発でも利用されていますが、PythonでWeb開発を行う場合、全部自分でプログラムを作っていくとなるとかなり大変なのは確かです。

このため、PythonによるWeb開発では「フレームワーク」と呼ばれるソフトウェアを利用するのが一般的です。フレームワークというのは、いろんな機能だけでなく「仕組み」そのものまで作成してあるソフトウェアのことです。フレームワークを使うことで、PythonによるWebアプリケーション作成の仕組みそのものまで用意されるんですね。

Python用のフレームワークとしてもっとも広く使われているのが「Django（ジャンゴ）」というソフトウェアです。

Django は Python を代表する MVC フレームワーク！

Djangoは、「MVCフレームワーク」と呼ばれるものです。MVCというのは、Webアプリケーションの設計に関するもので、アプリケーション全体の制御やデータベースアクセスなどを容易に行えるようにしてくれます（MVCについてはあとで詳しく説明します）。

このDjangoを使うことで、データベースを使った複雑なWebアプリケーションを個人でも簡単に作成できるようになりました。Pythonでこうしたものを一から組み立てていくのは、結構しんどいのです。「Djangoのおかげで、Pythonを使ったWeb開発が誰でもできるようになった」といってもいいでしょう。

このDjangoは、2023年4月に「Django 4.2」という新バージョンがリリースされました。Djangoは、ver. 4が2022年にリリースされたあと、着実にアップデートを重ねており、4.2により非常に安定したバージョンとなり安心して利用できるようになっています。

Djangoは、以下のWebサイトで公開されています。

Chapter 1 Chapter 2 Chapter 3 Chapter 4 Chapter 5

```
https://www.djangoproject.com
```

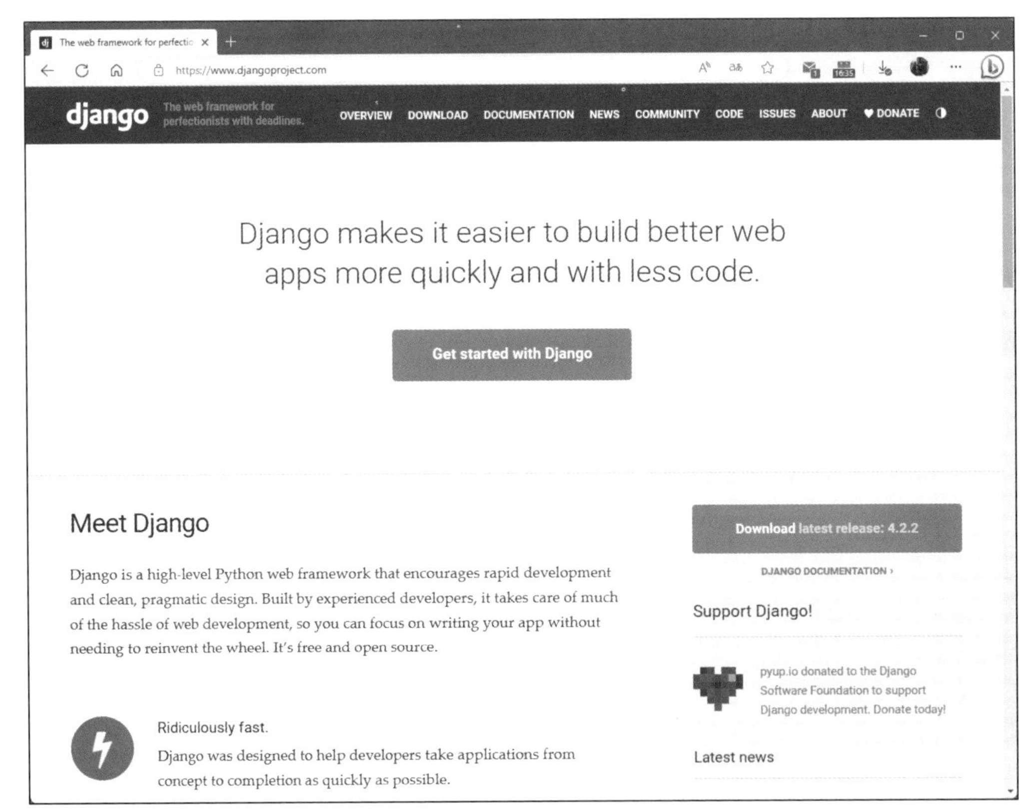

図1-2　Djangoの公式サイト。ここで公開されている。

「じゃあ、ここにアクセスして、Djangoっていうソフトをダウンロードすればいいんだな」と思った人。いいえ！ Djangoは、「ソフトをダウンロードして使う」というやり方はしません。このあとで、Pythonのインストールから順に説明していきますから、慌てないでください。

上記アドレスのサイトは、「Djangoについてきちんと知りたくてドキュメントを読みたくなったときに利用するところ」というぐらいに考えておきましょう。

Web開発に必要なものは？

では、DjangoでWebの開発を行うにはどうすればいいか、考えてみましょう。まず、どんなものを用意すればいいでしょうか。簡単に整理しましょう。

Python言語

まずは、Pythonというプログラミング言語を用意しないといけませんね。Pythonというプログラミング言語には、実はいくつかの種類があるのです。大きく3つのものがあるといってよいでしょう。

CPython	オリジナルのPythonです。C言語で書かれており、WindowsやmacOS、Linuxなどに移植されています。
IronPython	これは、.net frameworkという実行環境で動くPythonです。
JPython	これは、Java仮想マシン(Javaの実行環境)で動くPythonです。

どれも言語仕様などは同じですから、同じバージョンのものならば動作は変わりません。が、IronPythonとJPythonは、それぞれ.net frameworkやJava仮想マシンといった特別な環境で動かすことを考えてのものです。「基本はCPython」と考えていいでしょう。

Django

Pythonを用意したら、その上で動く「Django」フレームワーク本体を用意する必要があります。これは、Pythonの環境が用意されていれば、その場で組み込んで使えるようになっています。従って、別途ソフトなどをインストールする必要はありません。

開発環境

Pythonのプログラムは、普通のテキストファイルとして作成します。ですから、専用の開発ツールなどがなくとも、テキストエディタがあればプログラミングすることは可能です。

ただし！ Djangoなどのフレームワークを利用して開発をする場合、一度に多数のファイルを編集することになります。このため、1枚のファイルしか開けないような単純なテキストエディタでは開発はかなり大変でしょう。

最近ではさまざまなプログラミング言語に対応したテキストエディタや編集ツールもあります。そうしたものでは、入力を支援するさまざまな機能が用意されており、とても効率よくプログラミングすることができます。

Webサーバー

Webの開発には、Webサーバープログラムが必要になります。プログラムを修正する度にレンタルサーバーにアップロードして動作確認、なんてやってられませんから、通常はローカル環境にWebサーバーを用意し、それで動作確認をしながら開発を進めます。

では、Djangoを利用する場合、どのようなWebサーバーを用意すべきなのか？ 実は、「必要ない」のです。Djangoには開発用のサーバープログラムが組み込まれており、それを使ってWebアプリを動かすようになっています。従って、別途Webサーバーなどを用意する必要はありません。

Pythonを準備しよう

では、Pythonの準備を整えましょう。Pythonは、Pythonの本家サイトで公開されています。アドレスは以下になります。

```
https://www.python.org/
```

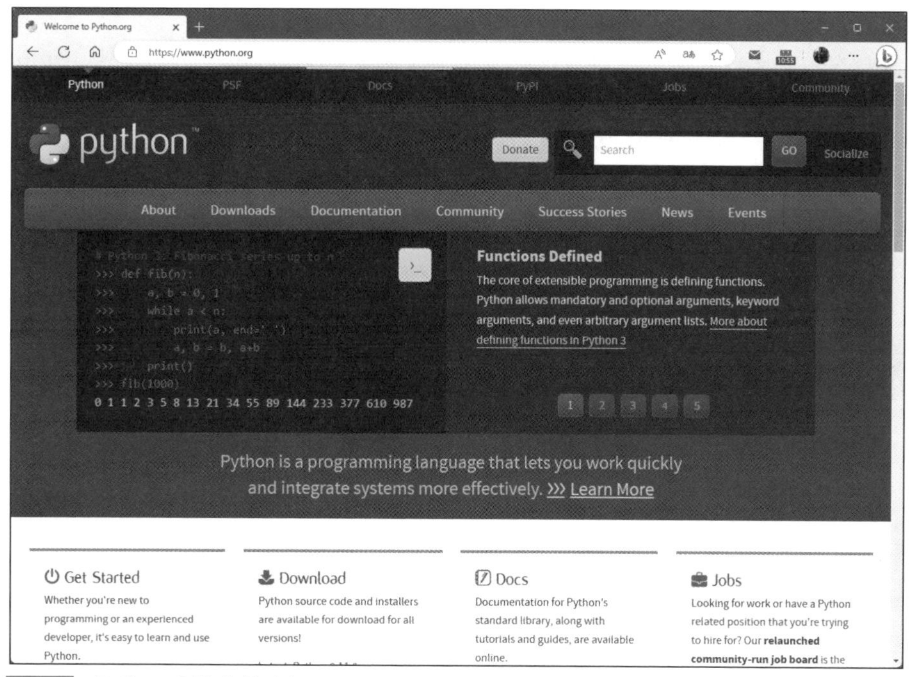

図1-3　PythonのWebサイト。

ここから必要なプログラムをダウンロードします。「Downloads」と表示されている部分にマウスポインタを持っていくと、ダウンロードのためのパネルがプルダウンして現れます。ここにある「Download for (使っているOS)」という表示のところにある「Python 3.x.x」というボタンをクリックすると、自分が使っているOS用のPythonのプログラムがダウンロードされます。

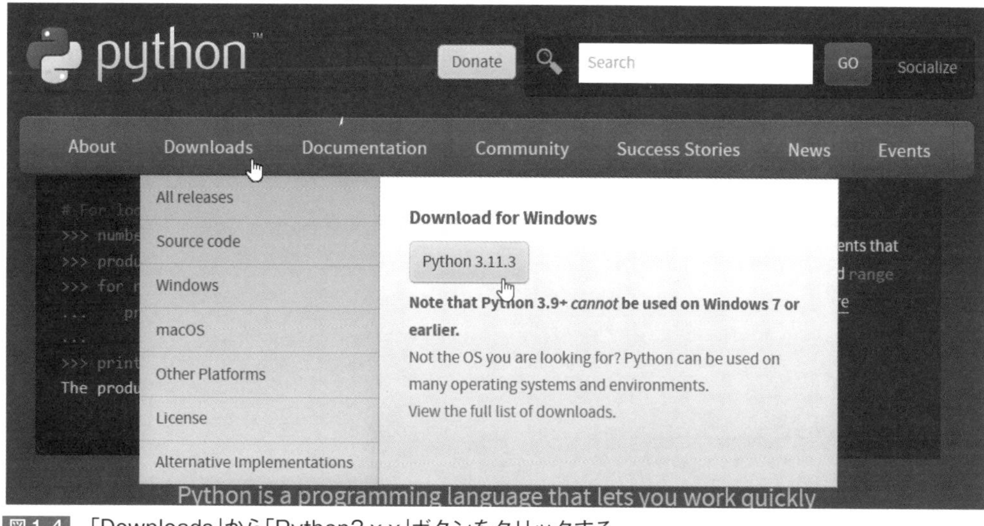

図1-4　「Downloads」から「Python3.x.x」ボタンをクリックする。

macOSの場合は、標準でPython3が組み込まれているはずですから、別途インストールする必要はないでしょう。ただし、最新バージョンを使ってみたいという人は、「Downloads」で現れるパネルからダウンロードをしてください。

「Download」には、使っているOS用のPythonソフトウェアをダウンロードするボタンが表示されるはずですが、何らかの理由で異なるOS用のボタンが表示された場合、あるいは別のOSにインストールしたい場合は、パネルからOS名の表示をクリックすれば、そのOS用のPythonをダウンロードできます。

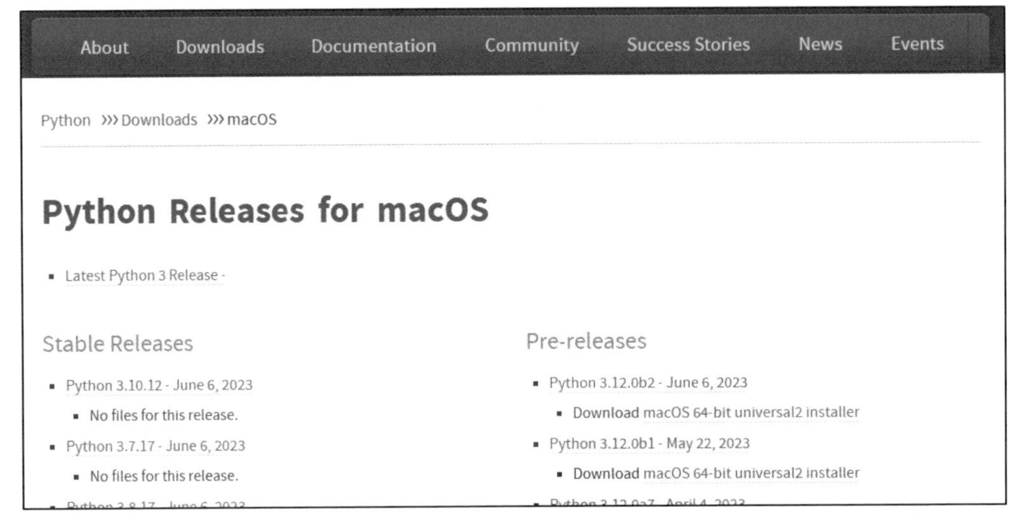

図1-5 「Downloads」のパネルからOS名をクリックすると、そのOSのダウンロードリンクが表示される。

Pythonのインストール(Windows)

Windows版のインストーラは、起動すると「Install Now」「Customize Installation」という2つの表示が現れます。特にインストール内容について設定する必要がないならば、「Install Now」をクリックしましょう。あとは自動的にインストールを行ってくれます。

なお、下にある「Add Python exe to PATH」というチェックをONにしておくと、Pythonコマンドを環境変数に追加してコマンドラインから使えるようにしてくれます。これはONにしておきましょう。

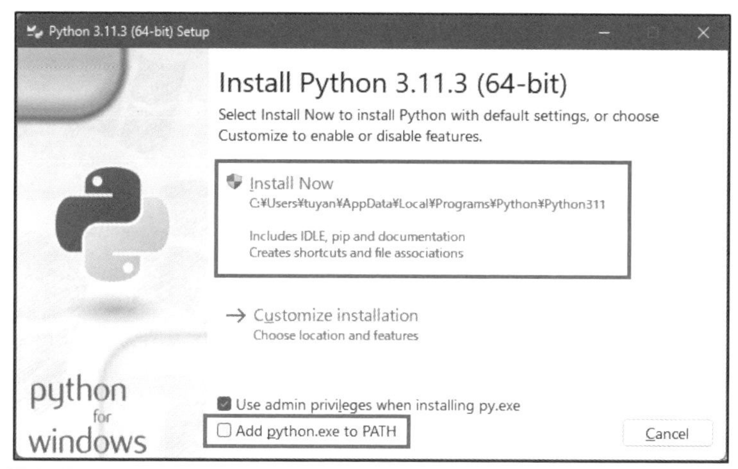

図1-6　Windowsのインストーラ。「Add Python.exe to PATH」のチェックを入れて「Install Now」をクリックする。

Pythonのインストール（macOS）

macOS版は、Pkgファイルとして用意されています。ダウンロードして起動すると、インストーラのウィンドウが現れます。そのまま「続ける」ボタンを押して順に進めていき、最後に「インストール」というボタンが現れたらこれをクリックするだけです。すべてデフォルトのまま進めていけばPythonをインストールできます。

インストールが終了すると、「アプリケーション」内に「Python 3.x」というフォルダが作られ、その中にファイル類がインストールされます。その中にある「Install Certificates.command」というファイルを探してダブルクリックして実行してください。

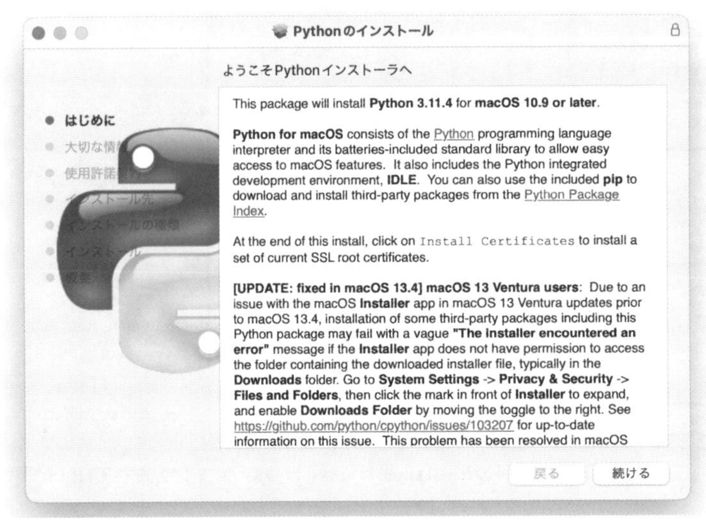

図1-7 macOS版のインストーラ。

Pythonの動作を確認しよう

インストールが完了したら、コマンドプロンプト(Windows)またはターミナル(macOS)を起動してください。起動したら、以下のコマンドを入力し、EnterまたはReturnキーを押してください。下に、Pythonのバージョンが表示されます。

```
python -V
```

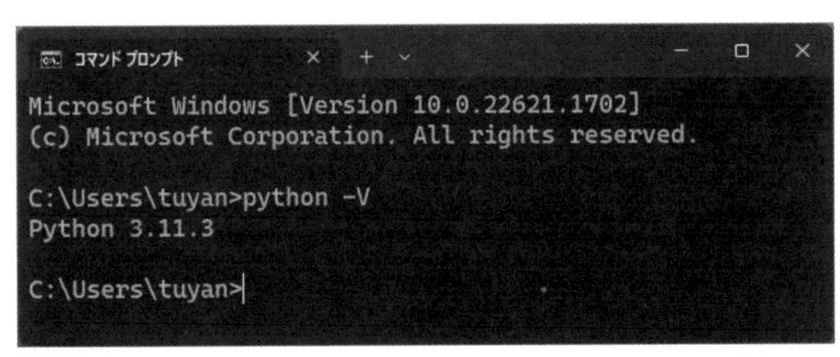

図1-8 「python -V」と実行するとPythonのバージョンが表示される。

バージョンが表示されたなら、問題なくPythonは使える状態になっています。本書では、3.11.3というバージョンのPythonをベースに解説を行います。基本的に、3.11以降のものであればほぼ同じように動くはずです。

Section 1-2 開発環境を整えよう！

ポイント

- 開発ツールはなぜ必要か理解しましょう。
- VS Codeの基本的な使い方を覚えましょう。
- ターミナルの使い方を覚えましょう。

開発ツールは必要？

Pythonの用意ができたら、次は開発に使う専用ツールについて考えていきましょう。Pythonは、基本的にテキストファイルとしてプログラムを作成します。ですから、テキストファイルを編集できるアプリがあれば、プログラミングは行えるのです。Windowsならばメモ帳、macOSならテキストエディットといったアプリが標準で用意されていますから、これらを使えばPythonプログラミングはすぐにはじめることができます。

しかし、「Djangoで開発」を考えているなら、こうした方法は勧められません。ただPythonを使うだけならテキストエディタでも十分ですが、Djangoで開発を行う場合はきちんとした開発ツールを使うべきです。

なぜか？ それは「Djangoではたくさんの種類の異なるファイルを同時に編集する」からです。Djangoのようなフレームワークでは、プログラムはそれぞれの役割に応じて細かく整理分類されています。単純なアプリであっても、いくつものファイルを作成し組み合わせて作ることになるのです。

Webアプリの開発の場合、用意するファイルはPythonのファイルだけではありません。その他にもHTMLやスタイルシート、JavaScript、各種のデータファイルやグラフィックファイルなどさまざまな種類のファイルを扱います。それらのさまざまな種類のファイルを切り替えながら編集しプログラムを作成していくのです。

こうした作業は、単純なテキストエディタで行うのはかなり大変です。Djangoのようなフレームワークを使った開発を行うには、種類の異なるファイルを同時にいくつも開いて編集できる開発ツールが必要なのです。

こうしたツールは、既にいくつも存在しており、多くの開発者に利用されています。それらの中で、ここでは「Visual Studio Code」というツールを利用することにします。

Visual Studio Codeの特徴

なぜ、Visual Studio Code（以後、VS Code）がいいのか。これにはいくつかの理由があります。簡単にまとめましょう。

●1. 無料で使える！

VS Codeは、マイクロソフトが開発する本格統合開発環境「Visual Studio」の編集関連の機能を切り離して単体の開発ツールとしてまとめたもの、といっていいでしょう。つまり、プログラミングを行う編集関係の機能は、開発環境として定評のあるものとほぼ同等の機能を持っているのです。

高価なソフトウェアとほぼ同等の編集機能を備えていながら、VS Codeは無料で配布されているのです。無料なら、とりあえず使ってみる気になるでしょう？

Chapter 1
Chapter 2
Chapter 3
Chapter 4
Chapter 5

●2. 強力な編集機能

Visual Studioとほとんど変わらない編集機能を持つだけあって、その強力さは折り紙付きです。使用するプログラミング言語ごとに予約語や変数などを色分け表示したり、構文を解析して自動的に表示を整えたり、また入力時にリアルタイムに「現在、そこで利用できる機能」をポップアップ表示して選択し入力できるようにするなど、多くの入力を支援する機能を備えています。

対応している言語は、現在、メジャーで使われているものほぼすべてです。ファイルの拡張子により自動的に使われている言語を識別し、その言語を編集するためのエディタを開くため、複数の言語をスムーズに編集できます。

●3. フォルダのファイルを階層的に管理

VS Codeは、1つ1つのファイルを開くだけでなく、フォルダを開いて管理することもできます。フォルダを開くと、そのフォルダ内のファイルやフォルダ類が階層的に表示され、そこから編集したいファイルを選択して開いていくことができます。

この「フォルダ内のファイルを階層的に表示し開ける」というのは、特にWebの開発では非常に便利なのです。Web開発では、必要なファイル類をフォルダにまとめて扱います。これをそのまま編集できるVS Codeは、Web開発に向いたツールといっていいでしょう。

●4. Web開発に特化

逆にいえば、編集関係の機能以外は実はそれほど充実してはいません。多くの本格プログラミング言語では、プログラムのビルド（プログラムをコンパイルして関連付けられたファイルなどをまとめてアプリケーションを生成する作業のこと)に関する各種の機能が用意されているのですが、こうした機能はVS Codeにはほとんどありません。

つまり、本格プログラミング言語を用いたアプリケーション開発などでは、VS Codeはあまりパワフルなツールとはいえないのです。これはWeb開発に特化したものと考えたほうがいいでしょう。

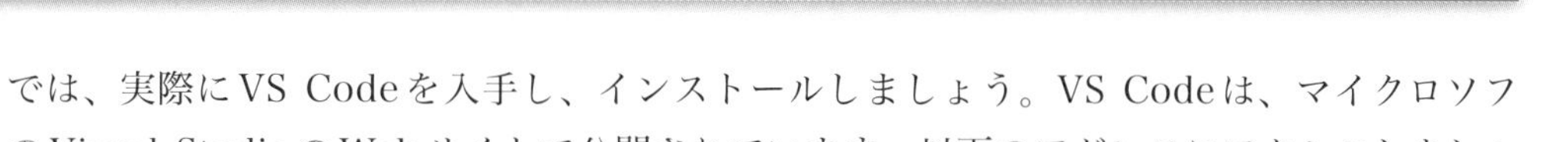

VS Codeを用意しよう

では、実際にVS Codeを入手し、インストールしましょう。VS Codeは、マイクロソフトのVisual StudioのWebサイトで公開されています。以下のアドレスにアクセスしましょう。

```
https://visualstudio.microsoft.com/ja/
```

図1-9 Visual Studioのサイト。

これが、Visual Studioのサイトです。このページの「Visual Studio Code」のところにある「Visual Studio Codeのダウンロード」ボタンにマウスポインタを移動してください。各OS用のVS Codeのダウンロードメニューが現れます。ここから利用しているOS用のインストーラやパッケージ等のソフトウェアをダウンロードします。

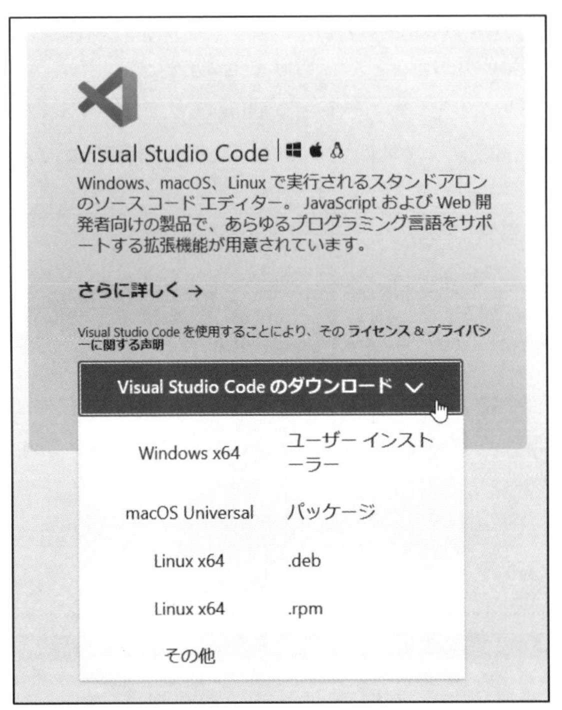

図1-10 使っているOS用のインストーラやパッケージをダウンロードする。

VS Codeのインストール

Windowsの場合、専用のインストーラがダウンロードされます。これをダブルクリックしてインストールを行います。インストーラでは、以下のような設定が表示されます。

- **使用許諾契約書の同意**
- **追加タスクの選択**
- **インストール準備完了**

これらは、基本的にデフォルトのまま進めていけば問題ありません(「使用許諾契約書の同意」については「同意する」を選びます)。

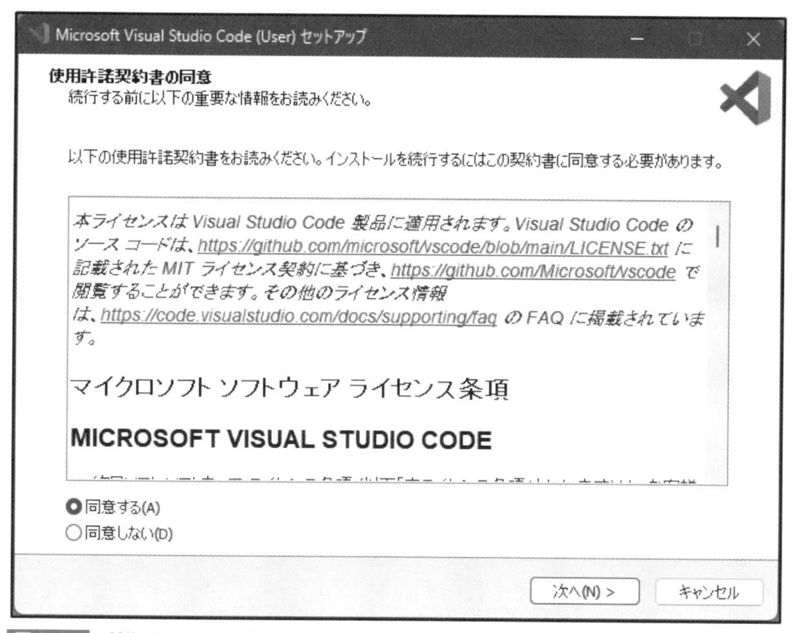

図 1-11　WindowsのVS Codeインストーラ。使用許諾契約書の同意は「同意する」を選択する。他はデフォルトのままで進めればいい。

VS Codeをインストールする（macOS）

macOSの場合は、インストールといった作業は特に必要ありません。ダウンロードしたファイルをダブルクリックするとディスクイメージがマウントされます。その中に「Visual Studio Code」のアプリケーションが保存されているので、これを「アプリケーション」フォルダにドラッグ&ドロップしてコピーするだけです。

VS Codeを日本語化する

これでインストールは完了しましたが、実はまだやっておくべきことがあります。それは、「日本語化」の作業です。VS Codeを起動すると、ウィンドウの右下に「表示言語を日本語にするには〜」というアラートが表示されることでしょう。ここにある「インストールして再起動」ボタンをクリックすると日本語化のための拡張機能がインストールされ、VS Codeがリスタートします。次に起動するときには表示がすべて日本語に変わります。

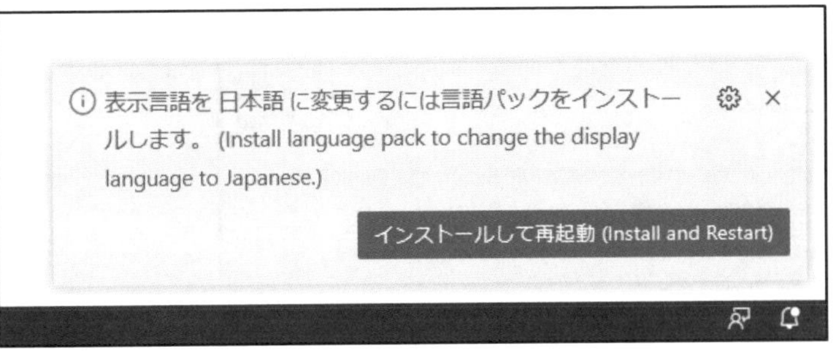

図1-12 アラートが出たら「インストールして再起動」ボタンをクリックする。

Japanese Language Packについて

環境によっては、VS Codeの起動時にアラートが表示されない場合もあるでしょう。このような場合は、手動で拡張機能をインストールします。

VS Codeを起動し、ウィンドウの左側に縦一列にアイコンが並んでいるところを見てください。このアイコンバーから、四角形をいくつかつなげたような形のアイコン(「Extensions」アイコン)をクリックしてください。これが拡張機能プログラムの管理を行うものです。クリックすると、右側に拡張機能のリストが表示されます。

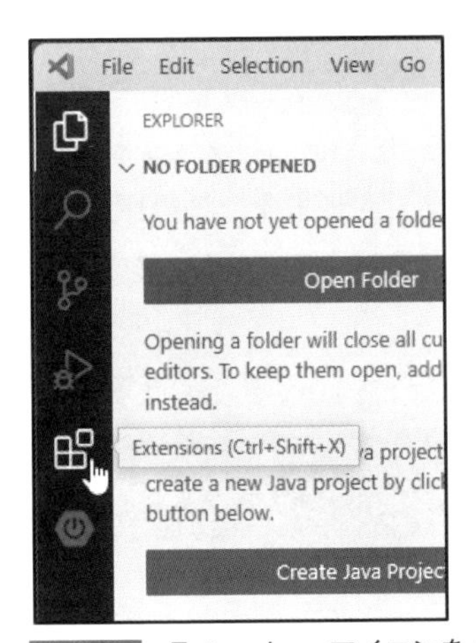

図1-13 Extensionsアイコンをクリックして選ぶ。

この一番上のフィールドに「japanese」と入力してください。これで、japaneseを含む拡張機能が検索されます。その中から、「Japanese Language Pack for Visual Studio Code」という項目を探して選択し、右側に表示される拡張機能の説明にある「Install」ボタンをクリックします。これで日本語化の拡張機能がインストールされます。

インストールが完了すると、ウィンドウの右下にアラートが表示されるので、アラートに表示されるボタンをクリックしてVS Codeをリスタートしてください。これで次回起動したときから日本語で表示されるようになります。

図1-14 Japanese Language for Visual Studio Codeをインストールする。

VS Codeを起動する

では、VS Codeを起動しましょう。日本語化されていると、起動して現れたウィンドウに「ようこそ」というタブが付いた画面が表示されます。これはウェルカムページというもので、起動時に必要な操作などをまとめたものです。ここから新しいファイルを作成したり、フォルダを開いたりすることができます。

下部に「起動時にウェルカムページを表示」というチェックがあります。これをOFFにしておくと、次回起動時からこのウェルカムページは現れなくなります。

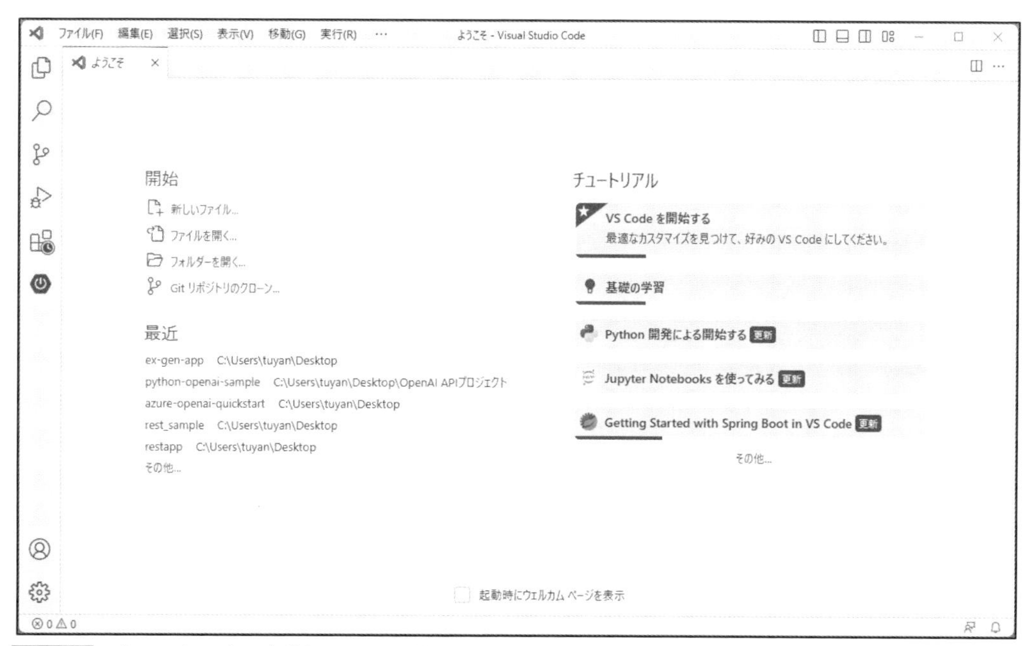

図1-15 ウェルカムページが表示された状態。

テーマについて

VS Codeを起動したとき、ウィンドウの表示が本書の図と違ったものになっている人もいたことでしょう。特に、ウィンドウが黒地に白い文字で表示された人。これは、テーマの違いによるものです。

VS Codeには、表示のスタイルを変更するテーマ機能があります。これが違っていると、ウィンドウ全体の表示スタイルが異なるものになってしまうのです。

では、「ファイル」メニューの「ユーザー設定」メニュー内から「テーマ」内の「配色テーマ」という項目を選んでください。

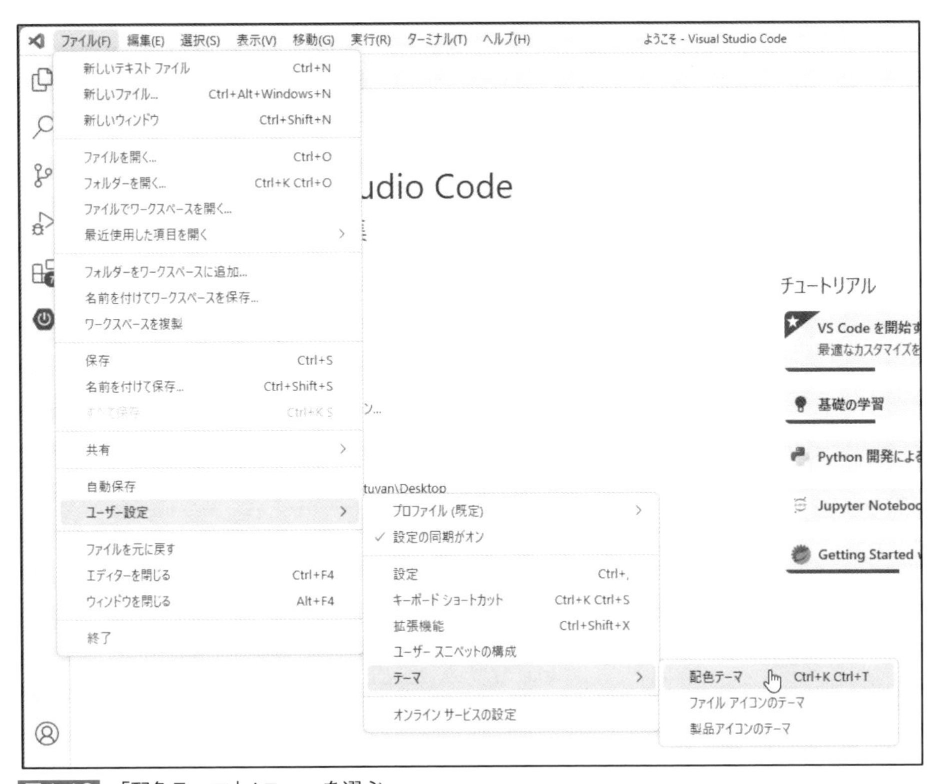

図1-16 「配色テーマ」メニューを選ぶ。

ウィンドウの上部にメニューがプルダウンし、テーマの一覧リストが表示されます。ここから使いたいテーマを選ぶと、そのテーマにウィンドウの表示が切り替わります。

テーマの種類はいろいろとありますが、基本は「Light (Visual Studio)」と「Dark (Visual Studio)」でしょう。前者はライトテーマで白い背景となり、後者はダークテーマで黒い背景になります。どちらでも見やすいほうを選ぶとよいでしょう。

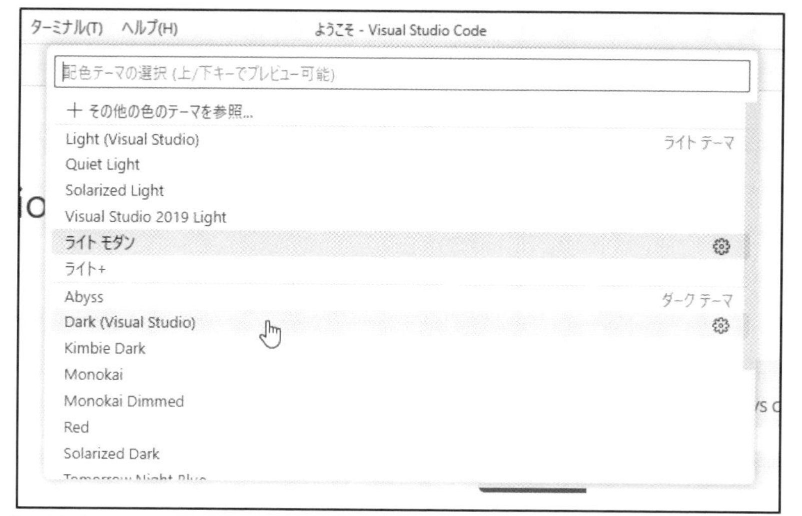

図1-17 テーマがプルダウンして現れる。

Chapter 1
Chapter 2
Chapter 3
Chapter 4
Chapter 5

2つの「開く」機能

VS Codeは、ファイルなどを開いて編集するツールですが、この「開く」には2通りの働きがあります。それは、「ファイルを開く」ことと、「フォルダを開く」ことです。

この「開く」機能は、「ファイル」メニューの中にまとめられています。とりあえず、以下のものだけ頭に入れておきましょう。

新規ファイル	新しいファイルをエディタで開きます。
新規ウィンドウ	VS Codeのウィンドウを新しく開きます。
ファイルを開く	既にあるファイルを選択して開きます。
フォルダを開く	既にあるフォルダを選択して、そのフォルダ内のファイル類を階層的に表示します。

「新規ウィンドウ」は、ウィンドウそのものを新しく開くものですが、VS Codeでは1枚のウィンドウで同時に複数のファイルを開いて編集できます。これは、例えば全く別のアプリケーションを同時に編集するような場合に使うものと考えるとよいでしょう。

「ファイルを開く」は、特定のファイルを編集するのに使います。では「フォルダを開く」は？ これは、Webの開発で、フォルダ内に多数のファイルを作成するような場合に、そのフォルダの中にあるファイル類をまとめて編集するときに使います。

フォルダを開くと？

VS Codeでもっとも多用される編集方法は、「フォルダを開く」を利用したものでしょう。「ファイル」メニューの「フォルダを開く」メニューでWebアプリのフォルダを開くと、ウィンドウの左側に、開いたフォルダ内のファイルやフォルダ類が階層的にリスト表示されるようになります。あるいは、フォルダをVS Codeのウィンドウ内にドラッグ&ドロップしても開くことができます。

フォルダを開くことで、VS Codeでは、そのフォルダ内にあるファイルやフォルダを一覧表示し、素早く開いて編集できるようになります。Webアプリの開発では、この「フォルダを開く」を使って多数のファイルを編集していきます。

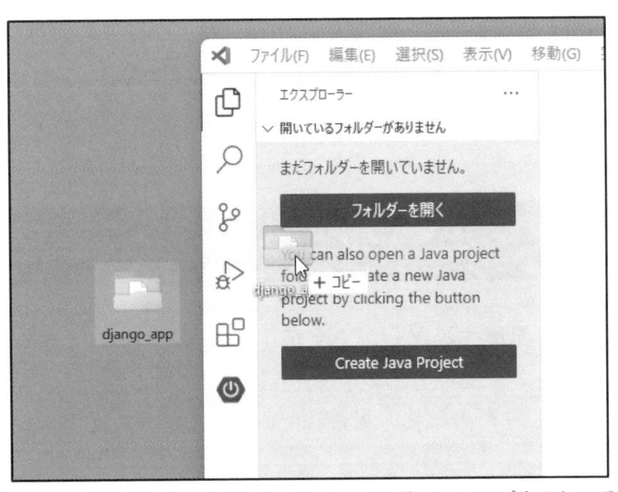

図1-18 フォルダをウィンドウにドラッグ&ドロップすると、そのフォルダを開くことができる。

VS Codeの編集ウィンドウ

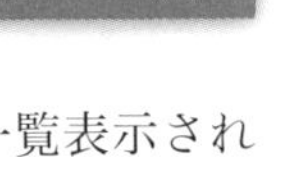

フォルダを開くと、ウィンドウの左側にフォルダ内のファイルやフォルダが一覧表示されます。そして、ここからファイルをクリックすると、右側のエリアに専用のテキストエディタを使ってそのファイルの内容が開かれ編集できるようになります。

VS Codeのウィンドウは、このように「左側の縦長のエリア」と「右側の編集エリア」で構成されます(更に一番左端にはアイコンが縦に並んだアイコンバーがあります)。

左側の縦長のエリアは、左端のアイコンバーで選んだ項目により表示内容が変わります。そして右側の編集エリアでは、複数のファイルを開き、上部のタブを使ってファイルを切り替えながら編集できるようになっています。

VS Codeでは、このようにウィンドウ内にいくつかの小さなエリアがあり、これらにさまざまなツール類が表示され作業していきます。表示されるエリアは、左側の縦長のエリアと右側のエリアの他、右側の下部に横長のエリアが表示されることもあります。

これらのエリアに、必要に応じてツール類が表示されます。これらエリアに表示されるツール類は「ビュー」と呼ばれます。VS Codeに用意されている基本的なビューの働きと使い方を覚えることが、VS Codeを使いこなすための第一歩と考えていいでしょう。

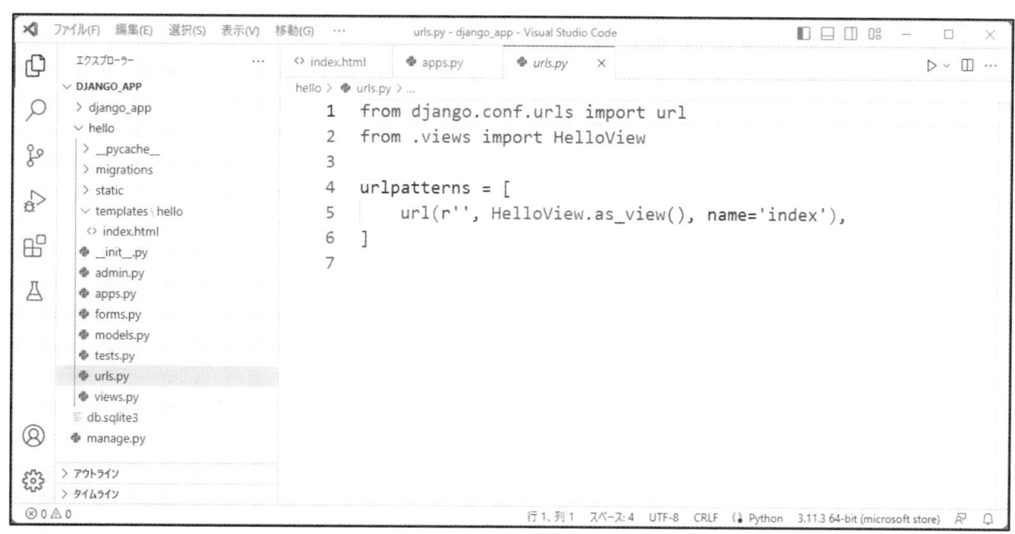

図1-19　VS Codeでフォルダを開いたところ。フォルダ内のファイル一覧と、開いたファイルの編集を行うエディタが表示される。

エクスプローラー

では、VS Codeに用意されている主なビューについて簡単に説明しましょう。まずは、もっとも重要な「エクスプローラー」というビューからです。

VS Codeでフォルダを開くと、ウィンドウの左側にフォルダの中身が階層的に表示されます。この部分が「エクスプローラー」と呼ばれるビューになります。これは、ウィンドウの左端に縦一列に並んでいるアイコンバーの一番上のアイコンをクリックして表示をON/OFFできます。

エクスプローラーでは、フォルダは階層化されており、クリックしてフォルダ内の項目を展開表示することができます。またファイルをクリックすれば、そのファイルを開いて専用のエディタで編集できます。この他、ファイルやフォルダの作成や削除、ファイルの移動、ファイル名の変更など基本的なファイル操作の機能も一通り備えています。

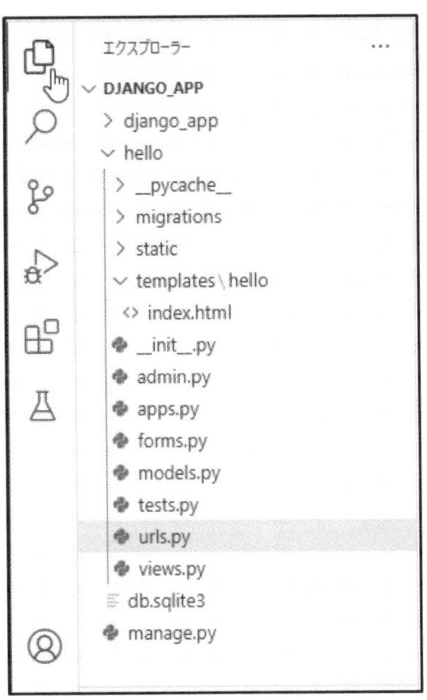

図1-20　エクスプローラー。フォルダの内容が表示される。ファイルをクリックするとエディタで開かれる。

アウトライン

エクスプローラーの下のほうを見ると、「アウトライン」という表示が見えるでしょう。これをクリックすると、エクスプローラーの下半分に新たな表示エリアが現れます。

このアウトラインは、現在開いて編集しているソースコードの構造を階層的に表示するものです。例えば、HTMLファイルを開いてみると、そのタグの構造が階層化されます。ここで表示されるタグの項目をクリックすれば、そのタグが選択されます。長いソースコードを編集するとき、内容の構造を把握し、必要な箇所に移動するのに役立ちます。

Chapter 1
Chapter 2
Chapter 3
Chapter 4
Chapter 5

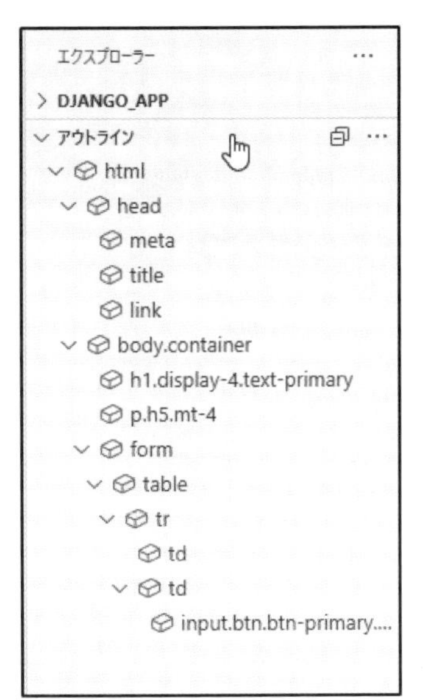

図1-21 アウトラインでHTMLファイルの内容を表示したところ。

Pythonのアウトラインは拡張機能が必要

ただし、このアウトラインは、どんなソースコードでも動作するわけではありません。例えば、Pythonのソースコードは標準ではアウトライン表示できないのです。といっても、これはあくまで「標準の状態では」の話です。

VS Codeの開発元であるマイクロソフトは、VS Code用のPython拡張機能を提供しています。ウィンドウ左端に縦に並んでいるアイコンから、拡張機能のアイコン(四角形が組み合わせられた形のもの)をクリックして表示を切り替えてください。そしてその右側上部にあるフィールドに「python」と入力して検索をすると、マイクロソフト製の「Python」拡張機能が見つかります。これをインストールしてください。これで、Python関係の機能が強化されます。アウトラインにもPythonソースコードのアウトラインが表示されるようになります。

図1-22 「python」拡張機能を検索してインストールする。

エディタについて

VS Codeのエディタは、ファイルの拡張子に応じて自動的に専用のソースコードエディタが開かれるようになっています。Pythonであれば、.py拡張子のファイルを開くと自動的にPythonのソースコードと認識し、そのためのエディタ機能が使われるようになります。

VS Codeのエディタには、編集を強力にサポートする各種の機能が組み込まれています。主なものを以下にまとめておきましょう。

●キーワードの色分け表示

エディタでは、記述されている単語の役割に応じて色やスタイルが設定されます。例えば、構文や変数、リテラル(値)、命令や関数など、その言語の文法で決められているさまざまな要素ごとにスタイルを設定し、ひと目でそれがどういう役割のものかわかるようになっています。

●オートインデント

エディタは入力された文を文法的に解析し、自動的に文の開始位置(インデント)をタブやスペース記号で調整します。これは、特にPythonでは重要です。Pythonは、文の開始位置を左右に移動させることで構文などを記述するので、自動的にインデントを調整してくれる機能は構文の記述を助けてくれるでしょう。

●候補の表示

ソースコードを入力中、必要に応じて「現在、使える候補」がポップアップ表示されます。

ここから項目を選ぶと、その候補を自動入力してくれます。これは、単に入力をしやすくするだけでなく、スペルミスなどを防ぐのに非常に役立ちます。

●構文の折りたたみ

エディタに表示されているソースコードは自動的に文法が解析され、構文ごとに折りたたんだり展開表示したりできます。既に完成して編集する必要がない部分を折りたたんで見えなくしたりすることで、必要な部分だけを表示し編集できるようになります。

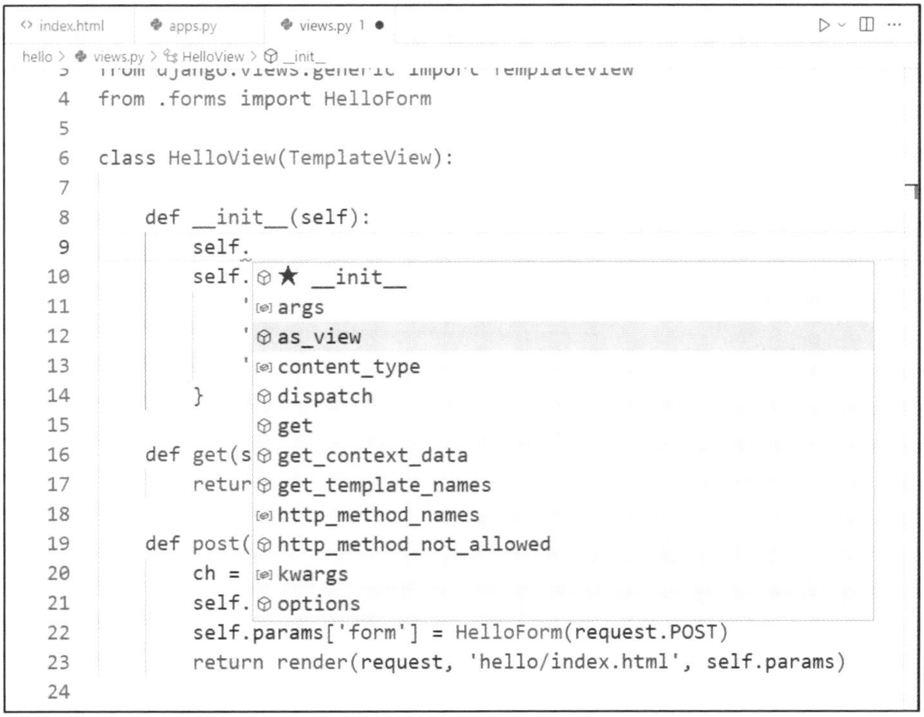

```
<> index.html    apps.py    views.py 1 ●
hello > views.py > HelloView > __init__
 3  from django.views.generic import TemplateView
 4  from .forms import HelloForm
 5
 6  class HelloView(TemplateView):
 7
 8      def __init__(self):
 9          self.
10          self. ★ __init__
11              ' args
12              ' as_view
13              ' content_type
14          }     dispatch
15                get
16      def get(s get_context_data
17          retur get_template_names
18                http_method_names
19      def post( http_method_not_allowed
20          ch =  kwargs
21          self. options
22          self.params['form'] = HelloForm(request.POST)
23          return render(request, 'hello/index.html', self.params)
24
```

図1-23 エディタには、キーワードの色分け表示、オートインデント、候補のポップアップ表示、構文の折りたたみなど多くの機能が組み込まれている。

ターミナルについて

VS Codeは、基本的に「ファイルを開いて編集するだけのもの」なのですが、実はそれ以外の機能もいくつか持っています。中でも、Django開発に重要なのが「ターミナル」です。

これは、WindowsのコマンドプロンプトやmacOSのターミナルと同様に、コマンドを実行する小さなツールです。「ターミナル」メニューから「新しいターミナル」メニューを選ぶと、画面の下部にターミナルが現れます。

Djangoの開発は、コマンドを多用します。これはコマンドプロンプトなどを使ってももちろんできますが、VS Codeでフォルダを開いて編集している場合は、いちいちVS Codeとコマンドプロンプトの間を行ったり来たりするのは面倒でしょう。それより、VS Code内でコマンドを実行できたほうが便利です。

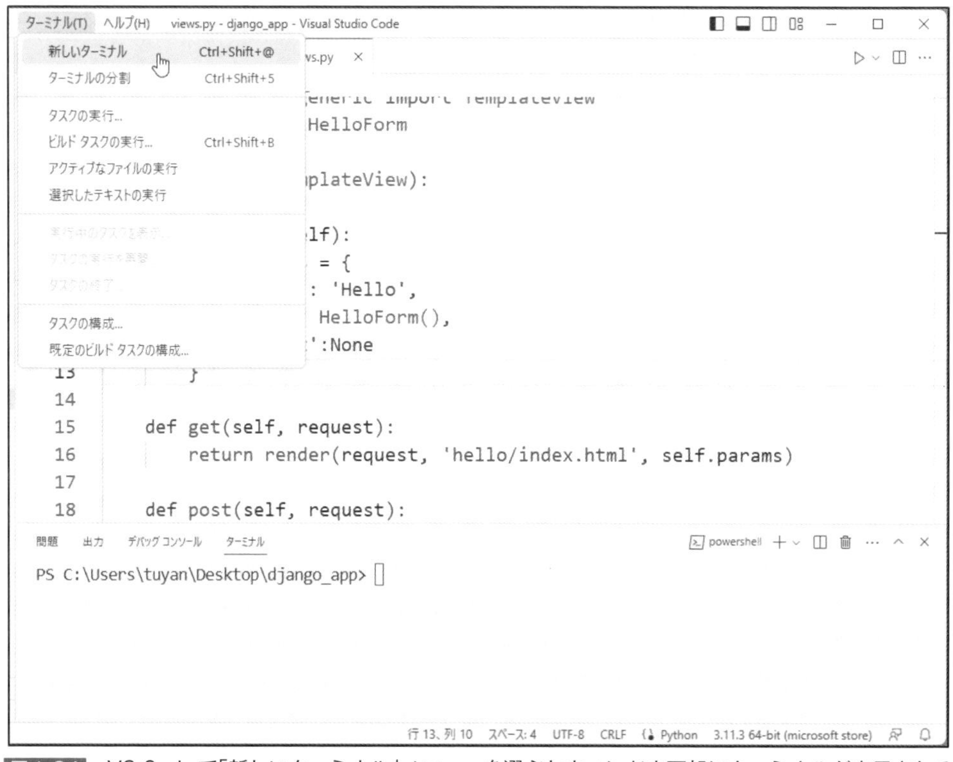

図1-24 VS Codeで「新しいターミナル」メニューを選ぶとウィンドウ下部にターミナルが表示される。

ターミナルで使うシェル

ターミナルは、コマンドを入力して実行するものです。このターミナルでは、「シェル」と呼ばれるコマンドラインのインターフェイスを使ってコマンドをシステムに送信し実行しています。

シェルは固定ではなく、いくつかの種類があって切り替えることができます。Windowsの場合、ターミナルにデフォルトで設定されているのは「PowerShell」というものです。これは、Windows 10/11ではデフォルトのシェルとして採用されているものですが、署名されてないプログラムの実行が禁止されているなどいろいろ制約があり、プログラムの作成や実行の際には問題となることがあります。

それ以前から使われているのは「コマンドプロンプト」と呼ばれるシェルです。こちらを使ったほうが開発時には便利かもしれません。

シェルの変更は、ターミナルの右上に見える「＋」アイコンの右側の「v」をクリックします。これでシェルを選択するメニューがプルダウン表示されるので、そこから「Command Prompt」メニューを選ぶと、コマンドプロンプトのシェルを使うターミナルが開かれます。

図1-25 「v」をクリックするとシェルを選択するメニューが現れる。

Section 1-3 Djangoのプログラムを作ろう

ポイント

- ▶ **Djangoをインストールしましょう。**
- ▶ **Djangoのプロジェクトを作成しましょう。**
- ▶ **プロジェクトのファイル構成を理解しましょう。**

Djangoをインストールする

では、いよいよDjangoを使った開発に取り掛かることにしましょう。ここまで、PythonとVS Codeはインストールして準備できましたが、Djangoはソフトをダウンロードしたりインストールしたりしていませんね？ Djangoはどうやって用意するのでしょうか。

実は、Djangoはサイトからダウンロードしたりしてインストールする必要はありません。Pythonに用意されている「パッケージ管理ツール」というコマンドを使ってインストールするのです。

コマンドプロンプトまたはターミナルを起動してください。そして、以下のコマンドを実行しましょう。

```
pip install Django
```

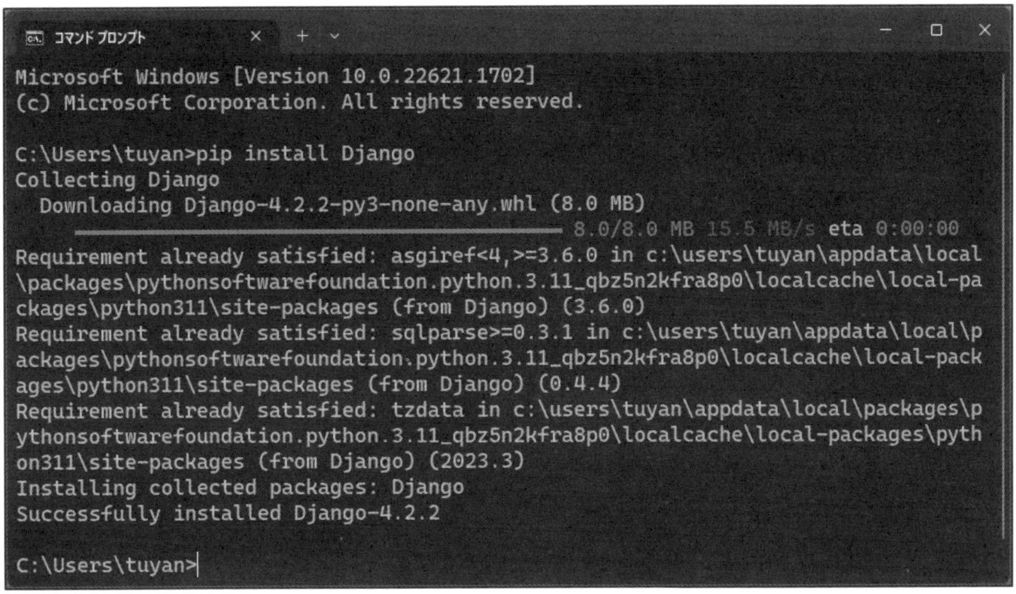

```
コマンド プロンプト
Microsoft Windows [Version 10.0.22621.1702]
(c) Microsoft Corporation. All rights reserved.

C:\Users\tuyan>pip install Django
Collecting Django
  Downloading Django-4.2.2-py3-none-any.whl (8.0 MB)
     ---------------------------------------- 8.0/8.0 MB 15.5 MB/s eta 0:00:00
Requirement already satisfied: asgiref<4,>=3.6.0 in c:\users\tuyan\appdata\local\packages\pythonsoftwarefoundation.python.3.11_qbz5n2kfra8p0\localcache\local-packages\python311\site-packages (from Django) (3.6.0)
Requirement already satisfied: sqlparse>=0.3.1 in c:\users\tuyan\appdata\local\packages\pythonsoftwarefoundation.python.3.11_qbz5n2kfra8p0\localcache\local-packages\python311\site-packages (from Django) (0.4.4)
Requirement already satisfied: tzdata in c:\users\tuyan\appdata\local\packages\pythonsoftwarefoundation.python.3.11_qbz5n2kfra8p0\localcache\local-packages\python311\site-packages (from Django) (2023.3)
Installing collected packages: Django
Successfully installed Django-4.2.2

C:\Users\tuyan>
```

図1-26 Djangoをインストールする。

これは、Djangoをインストールするコマンドです。Djangoは「パッケージ」と呼ばれるソフトウェアとして配布されています。これは「pip」というコマンドを使ってインストールできるようになっているのです。

●Pythonパッケージのインストール

```
pip install パッケージ名
```

こんな具合にコマンドを実行すると、指定のパッケージがインストールされます。

このpip installでは、指定したパッケージの最新バージョンがインストールされます。本書では、Django 4.2.2をベースに解説を行います。皆さんが本書を利用する際には、更に新しいバージョンがリリースされているかもしれず、pip install Djangoではその新しいバージョンがインストールされることになります。

バージョンを揃えたい

新しいバージョンでは、本書の説明とは異なる部分も出てくるかもしれません。もし、本書のとおりに学習を進めていきたいという場合は、パッケージ名の後ろに「==バージョン」という形でインストールするバージョンを指定してください。

```
pip install Django==4.2.2
```

このように実行すれば、本書と同じバージョンがインストールされます。PythonやDjangoを利用した経験が全くない場合は、このようにして同じバージョンを用意しておきましょう。

コラム 最新版にアップデートしたい！ Column

本書ではDjango 4.2.2ベースで解説を行いますが、ある程度Djangoが使えるようになったら、「最新版のDjangoにしたい！」と思うでしょう。そんなときはどうすればいいのでしょうか。

これも、pipコマンドで行うことができます。コマンドプロンプトまたはターミナルで、以下のように実行してください。

```
pip install -U Django
```

pip installに「-U」というオプションを付けて実行します。こうすると、最新版のDjangoにパッケージが更新されます。

ただし、新しいバージョンにアップデートされると、それまでとは互換性が劣ります。場合によっては、それまで動いていたコードが動かなくなることもあるので注意しましょう。

Djangoプロジェクトを作る！

では、Djangoを使ったアプリケーションを作成してみましょう。Djangoのアプリケーションは、「プロジェクト」と呼ばれる形式で作成されます。これは、アプリケーションに必要なファイルやライブラリなどをまとめて管理するもので、形としては「フォルダの中に必要なファイルやライブラリをまとめたもの」と考えていいでしょう。プロジェクトを作成し、そのフォルダをVS Codeで開いて必要なファイルを編集していくことで、Djangoの開発は行えます。

django-admin startprojectコマンド

Djangoのプロジェクト作成は、「Django Admin」というコマンドを使って行います。これは、以下のようなものです。

```
django-admin startproject プロジェクト名
```

「プロジェクト名」のところに、適当な名前を入れて実行すれば、プロジェクトを作ることができます。では、やってみましょう。

では、コマンドプロンプトまたはターミナルを開いてください。そして以下のように実行をしましょう。

```
cd Desktop
```

これで、コマンドを実行する場所がデスクトップに移動します。では、ここにDjangoプロジェクトを作成しましょう。以下のようにコマンドを実行してください。

```
django-admin startproject django_app
```

これで、デスクトップに「django_app」というプロジェクトのフォルダが作られます。なお、このコマンドプロンプト／ターミナルはまだまだ使うので、ウィンドウはそのまま開いておきましょう（あるいは、VS Codeでプロジェクトを開いているなら、VS Codeに用意されているターミナルを使っても構いません。その場合は、コマンドプロンプトは閉じてOKです）。

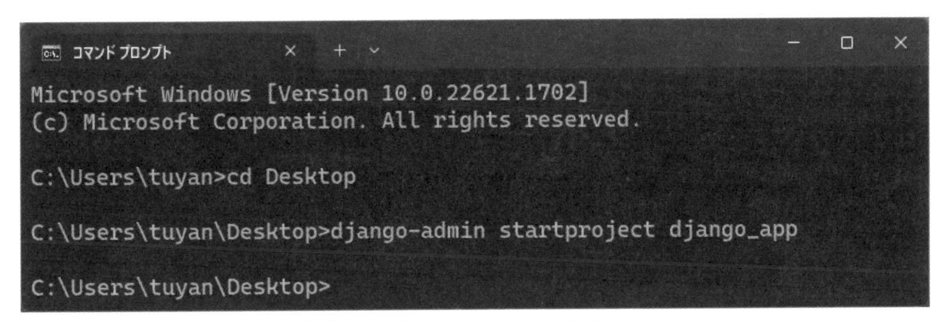

図1-27 「django_app」という名前でDjangoプロジェクトを作成する。

VS Codeでプロジェクトを開く

プロジェクトができたら、VS Codeで開きましょう。まだVS Codeで何も開いていない状態ならば、作成された「django_app」フォルダをそのままVS Codeのウィンドウ内にドラッグ＆ドロップすれば開くことができます。あるいは、「ファイル」メニューから「フォルダを開く」メニューを選び、「django_app」フォルダを選んでも開くことができます。

これで、django_appがVS Codeで開かれ、編集できるようになりました。エクスプローラーには、「django_app」フォルダが表示され、その中のファイル類が表示されているはずです。

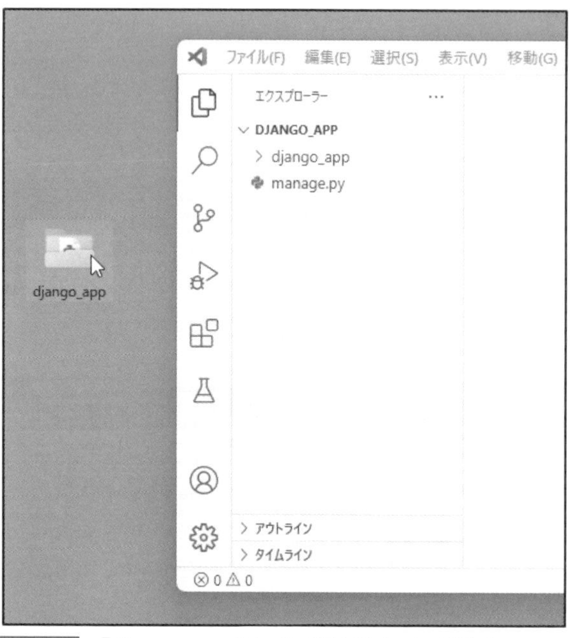

図1-28 「django_app」フォルダをVS Codeで開く。

Djangoプロジェクトの中身を見よう

では、エクスプローラーを使って、作成したDjangoプロジェクトの中身がどうなっているか見てみましょう。すると、以下のようにファイルやフォルダが用意されていることがわかるでしょう。

●「django_app」フォルダ

「django_app」プロジェクトのフォルダの中には、更に同じ名前のフォルダが1つ作成されています。これは、このプロジェクトで使うファイル類がまとめられているところです。Djangoプロジェクトでは、「プロジェクト名と同じ名前のフォルダ」に、プロジェクト全体で使うファイルが保存されているのです。

この中には、以下のようなファイルが用意されています。

__initi__.py	Djangoプロジェクトを実行するときの初期化処理を行うスクリプトファイルです。
asgi.py	ASGIという非同期Webアプリケーションのためのプログラムです。
settings.py	プロジェクトの設定情報を記述したファイルです。
urls.py	プロジェクトで使うURL（Webでアクセスするときのアドレスのことです）を管理するファイルです。
wsgi.py	WSGIという一般的なWebアプリケーションのプログラムです。

●manage.py

「django_app」フォルダの下に、「manage.py」というファイルも作成されています。これは、このプロジェクトで実行するさまざまな機能に関するプログラムです。Djangoでは、コマンドでプロジェクトをいろいろ操作しますが、そのための処理がここに書いてあるのです。

意外とたくさんのファイルが用意されていることがわかりましたが、これらは「今すぐどういうものか覚えないとダメ！」というものでは全然ありません。実際の開発にはいったら、これらのファイルがどういうものでどう使うのか少しずつわかってくるはずですから、今は別に覚えなくてもいいです。「こういうファイルが最初から作られてるんだな」と眺めておくだけにしておきましょう。

図1-29 エクスプローラーで、プロジェクト内のファイルやフォルダを見る。

Webアプリケーションを実行しよう

では、作成したDjangoプロジェクトを動かしてみましょう。Djangoプロジェクトは、Webアプリケーションです。ということは、普通は「Webサーバーにファイル類をアップロードして、Webブラウザからアクセスして……」といったことをしないと動作のチェックはできません。

が、Djangoの場合、そんな面倒なことをする必要はありません。Djangoには開発用の試験サーバーが用意されており、コマンドを実行するだけで、試験サーバーを起動し、そこでDjangoプロジェクトのWebアプリケーションを動かせるようになっているのです。

では、やってみましょう。コマンドプロンプトまたはターミナルはまだ開いていますか？では、cdというコマンドで、プロジェクトの中に移動しましょう(既にターミナルを開いて「django_app」に移動してある人は実行しないでください)。

```
cd django_app
```

これで、「django_app」プロジェクトの中に移動しました。

あるいは、VS Codeでプロジェクトのフォルダを開いているなら、VS Codeのターミナルを使うこともできます。この場合、既にdjango_app内に移動しているので、このcdコマンドは必要ありません。

Chapter 1
Chapter 2
Chapter 3
Chapter 4
Chapter 5

サーバーを起動する

続いて、プロジェクトを実行しましょう。以下のようにコマンドを実行してください。これでWebサーバーが起動し、今使っているプロジェクトのプログラムが実行されます。

```
python manage.py runserver
```

```
問題　出力　デバッグ コンソール　ターミナル　　python3.11

System check identified no issues (0 silenced).

You have 18 unapplied migration(s). Your project may not work properly until you appl
y the migrations for app(s): admin, auth, contenttypes, sessions.
Run 'python manage.py migrate' to apply them.
June 08, 2023 - 20:14:01
Django version 4.2.2, using settings 'django_app.settings'
Starting development server at http://127.0.0.1:8000/
Quit the server with CTRL-BREAK.
```

図1-30　DjangoのWebサーバーを起動してプロジェクトを実行する。

コラム 「You have XX unapplied migration(s).」という警告が出る Column

プロジェクトを実行した際、「You have XX unapplied migration(s).」という警告文が表示されたかもしれません。これは、データベース関連の機能を利用するための作業を行っていないため、それらを使った機能が動かないことを警告しているのです。

しばらくの間、データベース関連は使わないので、この警告が表示されることになります。が、プログラムに問題があるわけではない(やるべき作業をまだ行っていないだけ)ので心配はいりません。

ブラウザでアクセスしよう

では、実行したdjango_appにアクセスをしましょう。Webブラウザを起動し、以下のアドレスにアクセスをしてください。

```
http://localhost:8000/
```

アクセスすると、「The install worked successfully! Congratulations!」という表示が現れます。これは、Djangoにデフォルトで用意されているサンプルページです。この表示が出たら、ちゃんとDjangoプロジェクトを作成し動かすことができた、ということです。とりあえず、Django開発の最初の段階はこれでクリアできました！

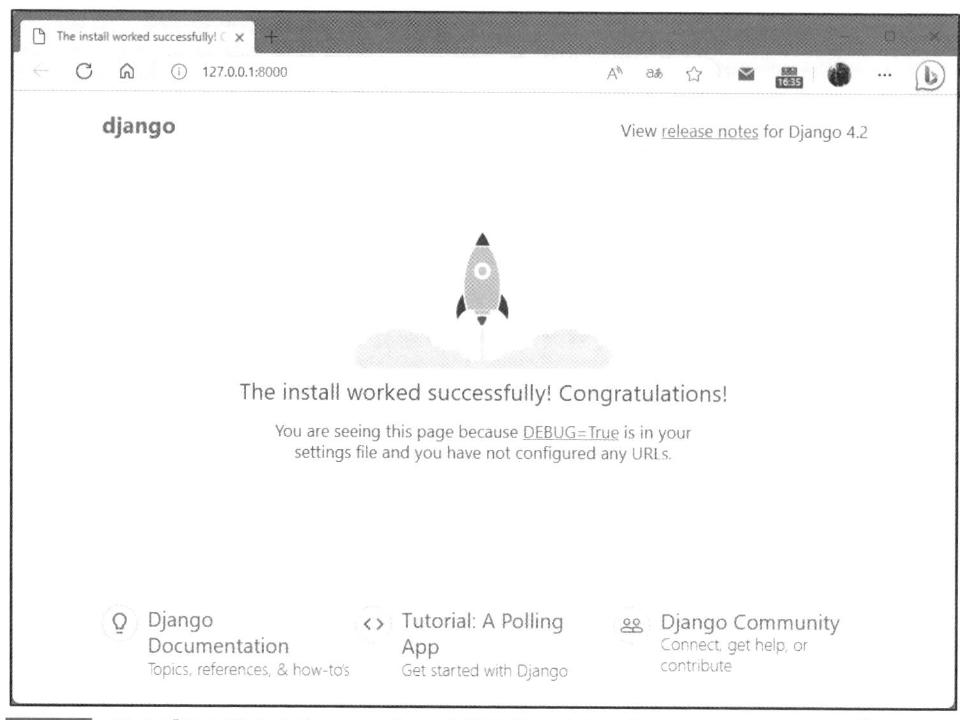

図1-31 Webブラウザで、http://localhost:8000/にアクセスすると、Djangoのサンプルページが表示される。

Chapter 1
Chapter 2
Chapter 3
Chapter 4
Chapter 5

サーバーを終了するには？

実行したWebサーバーを終了するには、ターミナルのウィンドウを選択し、Ctrlキー＋Cキーを押します。これでプログラムの実行が中断され、元の入力状態に戻ります。ターミナルやコマンドプロンプトを使っている場合、そのプログラムを終了してもWebサーバーは終了します。Webサーバーだけが起動しっぱなしになることはありません。

この章のまとめ

というわけで、PythonとDjangoをセットアップし、実際にDjangoのプロジェクトを作って動かすところまでなんとかできました。Djangoのもっとも初歩的な使い方が、これでわかりましたね。とりあえず、ここでやったことができれば、「プロジェクトを作り、ファイルを作成して、試験サーバーで動作チェックする」という最低限の操作は行えるようになります。つまり、「Django開発のために必要な最低限の使い方を頭に入れた」ということなのです。

とはいえ、いくら基本部分といっても、説明した内容を全部きっちり覚えるというのはなかなか難しいものがあります。とりあえず、「これとこれだけは忘れないで！」というポイントをここで整理しておきましょう。

VS Codeの基本操作

開発は、VS Codeを使って行います。そのためには、フォルダを開き、エクスプローラーに表示されたファイルを開いて編集する、またターミナルを開いてコマンドを実行する、といった基本的な操作が行えるようになっていないといけません。詳しい使い方などは今は知らなくても構わないので、「フォルダを開き、編集する」という基本操作だけは行えるようになっておきましょう。

django-adminとmanage.py

Djangoの基本操作は、ターミナルからコマンドとして実行しました。プロジェクトを作成するには「django-admin startproject」、試験サーバーで実行するには「python manage.py runserver」というコマンドを使いました。

この2つのコマンドは、Django利用のもっとも基本となるものです。この2つだけはしっかりと覚えておきましょう。

細かいことはそのうち覚える！

以上の2点だけ、しっかり覚えておきましょう。その他のものは？ もちろん、覚えられれば覚えたほうがいいですが、忘れてしまってもそれほど大きな問題にはなりませんから安心してください。

Djangoプロジェクトの中にどんなファイルが用意されているか、それぞれのファイルの役割はなにか、等々、この章で説明したことはいろいろあります。けれど、それらは、これから開発をはじめていけばそのうち誰でも覚えられます。これらは、別に今すぐ覚えなくても大丈夫です。VS Codeの細かな使い方なども、これからずっと使っていくのですから、必要ならそのうち覚えるでしょう。

何から何まですべてきっちりと正確に覚えなくても、プログラミングはできるのです。「ここだけははずしちゃダメ！」というポイントさえきちんと押さえておけば。ですから、最初から「全部覚えるぞ！」などと気負わずに学習を進めていきましょう。

Chapter

2

ビューとテンプレート

画面の表示を行うのは、「ビュー」と呼ばれる部分です。これは関数やクラスとして処理を定義します。また実際に表示される画面は「テンプレート」というものを使って作ります。これらの基本について説明しましょう。

Section 2-1 Webページの基本を覚えよう

ポイント

- ▶ Webアプリの基本的な構造を理解しましょう。
- ▶ urlpatternsの働きと使い方を覚えましょう。
- ▶ views.pyの関数とHttpResponseの使い方をマスターしましょう。

MVCってなに？

では、DjangoによるWebアプリケーション作成について説明をしていきましょう。が、具体的なプログラムの書き方の前に、Djangoの「考え方」から説明をしましょう。

Djangoは、「MVCアーキテクチャ」と呼ばれる考え方にもとづいて設計されています。このMVCというのは、「Model」「View」「Controller」の略で、以下のような役割を果たします。

Model（モデル）	これは、データアクセス関係の処理を担当するものです。わかりやすくいえば、「Webアプリとデータベースとの間のやり取りを担当するもの」です。
View（ビュー）	これは、画面表示関係を担当するものです。要するに、画面に表示されるWebページを作るための部分ですね。
Controller（コントローラー）	これは、全体の制御を担当するものです。これが、Webアプリで作成する「プログラム」の部分と考えていいでしょう。
urls.py	プロジェクトで使うURL（Webでアクセスするときのアドレスのことです）を管理するファイルです。
wsgi.py	WSGIという一般的なWebアプリケーションのプログラムです。

プログラムの中心となるのは、コントローラーです。コントローラーの中で、必要に応じてモデルを呼び出しデータを受け取ったり、ビューを呼び出して画面に表示するWebペー

ジを作ったりしていくわけですね。そうやってモデルやビューを必要に応じて呼び出しながら、全体の処理をコントローラーで進めていくのです。

まずは、このMVCそれぞれの役割を頭に入れておきましょう。あんまり厳密なことは考えないで、漠然と「こんな感じで3つの部品がお互いに呼び出し合って動いているんだな」というイメージがわかればそれで十分です。

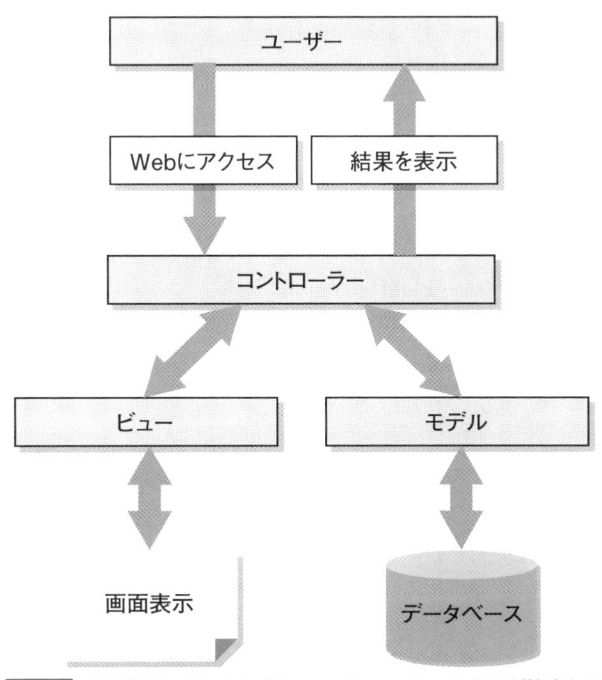

図2-1 MVCは、Model、View、Controllerの3つが協力してプログラムを動かしていく。

プロジェクトとアプリケーション

もう1つ、頭に入れておきたいのが、Djangoのプログラムの構造です。Djangoは、最初に「プロジェクト」というものを作成しましたね。これがWebアプリケーションの土台となります。が、ここに直接アプリケーションのプログラムが作られているわけではないのです。

実際にプログラムを作成するときは、このプロジェクトの中に、更に「アプリケーション」と呼ばれるものを作成します。このアプリケーションは、先ほどのMVC関係の処理をひとまとめにしたもの、と考えるとよいでしょう。Djangoは、MVCがセットになってプログラムが構築されます。アプリケーションを作成すると、そのためのMVC関係のプログラムがセットで追加されるのです。これが、Webアプリの「アプリケーション本体」に相当するものと考えていいでしょう。

このアプリケーションは、プロジェクトの中にいくつでも追加することができます。つまり、MVCのセットをいくつでも用意することができるわけです。もちろん、それぞれは独立して処理を作成できますから、1つのプロジェクトの中にいくつでも異なるプログラムを組み込むことができるのです。

「異なる処理」というと、なんだかまるで関係ないものをいくつも作るように感じますが、そういうわけでもありません。

例えば、オンラインショップのWebサイトを作るとしましょう。すると、ユーザーを登録したり管理するアプリケーション、商品の在庫などを管理するアプリケーション、そして商品を表示したりカートに入れたりするアプリケーションというように、いくつものアプリケーションを組み合わせて作ればいいことがわかるでしょう。

それぞれは独立していますから、例えばユーザー管理のやり方を変更したければ、ユーザー管理のアプリケーションだけを修正すればいいわけです。こんな具合に、プロジェクトの中にいくつもアプリケーションを作成しながら開発を行うのですね。

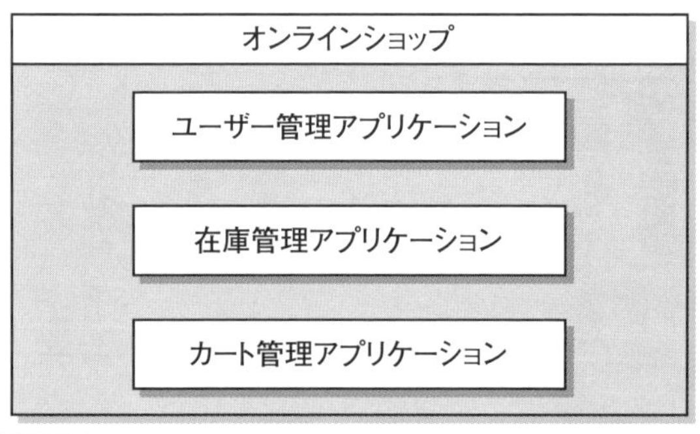

図2-2　オンラインショップのプロジェクトでは、ユーザー管理、在庫管理、ショッピングカート管理などいくつものアプリケーションが用意されることになる。

アプリケーションを作ろう

では、基本的なDjangoプログラムの構成がわかったところで、実際にプログラムを作ってみることにしましょう。

今いったように、Djangoでなにか作ろうと思ったら、プロジェクトにアプリケーションを追加しないといけません。これは、コマンドを使って行います。

1章で、コマンドプロンプトやターミナルを開いてコマンドを実行しましたが、あのウインドウはまだ開いたままですか？ もし、閉じてしまっている人は、開いて「cd」コマンドでdjango_appのフォルダ内に移動してください。あるいは、VS Codeのターミナル(「ターミナル」メニューの「新しいターミナル」メニューで開かれる)を利用しても構いません。

manage.py startappコマンド

では、アプリケーションはどうやって作るのか。これは、Djangoプロジェクトの中に用意されている「manage.py」というプログラムを使います。

```
python manage.py startapp 名前
```

この「名前」のところに、作成したいアプリケーション名を指定して実行します。では、やってみましょう。

先ほど、ターミナルを新たに開いたばかりの人は、まずプロジェクトのフォルダに移動しましょう。ターミナルから以下のように実行してください(既にターミナルを開いて「django_app」に移動してある人は実行しないでください)。

```
cd Desktop
cd django_app
```

これで、デスクトップに作成した「django_app」フォルダの中に移動しました。

では、アプリケーション作成のコマンドを実行しましょう。以下のように入力し実行してください。

```
python manage.py startapp hello
```

これで、django_appプロジェクトに「hello」というアプリケーションが追加されました！

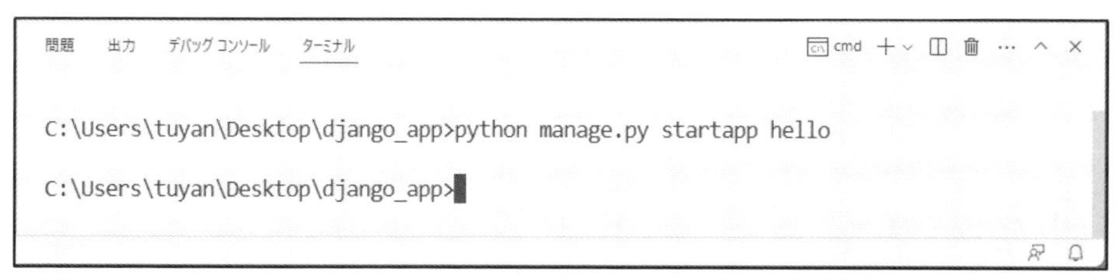

図2-3 manage.py startappコマンドで、helloアプリケーションを追加する。

helloアプリケーションをチェック！

では、どのようにファイルが作成されているのか確認しましょう。エクスプローラーで見ると、「django_app」プロジェクトのフォルダの中に、新たに「hello」というフォルダが新たに作成されていることがわかります。これが、今作ったhelloアプリケーションのフォルダです。この中にアプリケーション関係のファイルがまとめられています。

図2-4 django_app内に、「hello」というフォルダが追加されている。

Chapter 1
Chapter 2
Chapter 3
Chapter 4
Chapter 5

「hello」フォルダの中身は？

では、「hello」フォルダの中がどうなっているか見てみましょう。中にはいくつものPythonスクリプトのファイルが作成されています。

「migrations」フォルダ	マイグレーションといって、データベース関係の機能のファイルがまとめられます。
__initi__.py	アプリケーションの初期化処理のためのものです。
admin.py	管理者ツールのためのものです。
apps.py	アプリケーション本体の処理をまとめます。
models.py	モデルに関する処理を記述するものです。
tests.py	プログラムのテストに関するものです。
views.py	画面表示に関するものです。

いろいろありますが、これらの内容は別に今すぐ覚える必要はありません。また、一度に全部のファイルを使うわけではないので、使いながら「これはこういう使い方をするんだな」と覚えていけばいいでしょう。

図2-5 「hello」フォルダの中に作成されているファイル類。

views.pyにページ表示を書く

では、実際にプログラムを書いてみましょう。まず最初に編集をするのは、「hello」フォルダに作成されている「views.py」です。

このviews.pyは、ファイルの名前から想像がつくように、画面の表示に関する処理を書いておくためのものです。このファイルを開くと、初期状態で以下のようなものが書かれていることがわかります。

リスト2-1
```
from django.shortcuts import render

# Create your views here.
```

この内、2行目(#で始まる行)は、プログラムではなくて、コメントです。Pythonでは、#で始まる文は、プログラムとはみなされません。なにか説明やメモ書きなどを記述しておきたいときに利用するものと考えていいでしょう。

1行目は、django.shortcutsというところに用意されている「render」という関数を使えるようにするためのimport文です。このrender関数は、ここではまだ使ってませんが、実際になにかのWebページを作るとなると必ず利用することになるので、あらかじめ用意しておいた、ということでしょう。renderについては実際に使うようになったら改めて説明するので、今は気にしないでおきましょう。

views.pyを書き換える

では、views.pyを書き換えて、簡単なテキストを画面に表示する処理を用意してみましょう。VS Codeで「hello」フォルダ内の「views.py」をクリックして開き、以下のように変更してください。

リスト2-2

```
from django.shortcuts import render
from django.http import HttpResponse

def index(request):
    return HttpResponse("Hello Django!!")
```

記述したら、「ファイル」メニューの「保存」メニューでファイルを保存しておいてください。

views.pyで実行すること

では、views.pyに書いたスクリプトは、一体どういうことを行うものだったのでしょうか。順に説明をしていきましょう。

まずは、最初に追加したimport文です。この文ですね。

```
from django.http import HttpResponse
```

これは、「HttpResponse」というクラスをimportするものです。このHttpResponseというのは、Webアプリケーションにアクセスしてきた側(Webブラウザなどですね。「クライアント」といいます)に送り返す内容を管理するクラスです。

このHttpResponseというもので送り返すデータを用意して返送すると、その内容がクライアント側(アクセスして来たブラウザなど)に送り返されて表示される、という仕組みになっているのです。

index関数の定義

importのあとにあるのが、具体的に実行する処理の内容です。ここでは、以下のようなものが書かれていますね。

```
def index(request):
    return HttpResponse("Hello Django!!")
```

def index(request): という文で「indexという関数を定義します」ということを宣言しています。引数には、requestというものが渡されています。これは、クライアント側の情報をまとめた「HttpRequest」というクラスのインスタンスです。これの使い方はあとで改めて説明するので、今は気にしないでください。

このindex関数ではなにをやっているか？ それは、次行のreturn 〜という文を実行しているのですね。これは、HttpResponseクラスのインスタンスを作って、呼び出し元に返しています。

HttpResponseというのは、先ほどいいましたが、クライアントに送り返す内容をまとめるためのクラスです。これは、こんな具合にしてインスタンスを作ります。

```
HttpResponse( 送り返す内容 )
```

引数に、送り返す内容を指定してインスタンスを作ればいいのです。これをreturnすると、引数に書いた内容がそのままクライアント側に送り返されます。ここでは、"Hello Django!!"というテキストが送り返されていた、というわけです。

urls.pyについて

これでviews.pyに処理が用意できました。が、実はこれだけではアプリケーションは使えるようになりません。次に編集するのは、「urls.py」というファイルです。

プロジェクトのフォルダ(「django_app」フォルダ)の中には、プロジェクト名と同じ名前の「django_app」フォルダが用意されていました。この中に、urls.pyというファイルが用意されています。

このurls.pyというファイルは、URLを管理するためのものです。URLというのは、Webブラウザなどでアクセスするときのアドレスですね。つまり、ここで「どのアドレスにアクセスをしたらどの処理を実行するか」といった情報を管理しているのです。

先ほど、views.pyにindex関数を作成しました。これを、特定のアドレスにアクセスしたら実行するようにurls.pyに追記をしておかないといけないのです。

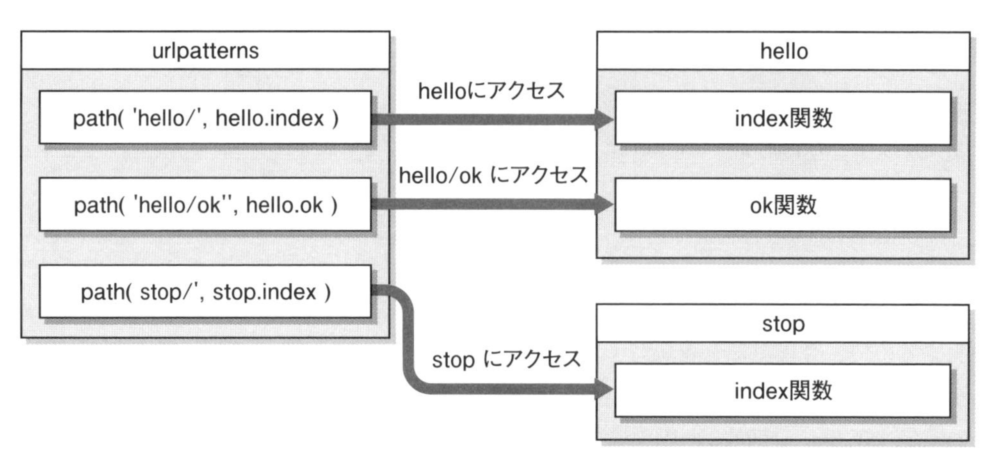

図2-6 urlpatternsに登録した情報をもとに、どのアドレスにアクセスしたらどの処理が呼び出されるかが決まる。

urls.pyを書き換える

このファイルを開いて、以下のように書き換えましょう。ファイルを開くと、デフォルトでこんな文が書かれています(その前にコメントがたくさん書いてありますが省略します)。

リスト2-3

```
from django.contrib import admin
from django.urls import path

urlpatterns = [
  path('admin/', admin.site.urls),
]
```

最初の1つのimport文は、ここで使う関数やオブジェクトを使えるようにするためのものです。その後にあるurlpatternsというのが、アドレスを管理しているものです。これは、アドレスの情報をリストとしてまとめてあるものです。ここに、先ほどのviews.pyに追加したindex関数の情報を追加すればいいんですね。

では、urls.pyの内容を下のように書き換えましょう。

リスト2-4

```
from django.contrib import admin
from django.urls import path
import hello.views as hello

urlpatterns = [
```

```
    path('admin/', admin.site.urls),
    path('hello/', hello.index),
]
```

import hello.views as hello という文が追加してありますね。これで、「hello」フォルダ内のviews.pyをhelloという名前でimportします。

で、このimportしたhelloを利用しているのが、その後のurlpatternsリストに追加している、path('hello/', hello.index), という文です。これは「path」という関数を実行するものです。このpathは、以下のように記述します。

```
path ( アクセスするアドレス , 呼び出す処理 )
```

このように、第1引数にアドレスを、第2引数に処理を指定すると、そのアドレスにアクセスをしたら指定の処理を実行するための値が用意されるのですね。これをurlpatternsにまとめて用意しておくことで、どこにアクセスすればindex関数を実行するか決められるのです。

ここでは、'hello/'にアクセスをしたら、hello内のindexを実行する、ということを指定してあります。helloというのは、「hello」フォルダ内のviews.pyのことでしたね。つまり、hello/にアクセスをしたら、views.pyのindexを実行する、ということを指定していたのです。

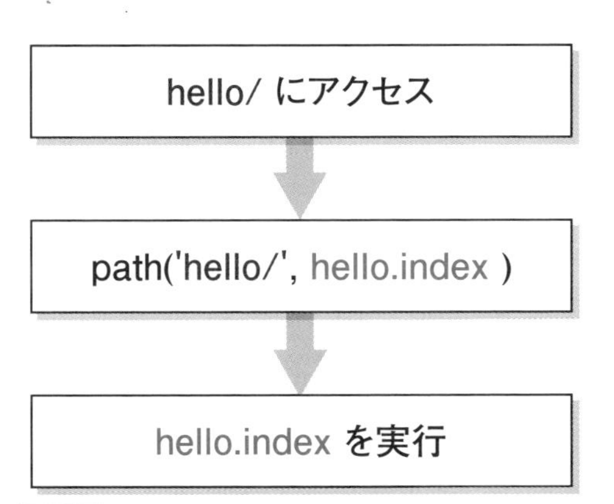

図2-7　path関数は、アドレスと呼び出す処理をまとめた情報を返す関数。これにより、アドレスと処理を関連付けたものが用意される。

 アクセスしてみよう！ 

では、実際にアクセスをしてみましょう。まず、DjangoのWebサーバーを実行する必要がありましたね。覚えてますか？ ターミナルから、こんな具合に命令を実行するのでした。

```
python manage.py runserver
```

これでプロジェクトの開発用のサーバーが起動し、Webアプリケーションにアクセスできるようになります。

起動しっぱなしでもOK？ Column

皆さんの中には、プログラムを修正するたびにWebサーバーを終了して再起動している人もいることでしょう。が、Djangoの開発用サーバーは、いちいち再起動する必要はありません。起動したままでOKです。

現在のDjangoに内蔵されている試験サーバーは、起動した状態でファイルを書き換えたりすると、自動的にそれが再読み込みされ最新の状態に更新されるようになっています。ですから、試験サーバーは起動しっぱなしにしておいてもたいていは大丈夫です。もし、表示が更新されないようなことがあったら、そのときは再起動すればいいでしょう。

/hello/にアクセスする

Webサーバーが起動したら、Webブラウザを起動し、以下のアドレスにアクセスをしてみましょう。

```
http://localhost:8000/hello/
```

画面に「Hello Django!!」とテキストが表示されます。これが、今回index関数で画面に表示させていたテキストです。ただのテキストですが、とりあえず、「指定のアドレスにアクセスしたら、用意した表示がされた」というのが確認できましたね。

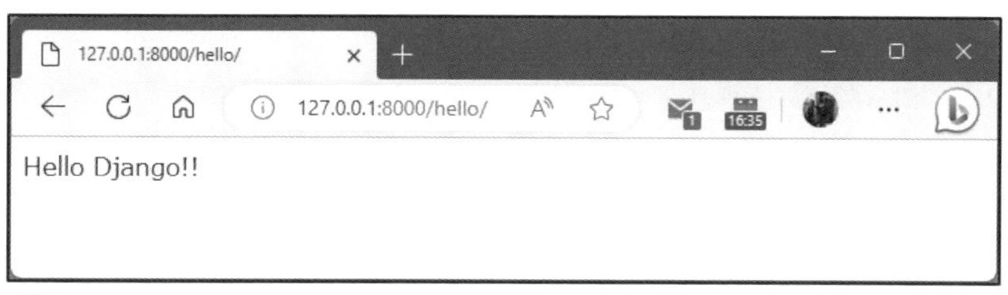

図2-8 /hello/にアクセスすると、「Hello Django!!」と表示される。

helloにurls.pyを作成する

これで一応、Djangoのもっとも基本的な処理部分はできました。が、実をいえばもう少し修正したほうがいいのです。

このやり方だと、helloアプリケーションに用意した処理を、django_appのurls.pyで管理することになります。これは、ちょっと奇妙な感じがしますね？

それぞれのアプリケーションは独立して使うようになっているべきです。helloに処理を作成するたびに、django_appを修正しないといけない、というのはあまりいい設計とはいえません。

このhelloだけならまだしも、いくつものアプリがあるプロジェクトの場合、今の状態では、それらすべてのアプリのアドレス情報がdjango_appのurls.pyにすべて書かれることになります。こうなったら、アドレスの管理はかなり面倒なものになるでしょう。

そこで、「アプリのアドレスはアプリ内で」管理させることにしましょう。helloアプリ内にURLを管理するファイルを作成して、helloのアドレスはそこですべて管理させるのです。これなら、アプリが複数になっても混乱することはありません。

新しいファイルを作る

これは、間違いやすいのでしっかりと理解していきましょう。

urls.pyというファイルは、既に「django_app」フォルダの中にあります。しかし今回、アドレスを記述するのは、この「django_app」フォルダのurls.pyではありません。「hello」アプリケーションの中に、新たに「urls.py」を作成して編集することにしましょう。

このファイルは実はまだ存在しないので、ここで作成する必要があります。同じファイル名なので、間違えないように注意してください。

VS Codeのエクスプローラーで「hello」フォルダを選択してください。そして、エクスプローラーの一番上に見える「DJANGO_APP」というプロジェクトのフォルダ名部分の「新しいファイル」アイコン（一番左側のアイコン）をクリックします。これで、「hello」フォルダ内に新しいファイルが作成されるので、そのまま「urls.py」とファイル名を入力します。

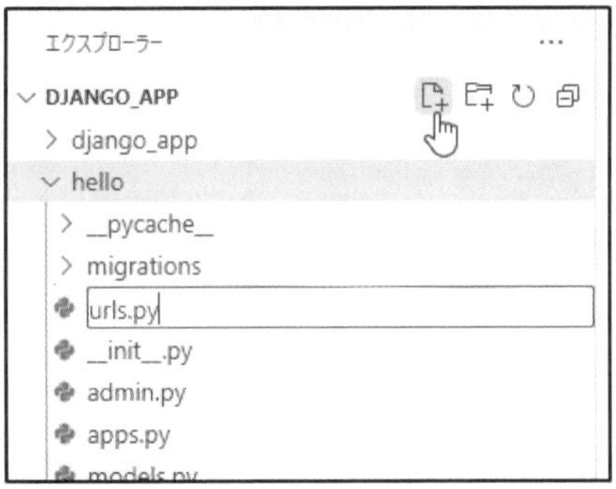

図2-9 「hello」を選択して「新しいファイル」アイコンをクリックし、「urls.py」とファイル名を入力する。

hello/urls.pyのスクリプト

では、作成した「hello」内のurls.pyにスクリプトを記述しましょう。今回は、以下のように書いてください。

リスト2-5

```
from django.urls import path
from . import views

urlpatterns = [
    path('', views.index, name='index'),
]
```

やはり、urlpatterns配列が用意してあるだけです。ここにpath関数で値を記述しています。今回は、アドレスは空のテキストになっています。このurls.pyはhelloアプリの中に作ったものなので、helloアプリ内のアドレスを指定します。つまり、http://○○/hello/のあとに続くアドレスを指定するのです。

ここでは空のテキストを指定しているので、http://○○/hello/のアドレスに設定を行う形になります。そこで、views.index（views.pyの中のindex関数）を実行するようにしてあります。

その後に、nameという引数を用意してありますが、このpathにindexという名前を設定しているのだ、と考えてください。

django_app/urls.pyの修正

これでhelloのurls.pyはできました。続いて、プロジェクトのurls.py（「django_app」フォルダの中にあるurls.py)を開いて、hello内のurls.pyを読み込むように修正しましょう。

リスト2-6
```
from django.contrib import admin
from django.urls import path,include

urlpatterns = [
    path('admin/', admin.site.urls),
    path('hello/', include('hello.urls')),
]
```

これで完成です。実際にhttp://localhost:8000/hello/にアクセスをして、ちゃんと表示されることを確認しておきましょう。

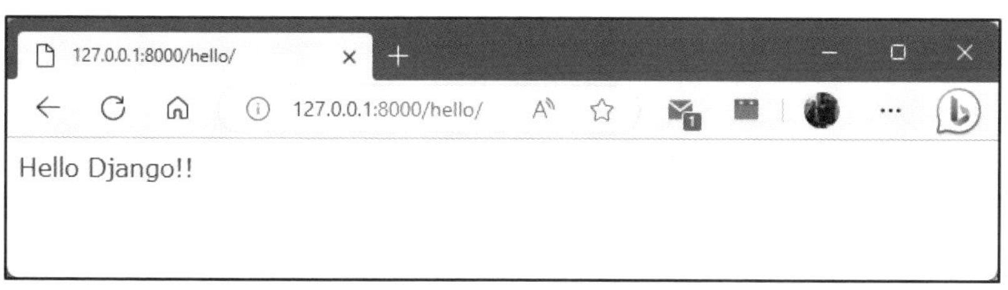

図2-10 /hello/にアクセスするとテキストが表示される。

修正したurlpatternsの働き

urlpatternsを見ると、pathの引数が少し変わっていますね。include('hello.urls')となっています。includeという関数は、引数に指定したモジュールを読み込むものです。

ここでは、hello.urlsと値が指定されていますね。これで、「hello」フォルダ内のurls.pyが読み込まれ、'hello/'のアドレスに割り当てられるようになります。つまり、これでhttp://○○/hello/よりあとのアドレスにhello/urls.pyから読み込んだurlpatternsの内容が設定されたのです。

これで、hello内のアドレス割り当ては、すべてhello内にあるurls.pyが行うようになりました。以後、helloのアドレスを操作するために、django_appのurls.pyを編集する必要はなくなります。「helloアプリのことはすべてhelloの中にあるファイルに書いてある」状態になったわけですね。

どっちのやり方がいいの？

urls.pyの使い方について、2通りのやり方がこれでできるようになりました。1つは「プロジェクトのurls.pyにすべて書く」というもの。もう1つは「アプリケーションごとにurls.

pyを用意して、それらをプロジェクトのurls.pyでまとめる」というものです。

どちらのやり方でも同じように処理できますが、本書ではこれ以降、「各アプリにurls.pyを用意する」というやり方で記述していくことにします。このやり方が、Djangoの基本といってもよいでしょう。例えば、「1プロジェクト＝1アプリケーション」しかないような場合は別ですが、ある程度複雑なことを行わせようと思ったら、アプリケーションごとにurls.pyを用意するやり方のほうが最終的にはわかりやすく使いやすいものになります。

というわけで、最初の「プロジェクトのurls.pyに全部書く」というやり方は、忘れていいです。新たに覚えた「アプリケーションごとにurls.pyを用意する」というやり方についてしっかり覚えておきましょう。

クエリパラメータを使おう

単純にテキストを表示することはできるようになりました。続いて、もう少しインタラクティブな操作について見ていくことにしましょう。

まずは利用者との間で値をやり取りする方法について考えてみましょう。これには、いくつかのやり方があります。もっとも簡単なのは、「クエリパラメータ」を利用した方法でしょう。

クエリパラメータというのは、アドレスのあとにつけて記述するパラメータです。例えばアマゾンなどのサイトにアクセスしたとき、アドレスのあとに$xxx=xxxxx&yyy=yyyyy……というような暗号のようなものが延々と書かれているのに気がつきませんでしたか。あれがクエリパラメータです。

クエリパラメータは、次のような形で記述します。

```
http://ドメイン?キー=値&キー=値&……
```

ドメイン(URLのgoogle.co.jpといった部分)の最後に？をつけ、その後に「キー」と「値」をイコールでつなげて記述します。複数の値を送りたいときは、&でつなげて書きます。キーというのは、その値につける名前のことです。例えば、「id=taro」と書いたなら、idという名前(キー)で「taro」という値を送っていた、というわけです。

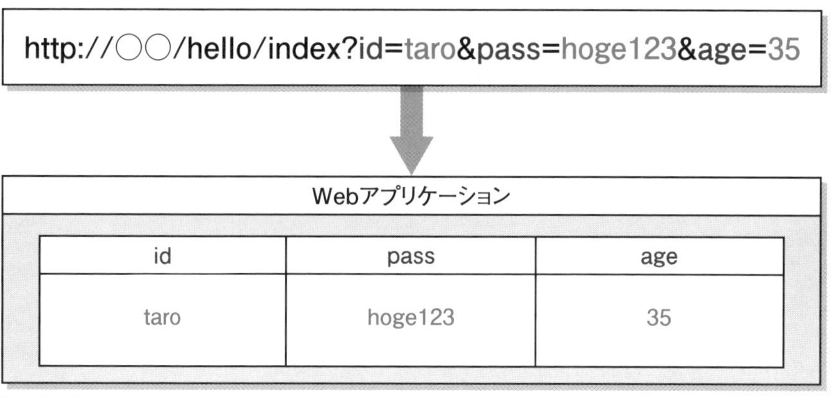

図2-11 クエリパラメータは、アドレスにつけた値をそのままサーバーに送る。

クエリパラメータを表示する

このクエリパラメータは、Djangoで簡単に利用することができます。やってみましょう。

先ほど書いたindex関数を書き換えて再利用することにしましょう。「hello」フォルダ内のviews.pyを開いて、そこにあるindex関数を下のように書き換えてください。

リスト2-7

```
def index(request):
    msg = request.GET['msg']
    return HttpResponse('you typed: "' + msg + '".')
```

修正したら、実際にアクセスをしてみましょう。Webブラウザから以下のようにアドレスを書いてアクセスしてみてください。

```
http://localhost:8000/hello/?msg=hello
```

すると、ブラウザに「you typed: "hello".」と表示されます。アドレスの「msg=○○」の部分をいろいろと書き換えて、どんな表示になるか試してみましょう。

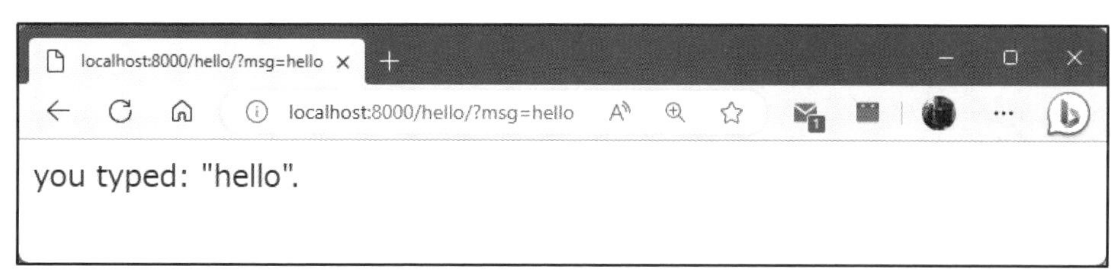

図2-12 アクセスすると、msgというクエリパラメータの値を表示する。

request.GETの働き

では、作成したスクリプトを見てみましょう。index関数では以下のようにしてクエリパラメータの値を取り出しています。

```
msg = request.GET['msg']
```

requestというのは、index関数の引数で渡される値です。このrequestは「HttpRequest」というクラスのインスタンスだ、と前にいいましたが覚えてますか？

HttpRequestは、リクエストの情報を管理するクラスです。リクエストというのは、クライアント(Webブラウザなど)からのアクセスのことです。クライアントからサーバーにアクセスする際にさまざまな情報などが送られてきます。これらをまとめて管理しているのがHttpRequestクラスです。

似たようなものに「レスポンス(HttpResponse)」というのもあって、こちらは逆にサーバーからクライアントへ返送される情報を管理します。

このリクエストを管理するHttpRequestクラスには「GET」という属性が用意されています。これは辞書の値になっており、クエリパラメータの値もすべてこの中に保管されているのです。&msg=○○として送られた値は、GET['msg']で取り出すことができるようになっています。実に簡単ですね。

リクエストとレスポンス

ここで初めてリクエストというものを利用しました。これとレスポンスはとても重要なので、ちょっと整理しておきましょう。

●リクエスト

クライアントからWebアプリケーションへのアクセスのことです。アクセスすると、クライアント側からさまざまな情報がサーバーに送られてきます。このリクエストを管理するのが、HttpRequestクラスです。アクセスの際に送られる情報(アクセスしたアドレスや、アクセス時のヘッダー情報など)を保管しています。

●レスポンス

クライアントからサーバーへのアクセスのことです。この返送時に送られる情報を管理するのがHttpResponseです。Webアプリに返送するデータや、返送時のアクセス情報などが保管されています。

クライアント側とサーバー側の間のやり取りを管理するもっとも基本となるものが、リクエストとレスポンスであり、そのために用意されているクラスがHttpRequestとHttpResponseだ、ということなのです。つまり、この2つのクラスは、やり取りする際にもっとも重要な役割を果たすものといっていいでしょう。

パラメータがないときは？

先ほど作成したサンプルは、実は致命的な問題を抱えています。msgパラメータをつけず、そのまま/helloにアクセスをしてみましょう。すると画面に「MultiValueDictKeyError at /hello/」といったエラーメッセージが表示されます。クエリパラメータがないとエラーになってしまうのです。

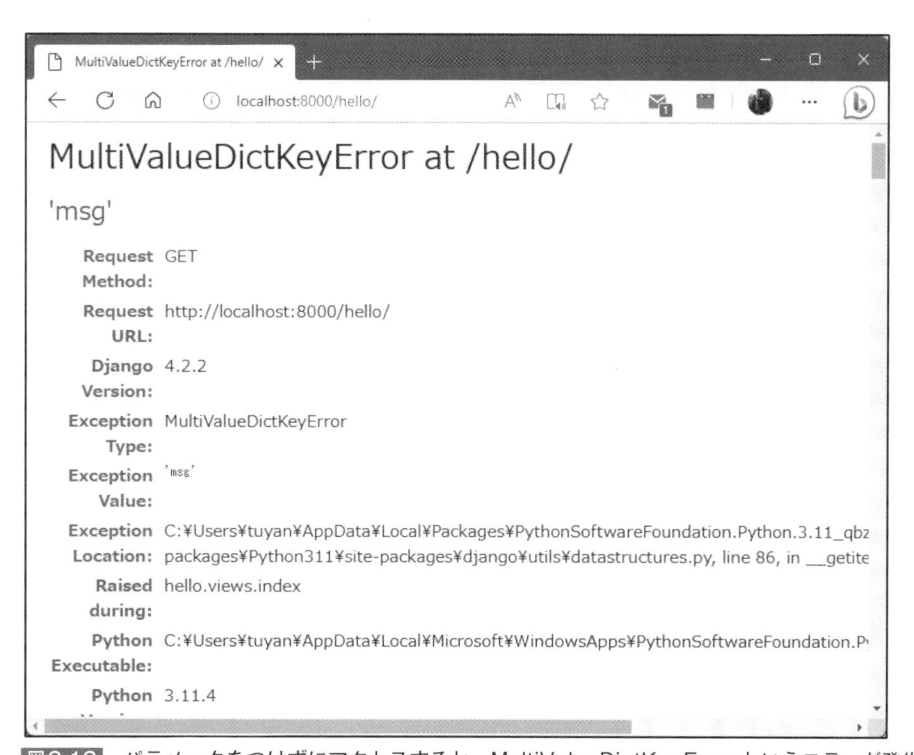

図2-13 パラメータをつけずにアクセスすると、MultiValueDictKeyErrorというエラーが発生する。

indexを修正しよう

では、msgパラメータがなくてもエラーにならないように、views.pyのindex関数を修正しましょう。

リスト2-8
```
def index(request):
  if 'msg' in request.GET:
    msg = request.GET['msg']
    result = 'you typed: "' + msg + '".'
  else:
    result = 'please send msg parameter!'
  return HttpResponse(result)
```


これで大丈夫。/hello?msg=helloというようにパラメータをつけると、先ほどやったようにパラメータの値が表示されます。msgパラメータをつけないと、「please send msg parameter!」とテキストが表示されるようになります。

図2-14 パラメータをつけないと、「please send msg parameter!」と表示される。

inで値の存在をチェック

ここでは、index関数の最初のところで、パラメータが送られているかどうかをチェックしています。

```
if 'msg' in request.GET:
```

request.GETは辞書の属性です。inは、指定のキーが辞書の中にあるかどうか調べるためのもの。つまり、'msg' in request.GETで「GETの辞書の中にmsgというキーの値が保管されているかどうか」を調べていたのですね。

これで値があれば、その値を利用すればいいですし、そうでないときはパラメータが送られていない場合の処理を行えばいい、というわけです。意外と簡単ですね！

GETの正体は「QueryDict」　Column

request.GETでは、パラメータの値をGET['msg']というようにして取り出せます。「なんだかリストや辞書みたいだな」と思った人もいるかもしれませんね。

GETは、HttpRequestに用意されているプロパティです。このGETプロパティに設定されている値は「QueryDict」というクラスのインスタンスなのです。これはクエリパラメータのテキストを分解して辞書のような形で管理するクラスです。

```
QueryDict('a=hello&b=123&c=ok')
```

例えばこんな具合にQueryDictインスタンスを作成すると、a, b, cというキーに'hello', 123, 'ok'という値を保管するQueryDictインスタンスが得られます。

スマートな値の送り方

このクエリパラメータを利用したやり方はとてもシンプルで使いやすいものです。ただ、問題がないわけではありません。特に「アドレスがわかりにくくなる」という点は大きいでしょう。ちょっとアクセスするのに、xxx=○○&yyy=××&……なんてものがアドレスに延々と書かれていたりすると、かなりうるさい感じがしますね。

そこで、もっとスマートにパラメータを送る方法について説明しましょう。クエリパラメータの代わりに、もっとスッキリとした形で必要な値を送るのです。例えば、以下のような形で値を送ることを考えてみましょう。

```
http://○○/?id=123&name=taro
```

このクエリパラメータをなくし、以下のようにパスを指定して送れるようにしたらどうでしょうか。

```
http://○○/123/taro
```

一見したところ、普通のアドレスのように見えますね？ これで、123とtaroという値を送っています。このほうが、クエリパラメータに比べるとずっとスマートですね。

ただし、このようなやり方をするためには、ただindex関数を修正するだけではダメです。もう一捻りしてやる必要があります。

urlpatternsを修正する

なにをするのか？ それは、urlpatternsの修正です。「hello」フォルダ内のurls.pyに、helloアプリ内のアドレスの設定を記述していましたね。そこに書いてあったurlpatternsの記述を以下のように修正してください。

リスト2-9
```
urlpatterns = [
    path('<int:id>/<nickname>/', views.index, name='index'),
]
```

これが、今回のポイントです。ここではパスとして設定するテキストの中に、<int:id>と<nickname>という特殊な値が書いてありますね。これはそれぞれidとnicknameという名前で値が用意されることを示します。例えば、

```
/hello/123/taro/
```

こんな具合にアクセスをしたとすると、123がidに、taroがnicknameにそれぞれ設定される、というわけです。

「どうして、idのほうは<int:id>というように、int:というのがついてるんだ？」と思った人。これは、このidという値がint値(整数値)であることを指定しているんです。

アドレスで設定される値は、基本的にテキストです。<nickname>は、特に何も指定していませんから、taroはそのままテキストとしてnicknameに設定されます。が、idは整数の値なので、<int:id>というようにして「これは整数値ですよ」と指定していたのです。

Chapter 1
Chapter 2
Chapter 3
Chapter 4
Chapter 5

index関数を修正する

では、このurlpatternsでアドレスに設定したidやnicknameという値はどうやって使えばいいのか。それは、呼び出されるindex関数側で用意してやります。

「hello」フォルダ内のviews.pyを開いて、index関数を以下のように書き換えてください。

リスト2-10
```
def index(request, id, nickname):
    result = 'your id: ' + str(id) + ', name: "' \
        + nickname + '".'
    return HttpResponse(result)
```

これで完成です。修正したら、Webブラウザからhttp://localhost:8000/hello/123/taro/

というようにアクセスをしてみましょう。「your id: 123, nickname "taro".」というようにテキストが表示されます。

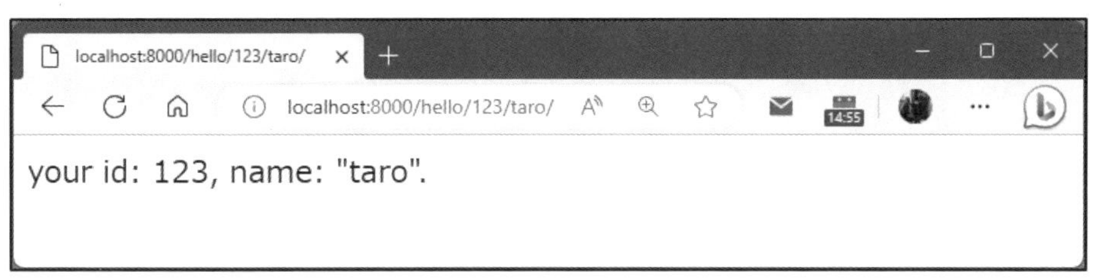

図2-15　/hello/123/taro/という具合にID番号と名前をつけてアクセスすると、それらがindex関数で取り出される。

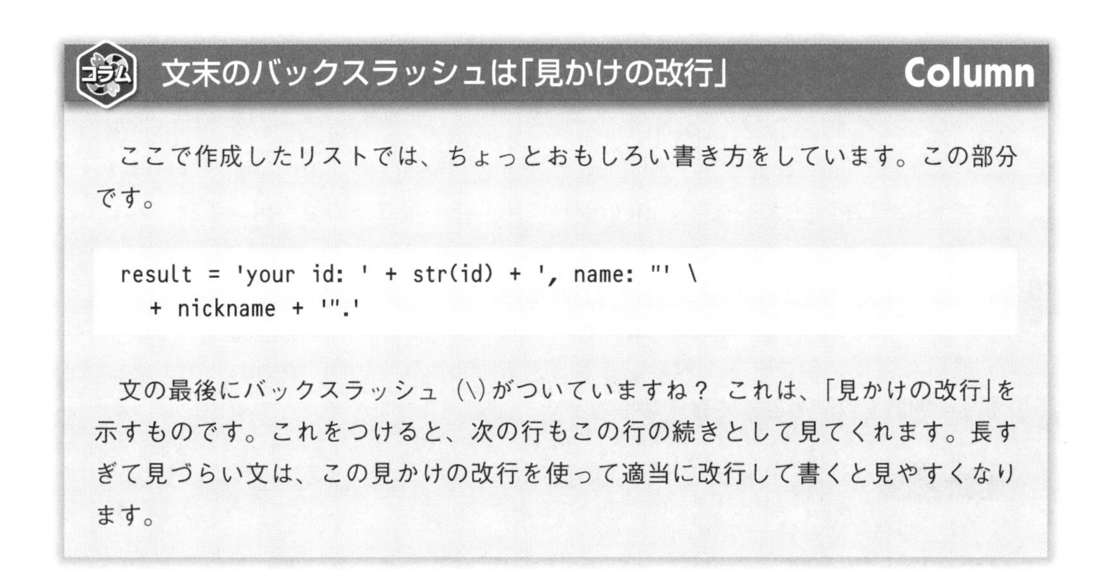

コラム　文末のバックスラッシュは「見かけの改行」　Column

ここで作成したリストでは、ちょっとおもしろい書き方をしています。この部分です。

```
result = 'your id: ' + str(id) + ', name: "' \
  + nickname + '".'
```

文の最後にバックスラッシュ（\）がついていますね？　これは、「見かけの改行」を示すものです。これをつけると、次の行もこの行の続きとして見てくれます。長すぎて見づらい文は、この見かけの改行を使って適当に改行して書くと見やすくなります。

urlpatternsの値が引数に！

ここでは、index関数の定義が変わっています。引数部分を見ると、requestのあとに、idとnicknameという引数が追加されていることがわかるでしょう。これらは、urlpatternsに設定した'<int:id>/<nickname>/'というアドレスのidとnicknameの値なのです。

つまり、/hello/123/taro/というようにアクセスした際の123とtaroが、そのままindex関数のidとnickname引数に渡されていたのですね。

こんな具合に、urlpatternsで<○○>という値を使って記述した値は、そのまま呼び出される関数で引数として受け取ることができます。

パターンはいろいろ作れる！

ここでは、/○○/○○という形でurlpatternsのアドレスを設定しましたが、スラッシュ(/)記号しか使えないというわけではありません。その他の記号や普通の文字もアドレスの一部として使うことができます。

実際に、普通の文字をアドレスの一部に使ったものを作ってみましょう。まず、「hello」フォルダ内のurls.pyを開き、urlpatternsを以下のように書き換えます。

リスト2-11
```
urlpatterns = [
   path('my_name_is_<nickname>.I_am_<int:age>_years_old.',
      views.index, name='index'),
]
```

ここでは、「my_name_is_<nickname>.I_am_<int:age>_years_old.」という長いテキストをアドレスに指定しています。nicknameとageという2つの値が用意されていますね。

コントローラーアクションの指定

続いて、コントローラー側の修正です。「hello」フォルダ内のviews.pyに記述してあるindex関数を以下のように修正しましょう。

リスト2-12
```
def index(request, nickname, age):
   result = 'your account: ' + nickname + '" (' + str(age) + ').'
   return HttpResponse(result)
```

修正したら、Webブラウザからアクセスをします。以下のようにアクセスを記入し、アクセスをしてみてください。

```
http://localhost:8000/hello/my_name_is_taro-yamada.I_am_39_years_old.
```

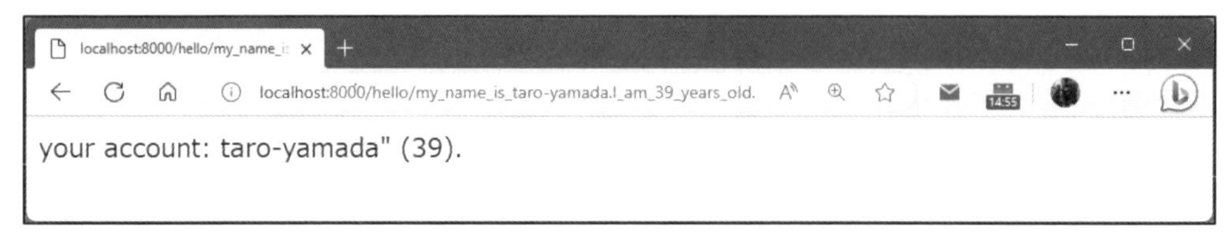

図2-16 /hello/my_name_is_taro-yamada.I_am_39_years_old.をアクセスすると、taro-yamadaと39が引数に渡される。

「taro-yamada」という名前と、「39」という年齢がindex関数に引数として渡されているのがわかります。アドレスを見ればわかるように、ほとんど文章のようなアドレスが指定されていることがわかります。こんな具合に、普通のテキストのようなアドレスに値を組み込んで渡すことも実はできるのです。

まぁ、実際問題としてこんなアドレスをわざわざ使うことはないでしょうが、「urlpatternsの<○○>という値の指定を利用すれば、必要な値を渡すのにどんなアドレス形式も使える」ってことは覚えておくとよいでしょう。

コラム ビュー＝コントローラー？ Column

ごく簡単ですが、実際に簡単な表示を作って、Djangoによるプログラム作成がどんなものか少しだけわかったことでしょう。が、ここまでの説明を読んで、なにか奇妙な印象を受けた人もいるんじゃないでしょうか。

この章のはじめに、「Djangoは、MVCという考え方にもとづいて設計されている」といいました。全体の処理を担当するのがコントローラー、画面表示を担当するのがビューでしたね。

ところが、ここまで使ってきたのは、views.pyというファイルだけです(urls.pyも使いましたが)。これ、名前からして「ビュー」ですよね？ コントローラーはどこ？ あるいは、Djangoって「ビュー」に処理を書くの？

その通り。Djangoは「ビューに処理を書く」のです。というと勘違いされそうですが、Djangoでは、「アクセスしたアドレスの画面表示に必要な処理＝ビュー」と考え、画面表示を行うのに必要な処理はビューで担当するようにしているのです。そして、実際の画面の表示内容は、このあとに説明する「テンプレート」というものを利用します。

Djangoは「モデル」「ビュー」「テンプレート」によって処理を行うのですね。ですから、MVCではなくて、MVTというべきかもしれません。ただし、担当する部分の呼び名が違うだけで、MVCの「考え方」そのものは同じですから、「DjangoもMVCフレームワークの1つ」といっていいでしょう。

Section 2-2 テンプレートを利用しよう

ポイント

- ▶ テンプレートファイルを使った表示の仕方を理解しましょう。
- ▶ テンプレートに値を渡す方法を学びましょう。
- ▶ 静的ファイルの使い方を覚えましょう。

テンプレートってなに？

とりあえず、ここまでの説明で、Djangoを使って簡単なWebページを表示することができるようになりました。

が、「Webページの内容をテキストとして用意する」というやり方は、あまりいいやり方とは思えません。第一に、面倒くさい！ 複雑なWebページになると、HTMLのソースコードを何百行も書くことだってあります。それを全部、テキストの値として用意するなんて、さすがに無理でしょう？

それならどうすればいいか。普通、Webページっていうのは、HTMLのソースコードを書いたファイルを用意して、それを読み込んで表示しています。Djangoだって同じように「HTMLのファイルを読み込んで表示する」という仕組みがあれば、もっと簡単に画面の表示が作れるはずですね。

ただし、ただHTMLファイルを表示するだけじゃ、わざわざDjangoを使ってWeb開発をする必要なんてありません。普通にどこかレンタルサーバーを借りてHTMLファイルを置いてやればいいんですから。Djangoを使う以上、なにか利点がないとわざわざプログラムを書く意味がありません。

では、その利点とは？ それは、ただHTMLのファイルを読み込んで表示するのではなくて、そこにさまざまな変数やPythonの処理を埋め込むことができる、という点です。テンプレートをDjangoのビューから読み込み、テンプレートに記述された変数や処理を実行して表示内容を完成させてからクライアントに送り返すのです。

つまり、Djangoを使うことで、「表示するHTMLの内容をあれこれ操作できるようにする」のです。それができれば、DjangoでWeb開発をする利点が活きてきます。ただHTMLの内容を表示するだけではなくて、「Djangoを使うからこそ作れる表示」というのが用意できるようになります。

テンプレートの考え方

こうした考え方で作成される表示ページのデータを「テンプレート」といいます。テンプレートは、Webページの中にさまざまな変数などの情報を組み込んだものです。Djangoはテンプレートを読み込み、そこに組み込まれている変数などに値を代入してページを完成させてからクライアント側に送り返します。

これから、テンプレートの使い方について説明をしていきますが、これはこの章の中でとても重要な部分です。これは、「よくわからなくてもいい」とはいきません。これがきちんとわかってないと、Web開発はできないのですから。だから時間がかかってもいいので、その基本的な使い方だけはしっかりと理解しておいてくださいね！

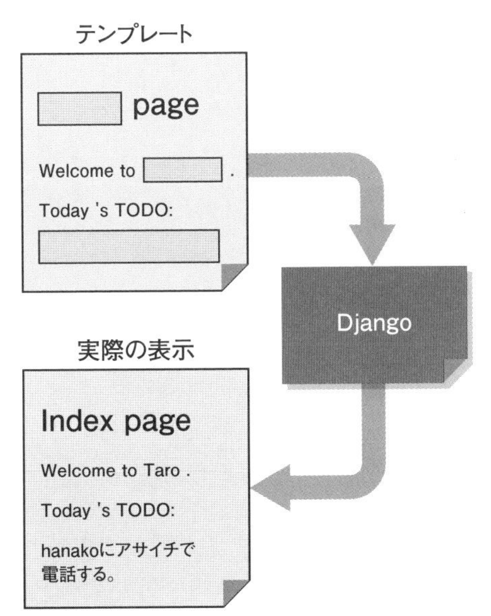

図2-17 テンプレートは、Webページの中に変数などを埋め込んだもの。Djangoはテンプレートを読み込むと、そこにある変数などに値を埋め込んでページを完成させ、クライアントに送る。

アプリケーションの登録

では、テンプレートを実際に利用してみましょう。そのためには、まずやっておかないといけないことがあります。それは、「アプリケーションの登録」です。

これまでは、views.pyのindex関数から直接テキストを設定してクライアント側にテキストを表示してきましたね。こういう単純なものは、ただ関数を書くだけで動くのです。が、テンプレートのようなDjangoに組み込まれているシステムを利用して動かすようになると、あらかじめDjangoに「このプロジェクトには、こういうアプリケーションが用意されています」といったことをプロジェクトにわかるよう記述しておかないとうまく動かないのです。

これを行っているのが、プロジェクトの「settings.py」というファイルです。Djangoでは、プロジェクトのフォルダの中に、プロジェクト名と同じ名前のフォルダがありましたね？今回の例なら、「django_app」というプロジェクトのフォルダの中に、同じ「django_app」フォルダが入っているはずです。

このフォルダの中にあるのが、プロジェクト全般に関するファイルです。ここから、「settings.py」というファイルを探して開いてください。これが、プロジェクトの設定を記述するためのファイルです。

このファイルを開くと、設定情報を保管する変数の文がたくさん並んでいます。その中から、「INSTALLED_APPS」という変数の値を設定している部分を探してください。そして、以下のように修正をします。

Chapter 1 Chapter 2 Chapter 3 Chapter 4 Chapter 5

リスト2-13

```
INSTALLED_APPS = [
    'django.contrib.admin',
    ……略……,
    'hello', #☆
]
```

わかりますか？ ☆の文を追記しているだけです。それ以外は、デフォルトで書かれている内容です。これらは、削除したりしないでください。INSTALLED_APPSの配列の最後に、'hello'という値を追加するだけです。これで、helloアプリケーションが登録できます。

アプリケーションの登録は、こんな具合に、INSTALLED_APPS変数の配列にアプリケーション名を追加して行います。

なぜ、INSTALLED_APPSの登録が必要？

ところで、このINSTALLED_APPSというのはプロジェクトに組み込まれている各種のアプリケーションを登録するものです。どうして、ここに「hello」アプリを登録しておかないといけないのでしょう？ 今まで、テンプレートは使っていませんがちゃんとhelloアプリのプログラムは動いていました。これは一体、何のために必要なのでしょうか。

それは、「Djangoのテンプレート機能がhelloを検索できるようにする」ためです。Djangoのテンプレート機能は、登録されているアプリのフォルダ内にある「templates」フォルダ内からテンプレートを検索します。従って、INSTALLED_APPSにアプリを登録していないと、Djangoのテンプレート機能がそのアプリ内にある「templates」フォルダを検索してくれないのです。

テンプレートはどこに置く？

では、実際にテンプレートを作成しましょう。そのためには、まずアプリケーションの中に、「テンプレートを置いておく場所」を用意しないといけませんね。

Djangoでは、テンプレートは、アプリケーションごとに「templates」という名前のフォルダを用意し、その中に保管するようになっています。では、実際にやってみましょう。

まず、django_appプロジェクトの「hello」フォルダの中に、新たに「templates」というフォルダを作成します。そして、更にこの「templates」フォルダの中に「hello」というフォルダを用意します。

つまり、「django_app」フォルダ内のフォルダの組み込み状態を整理すると……

「django_app」→「hello」→「templates」→「hello」

……こんな具合になるわけですね。「hello」フォルダの中に、更にまた「hello」フォルダを作るのは奇妙な感じがするでしょうが、これがテンプレートを配置する基本的なフォルダ構成です。このフォルダの組み込み状態をしっかりと頭に入れておいてくださいね。

フォルダを作る

では、フォルダを用意しましょう。フォルダは、直接プロジェクトのフォルダを開いて作成してもいいですし、VS Codeのエクスプローラーで作成をしてもいいでしょう。この場合は、エクスプローラーで「hello」フォルダを選択し、上部の「DJANGO_APP」というところにある「新しいフォルダー」アイコン(左から2番目)をクリックします。これでフォルダが作成されるので、そのままフォルダ名を「templates」と入力してください。

同様に、「templates」フォルダを選択して「新しいフォルダー」アイコンをクリックし、「hello」というフォルダを作成しましょう(作成すると「templates/hello」という項目があるように表示されますが、これで正常な状態です)。

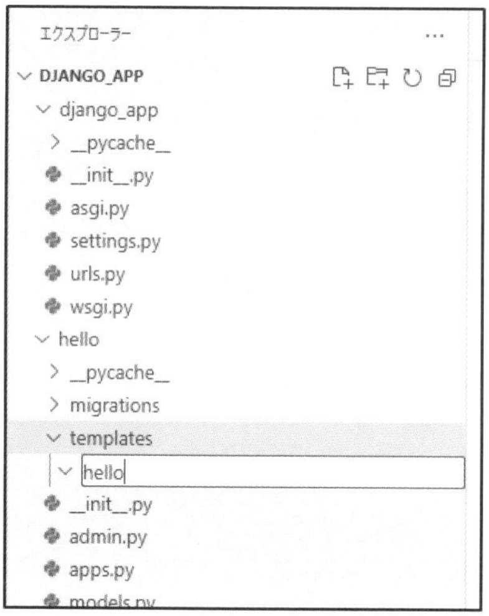

エクスプローラー
DJANGO_APP
django_app
__pycache__
__init__.py
asgi.py
settings.py
urls.py
wsgi.py
hello
__pycache__
migrations
templates
hello
__init__.py
admin.py
apps.py
models.py

図2-18 「hello」フォルダをクリックし、「新しいフォルダー」アイコンをクリックして「templates」「hello」フォルダを作成する。

コラム どうして「templates」内に「hello」が必要なの？ Column

アプリケーションで使うテンプレートは、全部「templates」フォルダの中にまとめられます。だったら、この中に直接ファイルを置いてもいいんじゃ……なんて思った人はいませんか。なんで、わざわざこの中に更に「hello」なんてフォルダを置いて使うんでしょう？

これは、実はDjangoのテンプレート読み込みのシステムに関係してきます。このあとで説明しますが、Djangoではテンプレートを読み込むとき、「templates」フォルダ内のパスで指定をします。もし、「templates」の中にindex.htmlがあれば、'index.html'と指定するだけでいいわけですね。「hello」の中に入れてある場合は、'hello/index.html'というようにしてファイルを指定しないといけません。面倒くさいから、「hello」フォルダなんて使わないほうがいい！なんて思いませんでした？

が、ちょっと考えてみてください。もし、他にアプリケーションを作って、そこにも「templates」フォルダ内にindex.htmlを置いたとしましょう。すると、これも'index.html'というパスになります。どっちの'index.html'がhelloアプリのものなのか、わからなくなってしまいますね？

そこで、Djangoでは、「templates」フォルダ内にアプリ名のフォルダを用意し、そこにテンプレートを置くことを推奨しています。こうすれば、helloアプリのindex.htmlは'hello/index.html'となり、他のアプリと間違えることもありませんから。

とはいえ、これはあくまで推奨ですので、「templates」内にフォルダを作成せず、直接テンプレートファイルをおいて使っても問題なく使えます。

index.htmlを作成する

では、テンプレートファイルを作成しましょう。作成した「templates」フォルダ内の「hello」フォルダの中に、「index.html」という名前でファイルを作成します。

VS Codeの場合、「templates」フォルダ内の「hello」フォルダを選択し、「DJANGO_APP」項目の「新しいファイル」アイコン(一番左側)をクリックしてファイルを作成し、「index.html」と名前を入力します。

リスト2-14

```
<!doctype html>
<html lang="ja">
<head>
  <meta charset="utf-8">
  <title>hello</title>
</head>
<body>
  <h1>hello/index</h1>
  <p>This is sample page.</p>
</body>
</html>
```

今回のテンプレートファイルは、見ればわかるようにただのHTMLファイルです。特に仕掛けなどはしていません。とりあえず、素のHTMLファイルを読み込んで表示する、というところから始めることにします。

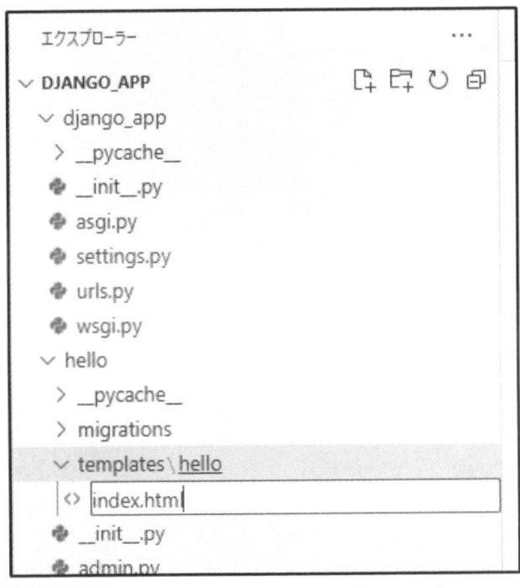

図2-19 「templates」内の「hello」フォルダ内にindex.htmlという名前でファイルを作成する。

urlpatternsの修正

では、テンプレートを使って表示するようにhelloアプリケーションを修正しましょう。まずは、urlpatternsをもとに戻しておきます。「hello」フォルダ内のurls.pyを開き、urlpatternsを設定している文を以下のように書き換えましょう。

リスト2-15

```
urlpatterns = [
    path('', views.index, name='index'),
]
```

先ほど、アドレスをいろいろと書き換えたりしたので、基本の形に戻します。これで単純に/hello/でindexにアクセスされる形になりました。

indexの修正

残るは、index関数ですね。「hello」フォルダ内のviews.pyを開き、以下のようにスクリプトを修正しましょう。

リスト2-16

```
from django.shortcuts import render
from django.http import HttpResponse

def index(request):
    return render(request, 'hello/index.html')
```

修正ができたら、実際にWebブラウザからアクセスして表示を確かめてみましょう。http://localhost:8000/hello/ にアクセスをしてください。先ほど作成したindex.htmlの内容がそのままWebブラウザに表示されますよ。

図2-20 /hello/ にアクセスすると、index.htmlを読み込んで表示するようになった。

render関数について

ここでは、index関数の中でたった1文だけ実行をしていますね。ここでは、「render」という関数の戻り値をreturnしています。このrenderは、テンプレートをレンダリングするのに使われる関数です。

```
render(《HttpRequest》, テンプレート )
```

第1引数には、クライアントへの返送を管理するHttpRequestインスタンスを指定します。第2引数は、使用するテンプレートファイルを指定します。これは、「templates」フォルダからのパス(ファイルのある場所を示す書き方)で指定をします。ここでは、「hello」フォルダの中のindex.htmlを使うので、'hello/index.html'と指定をしています。

render関数は、指定したテンプレートを読み込み、レンダリングして返します。「レンダリング」というのは、テンプレートに記述されている変数などを実際に使う値に置き換えて表示を完成させる処理のことです。このレンダリングを行うのがrender関数なのです。

renderは「ショートカット関数」 Column

レンダリングに使ったrender関数は、Djangoに用意されている「ショートカット関数」と呼ばれるものの1つです。

レンダリングは、本来はテンプレートを読み込むLoaderというクラスを使って読み込みを行い、読み込んだオブジェクトからrenderメソッドを呼び出してレンダリング作業を行うようになっています。が、これはけっこう面倒くさいのです。レンダリングは必ず使う処理ですから、簡単に行えるようにしたいですね。

そこで、レンダリングの処理を行うための関数を用意しておいた、というわけです。それがrender関数です。

このrender関数の戻り値は、TemplateResponseというクラスのインスタンスです。これは、これまで使っていたHttpResponseの仲間で、テンプレート用のレスポンスオブジェクトといったものです。これをreturnで返すと、それをもとに結果が返送されるようになっているのです。

テンプレートに値を渡す

とりあえず、テンプレートを表示することはできました。では、次に「テンプレートに値を渡して表示する」ということをやってみましょう。

indexなどのビュー関数の側で必要な値を用意しておき、それをテンプレートに渡して表示できれば、簡単にWebページをカスタマイズすることができます。では、やってみましょう。

「templates」フォルダ内の「hello」フォルダの中にあるindex.htmlを開いて、以下のように書き換えましょう。

リスト2-17

```
<!doctype html>
<html lang="ja">
<head>
    <meta charset="utf-8">
    <title>{{title}}</title>
</head>
<body>
    <h1>{{title}}</h1>
    <p>{{msg}}</p>
```

```
</body>
</html>
```

ここでは、2つの変数を埋め込んであります。{{title}}と{{msg}}です。テンプレートでは、こんな具合に、{{変数名}}という形で変数を埋め込むことができるのです。

この{{}}という記号は、変数に限らず、さまざまな値を埋め込むことができます。例えば、関数やメソッドの呼び出しなども、この{{}}内に書いておくことができるのです。そうすると、Djangoはレンダリングの際、それらの値を{{}}部分に置き換えて表示します。

indexの修正

では、ビュー関数を修正しましょう。「hello」フォルダ内のviews.pyを開き、index関数を以下のように修正してください(import文は、そのままです。消したりしないように！)。

リスト2-18

```
def index(request):
    params = {
        'title':'Hello/Index',
        'msg':'これは、サンプルで作ったページです。',
    }
    return render(request, 'hello/index.html', params)
```

修正したら、実際に http://localhost:8000/hello/ にアクセスをしてみましょう。すると、index関数で変数paramsに用意しておいた値が、タイトルとメッセージとしてWebページに表示されますよ。

図2-21 アクセスすると、タイトルとメッセージがテンプレートにはめ込まれて表示される。

受け渡す値の用意

ここでは、index関数の中で、テンプレートに渡す値を変数にまとめて用意しています。この部分ですね。

```
params = {
    'title':'Hello/Index',
    'msg':'これは、サンプルで作ったページです。',
}
```

受け渡す値は、辞書として用意してあります。ここでは、'title'と'msg'というキーで値が用意されていますね。これが、テンプレート側で{{title}}と{{msg}}の変数の値として利用されていたのです。

render関数を見ると、この変数paramsが第3引数に設定されてます。これで、paramsに用意された値がレンダリング時に使われるようになっていたのです。

こんな具合に、「値を辞書にまとめる」「render時に第3引数で辞書を渡す」「テンプレート側で{{}}で値を埋め込む」という3つの作業で、ビュー関数側からテンプレート側に値を受け渡すことができるようになります。

複数ページの移動

テンプレートによる表示は、もちろん1つしか使えないわけではありません。複数のページを用意して、行き来することもできます。これもやってみましょう。

といっても、いちいちテンプレートを作っていくのは面倒なので、index.htmlを使って2つのページを表示させてみることにします。

まずは、テンプレートを修正しておきましょう。「templates」フォルダ内の「hello」フォルダ内にあるindex.htmlを以下のように書き換えてください。

リスト2-19

```
<!doctype html>
<html lang="ja">
<head>
    <meta charset="utf-8">
    <title>{{title}}</title>
</head>
<body>
    <h1>{{title}}</h1>
    <p>{{msg}}</p>
```

```
  <p><a href="{% url goto %}">{{goto}}</a></p>
</body>
</html>
```

どこが書き換わったかわかりますか？ <body>に、<a>タグによるリンクを追加したのです。このタグについては後ほど説明しますので、まずは他の部分も作ってしまいましょう。

views.pyを追記する

次に作るのは、ビュー関数です。「hello」フォルダ内のviews.pyを開いて、以下のように書き換えましょう。

リスト2-20

```
from django.shortcuts import render
from django.http import HttpResponse

def index(request):
  params = {
    'title':'Hello/Index',
    'msg':'これは、サンプルで作ったページです。',
    'goto':'next',
  }
  return render(request, 'hello/index.html', params)

def next(request):
  params = {
    'title':'Hello/Next',
    'msg':'これは、もう1つのページです。',
    'goto':'index',
  }
  return render(request, 'hello/index.html', params)
```

今回は、indexとnextの2つのビュー関数を用意しました。それぞれ、title、msgの他に、gotoという値を用意しています。これは、リンクで利用するものです。

urlpatternsを修正する

残るは、urlpatternsの修正ですね。「hello」フォルダ内のurls.pyを開いて、urlpatternsの文を以下のように修正しましょう。

リスト2-21

```
urlpatterns = [
    path('', views.index, name='index'),
    path('next', views.next, name='next'),
]
```

ここでは、indexとnextのビュー関数にアドレスを設定してあります。indexは今まで通り/hello/に、nextは/hello/next/にそれぞれ割り当てておきました。

修正したら、実際にhttp://localhost:8000/hello/にアクセスしてみましょう。そして、リンクをクリックしてページを移動してみてください。最初のページにある「next」をクリックするとnextページに、「index」をクリックするとindexページに移動します。

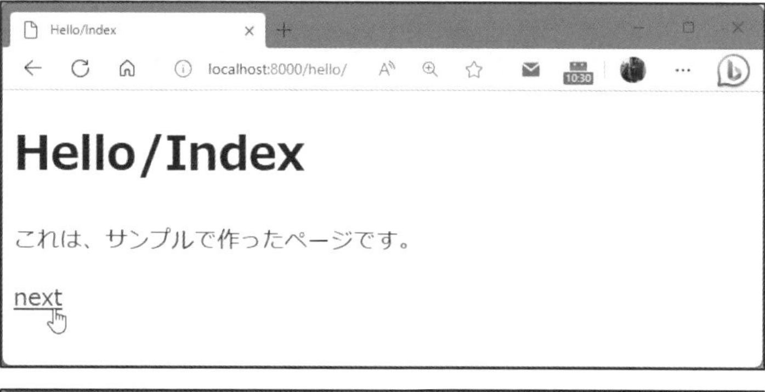

図2-22 /helloにアクセスするとindex関数の表示がされる。リンクをクリックすると、/hello/nextに移動し、next関数の表示になる。

リンクのURLとurlpatterns

ここでは、views.pyに2つの関数を用意して、それぞれindex.htmlに値を渡してレンダリングをしています。こんな具合に、複数の関数を用意してやれば、複数のページも簡単に作成できるのです。

ところで、ここではページの移動をするリンクの作成部分でこのような書き方をしていました。

```
<a href="{% url goto %}">{{goto}}</a>
```

indexとnext関数では、それぞれgotoに'index', 'next'といった値を設定していました。ということは、こんな具合に値が設定されることになりますね。

●nextへのリンク

```
<a href="{% url 'next' %}">next</a>
```

●indexへのリンク

```
<a href="{% url 'index' %}">index</a>
```

ちょっと不思議なのが、{% url ○○ %}という部分でしょう。{% url 'next' %}とすることで、nextへ移動するアドレスが設定されているのです。これは一体、どういうことなんでしょう？

{% %}はテンプレートタグ

ここでは、{% %}という変わった記号が使われています。これは「テンプレートタグ」と呼ばれるもので、Djangoのテンプレートに用意されている、特別な働きをするタグなのです。

ここで使ったのは「url」というテンプレートタグです。

```
{% url 名前 %}
```

このように記述することで、指定した名前のURLが書き出されます。「名前って、何の名前だ？」と思った人。urlpatternsで、名前を用意していたのを思い出してください。

```
    path('', views.index, name='index'),
    path('next', views.next, name='next'),
```

この「name=○○」で設定されていたのが、名前です。例えば、{% url 'index' %}というのは、name='index'で設定していたパスを指定するものだったのです。

この「urlpatternsのnameが、テンプレートの{% url %}で利用できる」というのは、覚えておくとけっこう役に立ちますよ！

静的ファイルを利用する

テンプレートを使った基本的な表示はできるようになりました。が、テンプレートファイル1つだけで、他のファイルをまだ利用していませんね。

Webページでは、HTMLファイルの中からさまざまなファイルをロードします。例えば、スタイルシートファイルやJavaScriptファイル、各種のイメージファイルなどですね。これらは、どうやって配置すればいいんでしょうか。

静的ファイルは「static」フォルダを使う

こうした外部からロードして使うファイルは「静的ファイル」と呼ばれるものです。静的というのは、Djangoのページのように、プログラムで動的に作成されない、ということですね。つまり、配置してあるファイルをそのまま読み込んで使うようなものです。

こうした静的ファイルは、各アプリケーションの「static」というフォルダに配置します。では、実際にやってみましょう。

1. まず、「hello」フォルダの中に「static」というフォルダを新たに作成してください。
2. 作成した「static」フォルダの中に、「hello」というフォルダを作成してください。
3. この「static」フォルダ内の「hello」フォルダの中に、更に「css」というフォルダを作成してください。

この「css」フォルダの中に、スタイルシートのファイルを用意します。「style.css」という名前で作成することにしましょう。

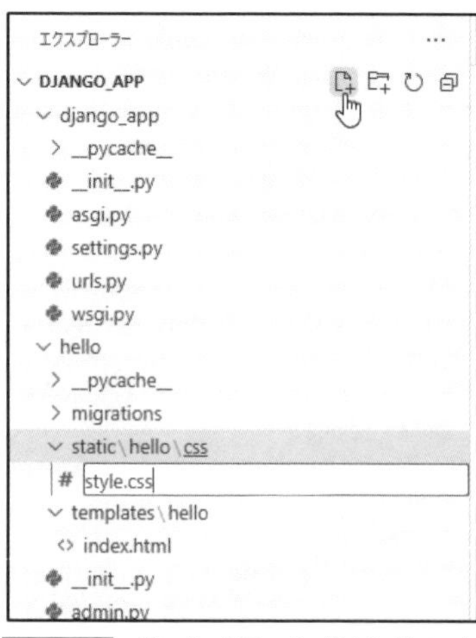

図2-23 「hello」フォルダ内に「static」フォルダ、その中に「hello」、更にその中に「css」フォルダを作る。ここにstyle.cssを用意する。

style.cssを記述する

ファイルが用意できたら、style.cssにスタイルを記述しましょう。これは、スタイルシートですからどのように記述しても構いませんよ。参考までに、本書で使ったサンプルを掲載しておきましょう。

リスト2-22

```
body {
  color:gray;
  font-size:16pt;
}
h1 {
  color:blue;
  opacity:0.2;
  font-size:36pt;
  margin-top:-20px;
  margin-bottom:0px;
  text-align:right;
}
p {
  margin:10px;
}
a {
  color:blue;
  text-decoration: none;
}
```

とりあえず、body、h1、p、aといったタグのスタイルだけ用意しておきました。あとは、必要に応じて追記していけばいいでしょう。

index.htmlを修正する

では、用意したstyle.cssを読み込んで表示してみましょう。「templates」フォルダ内の「hello」フォルダにあるindex.htmlを開いて、以下のように修正をしてください。

リスト2-23

```
{% load static %}
<!doctype html>
<html lang="ja">
<head>
  <meta charset="utf-8">
  <title>{{title}}</title>
```

```
    <link rel="stylesheet" type="text/css"
        href="{% static 'hello/css/style.css' %}" />
</head>
<body>
    <h1>{{title}}</h1>
    <p>{{msg}}</p>
    <p><a href="{% url goto %}">{{goto}}</a></p>
</body>
</html>
```

基本的な表示内容はほぼ同じです。修正したら、http://localhost:8000/hello/ にアクセスしてみましょう。style.cssを読み込んでスタイルが設定され表示されます。

なお、アクセスしてもスタイルが適用されない場合は、ターミナルでCtrlキー＋Cキーでサーバーを終了し、再度「python manage.py runserver」でサーバーを実行してからアクセスしてみましょう。

図2-24　/helloにアクセスする。用意したstyle.cssが読み込まれスタイルが適用されているのがわかる。

静的ファイルのロード

テンプレートファイルで静的ファイルを利用する場合は、まず最初に以下のテンプレートタグを実行する必要があります。

```
{% load static %}
```

これで、静的ファイル関係が利用できるようになります。実際のスタイルシートの読み込みは、<link>タグにあるhref属性で以下のように記述して行っています。

```
href="{% static 'hello/css/style.css' %}"
```

{% static ○○ %} という形で静的ファイルのURLを作成します。これには、「static」フォルダ内のファイルのパスを記述します。ここでは「static」フォルダ内に「hello」フォルダがあり、その中に「css」フォルダがあって更にその中にstyle.cssがあります。ということで、{% static %}で読み込むパスは、'hello/css/style.css' となります。

ここではスタイルシートを読み込みましたが、JavaScriptファイルもイメージファイルも基本は同じです。「static」フォルダの「hello」フォルダ内に、「js」や「img」といったフォルダを用意して、そこにファイルを配置すればいいでしょう。そして読み込むアドレスは、{% static %}タグを使えばいいのです。

Bootstrapを使おう

これで、スタイルシートを読み込んでページをデザインすることができるようになりました。単に「HTMLで書いたページを表示する」ということから一歩進み、「自分なりにスタイルを設定してデザインする」ということができるようになったわけです。

ただ、このデザイン、非常に難しいのも確かです。そこで、センスがある人もない人も、とりあえず「これを使えばそれなりにまとまったデザインのページになる」というものを紹介しておきましょう。

それは、「Bootstrap」というスタイルシートフレームワークです。これは、既にデザイン済みのクラスを提供してくれるソフトウェアで、Bootstrapに用意されたクラスをclass属性に指定してやれば、とりあえずそこそこまとまったデザインのページが作れます。

このBootstrapを使うには、ソフトウェアのインストールなどは必要ありません。ただ「用意されているクラスを利用する」というだけなら、HTMLに<link>タグを1つ追加するだけでいいのです。

index.htmlを修正する

では、実際に試してみましょう。「templates」フォルダ内の「hello」フォルダにあるindex.htmlを開いて、以下のように書き換えてみてください。

リスト2-24

```
{% load static %}
<!doctype html>
<html lang="ja">
<head>
    <meta charset="utf-8">
    <title>{{title}}</title>
    <!-- CSS only -->
    <link href="https://cdn.jsdelivr.net/npm/bootstrap/dist/css/bootstrap.css"
      rel="stylesheet" crossorigin="anonymous">
```

```
</head>
<body class="container">
  <h1 class="display-4 text-primary mb-4">{{title}}</h1>
  <p class="h5">{{msg}}</p>
  <p class="h6"><a href="{% url goto %}">{{goto}}</a></p>
</body>
</html>
```

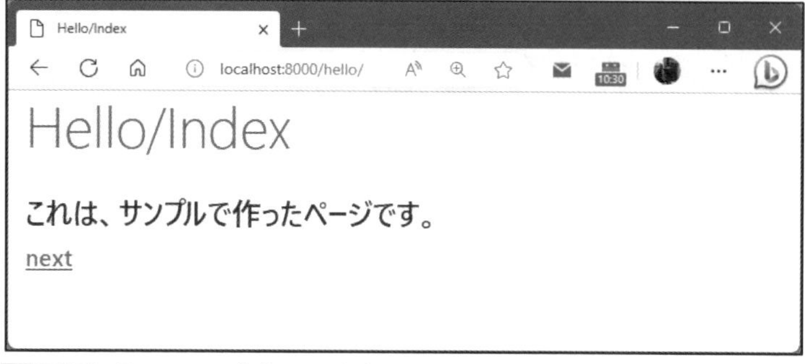

図2-25 Bootstrapを使ってデザインしたページ。

修正したら/helloにアクセスして表示を確認しましょう。表示されるテキストのフォントが変わっているのがわかります。またブラウザのウインドウの大きさを変えると、左右の余白が調整されていくのがわかるでしょう。

CDNを利用する

ここでは、以下の<link>タグを使ってBootstrapのスタイルシートを読み込んでいます。

```
<link href="https://cdn.jsdelivr.net/npm/bootstrap/dist/css/bootstrap.css"
  rel="stylesheet" crossorigin="anonymous">
```

cdn.jsdelivr.netというサイトからスタイルシートを読み込んでいるのですね。このサイトは、「CDN」と呼ばれるサービスを提供するサイトです。これは「Content Delivery Network」の略で、さまざまなコンテンツをインターネット上で配信するサービスです。このサイトからスタイルシートのデータを読み込んで利用しているのですね。

Bootstrapのクラス

では、Bootstrapのクラスがどこで使われているのかざっと見てみましょう。以下のタグのclass属性が、Bootstrapのクラスです。

```
<body class="container">
<h1 class="display-4 text-primary mb-4">
<p class="h5">
<p class="h6">
```

<body>のclass="container"は、これは「Bootstrapを使うとき必ず指定しておくお決まりのもの」と考えてください。その後のタグにあるものが具体的な表示のためのスタイルです。

h数字	テキストの大きさと太さの設定。h1 ～ h6まであり、それぞれ<h1> ～ <h6>タグに相当。テキストサイズだけなら「fs-数字」で指定できる。
display-数字	大きく目立つタイトルなどのフォントとサイズの設定。display-1 ～ display-6まであり、数字が増えるほど小さくなる。
text-名前	text-primaryなど。テキストカラーの設定。名前は、primary, secondary, success, danger warning,infoなどがある。テキスト以外にもこれらの色の名前は使われる。
m場所-数字	マージンの指定。場所はt, b, l, r, x, yで上下左右と水平垂直方向を表す。数字は1 ～ 5とautoがあり、数字が大きいほどスペースが広くなる。
p場所-数字	ここでは使われてないが、パディングを指定するもの。マージンと同じように場所と数字を指定して使える。

Bootstrapにはこの他にもたくさんのクラスが用意されていますが、本書はBootstrapの解説書ではないので詳細は省きます。このあとも、新しいクラスが使われたら簡単に補足する程度にしておきますので、本格的に勉強したい人は別途書籍などで学んでください。

Section 2-3 フォームで送信しよう

ポイント

- フォーム送信と送られた値の使い方を学びましょう。
- Formクラスを使ってフォーム送信をしましょう。
- TemplateViewの仕組みを理解しましょう。

フォームを用意しよう

Webというのは、単になにかを表示するだけでなく、アクセスしたユーザーとやり取りを行いながら表示を作っていく場合もあります。こうした「ユーザーからの入力」に用いられるのが、フォームです。

前に、クエリパラメータなどを利用した値のやり取りについて説明しましたが、ユーザーとのやり取りを行う際の基本といえば、やはり「フォーム」でしょう。フォームの利用と一口にいっても、HTMLにはテキストの送信だけでなく、チェックボックスやラジオボタンなどさまざまなUIが用意されています。これらを利用したフォーム送信と値の利用について一通り説明していくことにしましょう。

index.htmlにフォームを用意

では、さっそくフォームを用意して使ってみましょう。まずは、テンプレートを修正して簡単なフォームを用意します。

「templates」フォルダ内の「hello」フォルダ内にあるindex.htmlを開き、<body>部分(<body>〜</body>の部分)を以下のように書き換えてください。

リスト2-25

```
<body class="container">
  <h1 class="display-4 text-primary">{{title}}</h1>
  <p class="h6 my-3">{{msg}}</p>
```

```
  <form action="{% url 'form' %}" method="post">
    {% csrf_token %}
    <label for="msg" class="form-label">message: </label>
    <input id="msg" type="text" name="msg" class="form-control">
    <input type="submit" value="click" class="btn btn-primary">
  </form>
</body>
```

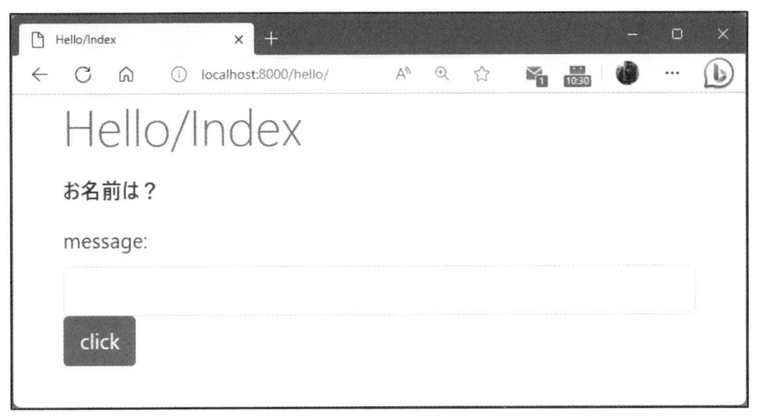

図2-26 修正したindex.htmlによるWebページ。ただし、まだビュー関数が用意できてないので現時点では動かない。

ここでは、テキストを入力するフィールドが1つだけのシンプルなフォームを用意してあります。いくつかポイントがあるので簡単に説明しておきましょう。

フォームの送信先

```
action="{% url 'form' %}"
```

ここでは、<form>の送信先を {% url 'form' %} と指定してあります。これは、前にやりましたね。urlpatternsにnameで登録しておいたアドレスを利用するためのものでしたね。

ここでは、'form' という名前のアドレスをactionに設定してあります。urlpatternsに、name='form' となるアドレス情報を用意しておけばいいわけですね。

CSRF対策について

このフォームでは、もう1つ、非常に重要な文が書かれています。それはこのテンプレートタグです。

```
{% csrf_token %}
```

これはなにをするものかというと、CSRF対策というもののために必要なトークン(ランダムなテキストが設定されている特別な値)を表示しているのです。

CSRFというのは、「Cross-Site Request Forgeries」というものの略です。日本語でいうと「リクエスト強要」ですね。これは、外部からサイトへのフォーム送信などを行う攻撃です。フォーム送信を行うとき、このCSRFによる攻撃で、外部から大量のフォーム送信が送りつけられたりすることも考えられます。こんなとき、「正しくフォームから送信されたアクセスかどうか」をチェックする仕組みが必要になります。

それを行っているのが、この{% csrf_token %}というテンプレートタグなのです。これは、フォームに「トークン」と呼ばれる特別な項目を追加します。トークンは、ランダムに生成されたテキストで、送信時にこのトークンの値をフォームと一緒に受け渡し、それが正しいものかどうかをチェックするようにしてあるのですね。試してみるとわかりますが、この{% csrf_token %}がないと、フォームを送信するとエラーになってしまいます。

まぁ、CSRF対策の仕組みはよくわからないでしょうが、とりあえず「フォームの中に{% csrf_token %}という文を入れておけば、CSRF対策を自動で行ってくれる」ということだけ覚えておけばいいでしょう。

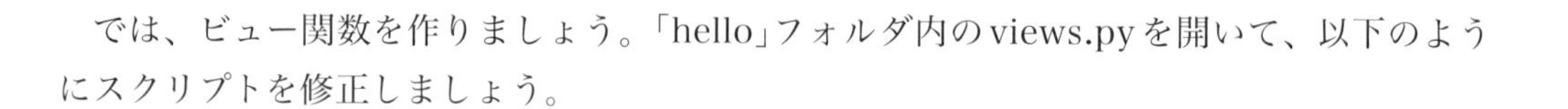

ビュー関数を作成する

では、ビュー関数を作りましょう。「hello」フォルダ内のviews.pyを開いて、以下のようにスクリプトを修正しましょう。

リスト2-26
```
from django.shortcuts import render

def index(request):
    params = {
        'title':'Hello/Index',
        'msg':'お名前は？',
    }
    return render(request, 'hello/index.html', params)

def form(request):
    msg = request.POST['msg']
    params = {
        'title':'Hello/Form',
        'msg':'こんにちは、' + msg + 'さん。',
```

```
    }
    return render(request, 'hello/index.html', params)
```

今回は、2つの関数を用意してあります。indexとformです。indexが、そのままWebブラウザからアクセスしたときの処理で、formがフォーム送信を受け取ったときの処理になります。

フォームの値はrequest.POSTで！

index関数は、特に説明するようなものはないですね。問題は、form関数です。ここでは、フォーム送信された値を取り出し、それを元にメッセージを表示しています。

```
msg = request.POST['msg']
```

これが、フォームの値を取り出している部分です。index.htmlのフォームには、name="msg" と指定された<input type="text">タグが用意されていました。このname="msg"に記入された値を取り出しているのが、request.POST['msg']なのです。

このrequest.POSTというのは、前に使ったrequest.GETと同様のものです。GETは、クエリパラメータなどを取り出すのに使いましたが、POSTはフォームから送信された値を取り出したりするのに利用します。

urlpatternsの修正

これで、フォームの処理はできました。あとは、urlpatternsを修正して、indexとform関数のアドレスを登録するだけです。

「hello」フォルダ内のurls.pyファイルを開いて、以下のように内容を書き換えてください。

リスト2-27

```
from django.urls import path
from . import views

urlpatterns = [
    path('', views.index, name='index'),
    path('form', views.form, name='form'),
]
```

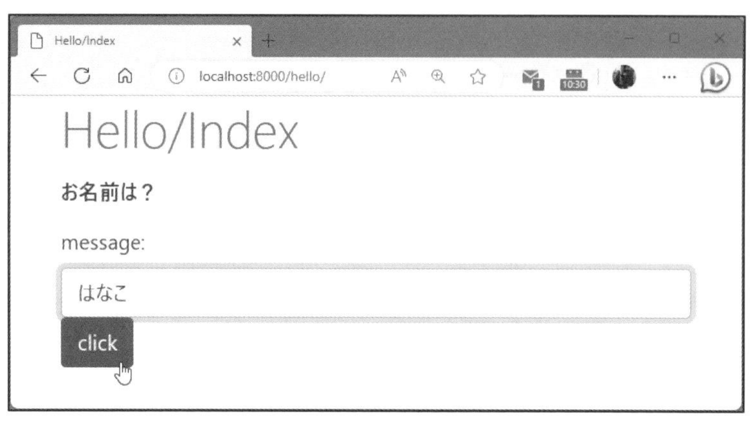

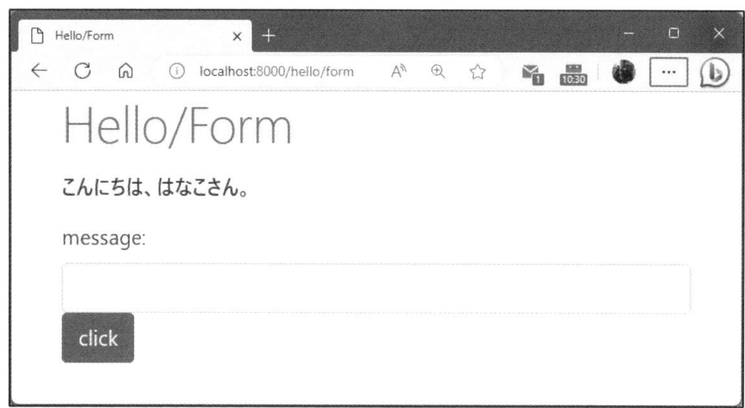

図2-27　入力フィールドに名前を書いて送信すると、「こんにちは、○○さん」とメッセージが表示される。

記述したら、http://localhost:8000/hello/ にアクセスをしてみましょう。フォームが表示されるので、そこに自分の名前を書いて送信してください。これで、「こんにちは、○○さん」とメッセージが表示されます。request.POSTの使い方さえわかっていれば、フォーム送信はそれほど難しい作業ではありません。

Djangoのフォーム機能を使う

フォーム送信の基本はこれでわかりました。が、実際に使ってみると不満が出てくるでしょう。それは「送信するとフォームの内容がクリアされてしまう」という点です。

今回は、ただ1回送信するだけでしたが、何度もフォームを送信するような場合、前の入力値が残っているとずいぶんと楽になります。

また、フォームの内容をチェックして動くようなものでは、「値が正しくないからもう一度入力して」と再入力を求めることもあります。こんな場合も、前の値が残ってないと困ります。

まぁ、送られてきた値を変数などに保管しておいて、フォームに表示するということもできますが、はっきりいって面倒くさい。もっとシンプルなやり方が欲しいところですね。

実をいえば、Djangoにはフォーム作成のための機能が用意されているのです。この機能を使うと、フォームをもっとスマートに利用できるようになります。

Formクラスを使う

これはどういうものかというと、「Form」というクラスを作成して、そこでフォームの内容を定義しておくのです。

Formは、Djangoに用意されているフォームのクラスです。これを使って、フォームの内容をPythonのクラスとして定義するのです。これをテンプレートに変数として渡して出力すると、クラスの内容を元にフォームが自動生成されるようになっているのです。

言葉で説明するとちょっと難しそうですが、使い方がわかるとかなり便利なことがわかるでしょう。

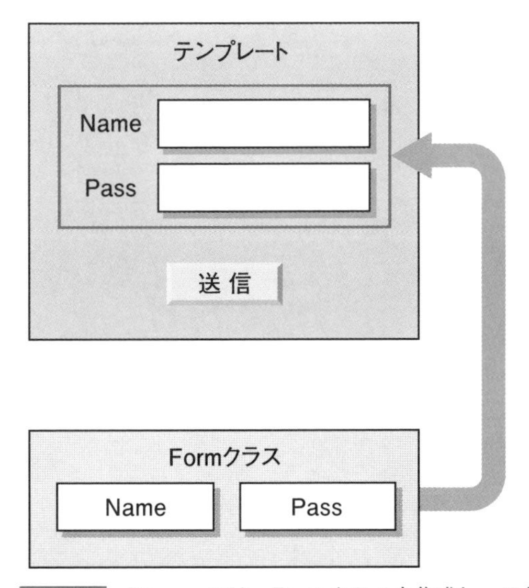

図2-28 Djangoでは、Formクラスを作成し、これを使ってフォームを生成させることができる。

forms.pyを作る

では、Formクラスを利用したフォームを実際に作ってみましょう。まず、フォームのためのスクリプトファイルを用意します。

では、「hello」フォルダ内(「templates」内にある「hello」ではありませんよ！)に「forms.

py」という名前でファイルを1つ作成してください。これがFormクラスを用意するファイルになります。

図2-29 「hello」フォルダの中に、forms.pyというファイルを作成する。

スクリプトを記述する

作成したforms.pyを開いて、スクリプトを記述しましょう。今回は以下のようなものを書いておきます。

リスト2-28
```
from django import forms

class HelloForm(forms.Form):
    name = forms.CharField(label='name')
    mail = forms.CharField(label='mail')
    age = forms.IntegerField(label='age')
```

今回は、name, mail, ageという3つの入力フィールドを持ったフォームを「HelloForm」というクラスとして定義してあります。

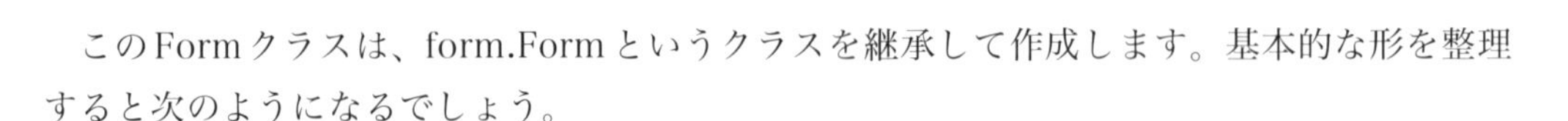

Formクラスの書き方

このFormクラスは、form.Formというクラスを継承して作成します。基本的な形を整理すると次のようになるでしょう。

```
class クラス名 (forms.Form):
```

```
変数 = フィールド
変数 = フィールド
……略……
```

クラスの中には、用意するフィールドを変数として用意しておきます。これだけで、フォームの定義ができてしまいます。意外と簡単ですね！

CharFieldとIntegerField

ここでは、2種類のフィールドを変数に用意してあります。それぞれ以下のようなものです。

```
forms.CharField
```

これは、テキストを入力する一般的なフィールドのクラスです。

```
forms.IntegerField
```

これは、整数の値を入力するためのフィールドクラスです。

これらのクラスのインスタンスを作って変数に代入すればいいのです。引数には、「label」というものを用意してあります。これは、それぞれのフィールドに設定するラベル名です。これを設定すると、フィールドの手前にラベルのテキストが表示されるようになります。

ビュー関数を作る

では、HelloFormを利用する形でビュー関数を定義しましょう。今回は、index関数を1つだけ用意することにします。このindexで、普通にアクセスしたときの表示と、フォーム送信したときの処理の両方を行わせてみます。

では、「hello」フォルダ内のviews.pyを開いて、以下のように修正をしましょう。

リスト2-29

```
from django.shortcuts import render
from .forms import HelloForm

def index(request):
    params = {
```

```
        'title': 'Hello',
        'message': 'your data:',
        'form': HelloForm()
    }
    if (request.method == 'POST'):
        params['message'] = '名前：' + request.POST['name'] + \
            '<br>メール：' + request.POST['mail'] + \
            '<br>年齢：' + request.POST['age']
        params['form'] = HelloForm(request.POST)
    return render(request, 'hello/index.html', params)
```

request.methodで分岐する

今回は、index関数1つでGETとPOSTの両方の処理を行っています。これはどうやっているのかというと、request.methodというものを使っています。index関数を整理すると、こうなってるんですね。

```
def index(request):
    ……共通の処理……
    if (request.method == 'POST'):
        ……POST時の処理……
    return render(……)
```

最初に、GET/POSTの両方で共通する処理を用意しておきます。これは、テンプレートに渡す変数paramsへの値の用意などですね。

そして、request.methodでPOST送信されたかどうかをチェックしています。このrequest.methodというのは、どういう方式でアクセスしたかをチェックするものです。わかりやすくいえば、「GETかPOSTか」を調べるものと考えてください。

ここでは、この値が'POST'だったら、POST送信時の処理を行うようにしているのです。こうすれば、POST時の処理とGET時の処理をそれぞれ用意することができますね。

コラム GETとかPOSTとかって、一体なに？ Column

request.methodでは、GETやPOSTをチェックできる、といいました。これを読んで、「そもそも、GETとかPOSTってなんだ？」と思った人、いませんか。

これらは、「HTTPメソッド」と呼ばれるものです。HTTPっていうのは、Webページなどのデータをインターネット上でやり取りするときに使われるプロトコル（手続き）です。なにか難しそうですが、つまり「Webのデータは、HTTPといういう決まりごとに従ってデータをやり取りしてる」と考えてください。

このHTTPでは、「どういう種類の処理を伝えるのか」を示す値が用意されています。それが、HTTPメソッドです。GETとかPOSTとかっていうのは、次のようなことを示すものなんです。

GET	用意されているデータをただ取り出すだけの処理
POST	新しいデータを作って受け取るような処理

ページを表示するだけなら、GETというHTTPメソッドになります。が、フォームの送信などは、フォームを表示しているページのフォームに、ユーザーが記入した値を組み込んだ情報が送られるわけで、これはPOSTを使います。

この他にもHTTPメソッドはいろいろあって、それぞれのメソッドごとに役割が決まっています。送られてくるHTTPメソッドがわかれば、「なにをしようとしているのか」がわかり、それに応じた対応ができるのです。

HelloFormはどう使う？

では、肝心のHelloFormはどのように使っているのか見てみましょう。実は、これはとても簡単です。最初に変数paramsを用意するとき、'form'という値にインスタンスを代入していますね。

```
'form': HelloForm()
```

これで、formという値にHelloFormインスタンスが設定されます。POST送信されたときは、送られてきたフォームの値を元にHelloFormインスタンスを作っています。

```
params['form'] = HelloForm(request.POST)
```

paramsの'form'の値を上書きしていますね。こんな具合に、request.POSTを引数に指定してインスタンスを作ると、送られてきたフォームの値を持ったままHelloFormが作成されます。

あとは、form変数を渡したテンプレートでの処理になります。

 HelloFormを表示する 

では、テンプレートファイルを修正しましょう。「templates」フォルダ内の「hello」フォルダ内にあるindex.htmlを開き、<body>部分を以下のように書き換えてください。

リスト2-30

```
<body class="container">
  <h1 class="display-4 text-primary">{{title}}</h1>
  <p class="h5 mt-4">{{message|safe}}</p>
  <form action="{% url 'index' %}" method="post">
    {% csrf_token %}
    {{ form }}
    <input type="submit" value="click" class="btn btn-primary">
  </form>
</body>
```

ここでは、<form>タグの中に、{{ form }}を用意しているだけです。送信ボタンだけは別に用意してありますね。フォームの入力フィールド関係は何もありません。{{ form }}で、フォームの具体的な内容が作成されるので、これだけでいいんです。

{{message|safe}} ってなに？

もう1つ、ちょっとだけ修正している部分があります。それは、message変数を出力しているところです。

よく見ると、{{message}}ではなくて、{{message|safe}} ってなっていますね？ この「|safe」というのは、フィルターと呼ばれる機能で、HTMLタグを書き出せるようにするためのものです。

Djangoのテンプレートでは、{{}}で値を出力するとき、HTMLのタグが含まれていると自動的にエスケープ処理(HTMLタグが使われずテキストとして表示されるようにする処理)を行います。|safeをつけると、エスケープ処理を行わず、HTMLタグはそのままタグとして書き出されるようになるのです。

urlpatternsを修正して完成！

では、最後にurlpatternsを修正しておきましょう。「hello」フォルダのurls.pyに書かれているurlpatternsの内容を以下のようにしてください。

リスト2-31
```
urlpatterns = [
  path('', views.index, name='index'),
]
```

できたら、http://localhost:8000/hello/ にアクセスして、フォームを使ってみましょう。ちゃんと3つの入力フィールドが作成されていますね。そしてそれぞれ記入して送信すると、書いた内容がフォームに残っているのがわかるでしょう。

フォームの項目がすべて横一列に並んでいて見づらいでしょうが、これはあとで修正しますので今は気にしないでください。フォームを送信したあとも、入力した値が保持されている点を確認しておきましょう。

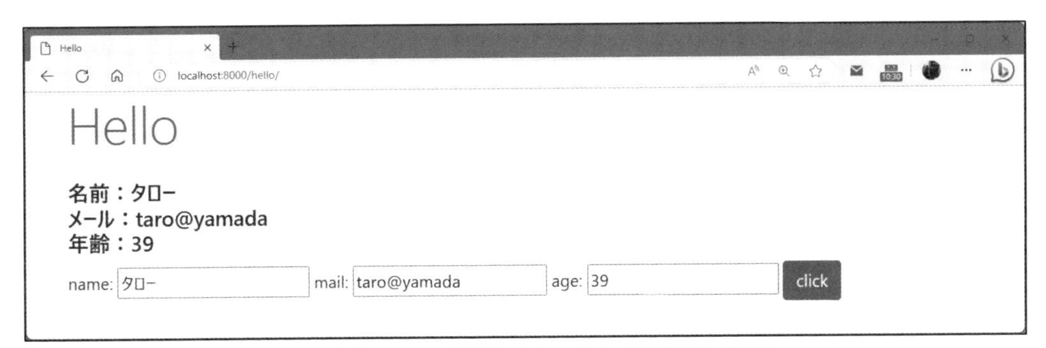

図2-30 表示されたフォームに値を記入して送信すると、その内容が表示される。

値が書いてないと？

このフォーム、値を何も書かずに送信しようとすると、アラートを表示して送信できなくなります。Formクラスを利用すると、強制的に値を記入しないと送れないフォームが作れるんですね！

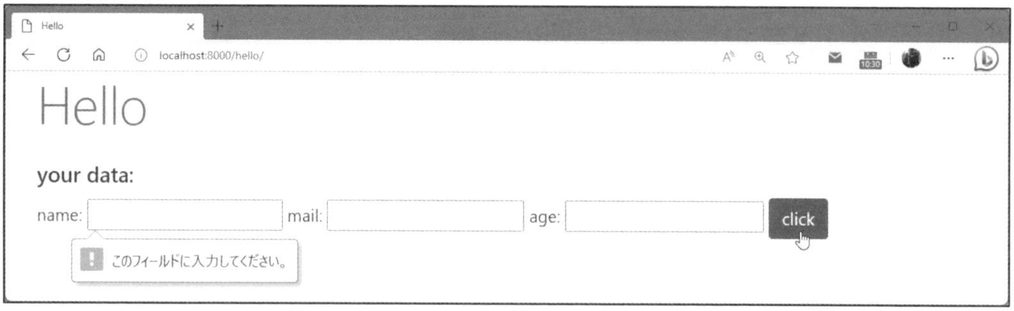

図2-31 何も書かずに送信しようとするとエラーメッセージが現れる。

フィールドをタグで整える

Formクラスを利用すると、確かにフォームのフィールドが簡単に作れます。が、全部のフィールドが横一列に並んで作られてしまいます。これはとても見づらいですね。もっと見やすくしたいところです。

実は、Formクラスには、生成するフィールドのタグを他のタグでくくって出力するための機能が用意されています。以下のようなものです。

```
《Form》.as_table
```

ラベルとフィールドのタグを<tr>と<td>でくくって書き出します。

```
《Form》.as_p
```

ラベルとフィールド全体を<p>でくくります。

```
《Form》.as_ul
```

ラベルとフィールド全体を<li>タグでくくります。

これらを利用することで、それぞれのフィールドをうまくまとめられるようになります。では、やってみましょう。

フォームをテーブルでまとめる

ここでは例として、as_tableでテーブルにまとめてみることにします。index.htmlの<body>部分を以下のように修正してください。

リスト2-32

```
<body class="container">
  <h1 class="display-4 text-primary">{{title}}</h1>
  <p class="h5 mt-4">{{message|safe}}</p>
  <form action="{% url 'index' %}" method="post">
    {% csrf_token %}
    <table>
      {{ form.as_table }}
      <tr><td></td><td>
        <input type="submit" value="click" class="btn btn-primary">
      </td></tr>
    </table>
  </form>
</body>
```

{{ form.as_table }}というように、formのas_tableを出力するようにしてありますね。また、それにあわせてフォームタグの前後に<table>を用意してあります。更に送信ボタンもテーブル関係のタグでまとめてあります。

修正したら、http://localhost:8000/hello/ にアクセスしてみましょう。今度はフォームの各フィールドがきれいに整列した状態で表示されます。<table>を使い、ラベルとフィールドが縦に並ぶように出力されているためです。これなら見やすいフォームが作れますね！ 

図2-32 <table>を使い、フォームの項目を整列させる。

Bootstrapクラスを使うには？

これで一応、クラスを作成してフォームを作る基本はわかりました。が、作成したフォームは、自動生成されるタグそのままのデザインになってしまいます。せっかくBootstrapを使っているのですから、これを使ったデザインにしたいところです。

これには、フォームのクラスにCharFieldを用意する際、「widget」という値を用意します。このwidgetは、「ウィジェット」というものを設定するためのものです。これはフォームを実際にHTMLタグとして生成する際に用いられる部品のことで、forms名前空間内にさまざまなフォーム用のコントロールが部品として用意されています。

では、実際にBootstrapを利用するようにforms.pyのHelloFormクラスを修正してみましょう。

リスト2-33

```
from django import forms

class HelloForm(forms.Form):
    name = forms.CharField(label='name', \
        widget=forms.TextInput(attrs={'class':'form-control'}))
    mail = forms.CharField(label='mail', \
        widget=forms.TextInput(attrs={'class':'form-control'}))
    age = forms.IntegerField(label='age', \
        widget=forms.NumberInput(attrs={'class':'form-control'}))
```

ここでは、CharFieldとIntegerFieldのインスタンスを生成する際、引数にwidgetという値を用意していますね。そして、ここには以下のようなウィジェットを設定してあります。

```
forms.TextInput(attrs=属性)
forms.NumberInput(attrs=属性)
```

TextInputは、<input type="text">のウィジェット、NumberInputは<input type="number">のウィジェットクラスです。これらは、attrsという引数を用意し、タグに設定する属性を辞書にまとめて用意することができます。これで、class属性に'form-control'を設定していたのです。

修正HelloFormを使う

では、修正したHelloFormを使ってみましょう。index.htmlの<form>タグの部分を以下のように書き換えてみます。

リスト2-34

```
<form action="{% url 'index' %}" method="post">
  {% csrf_token %}
  {{ form.as_p }}
  <input type="submit" class="btn btn-primary my-2"
    value="click">
</form>
```

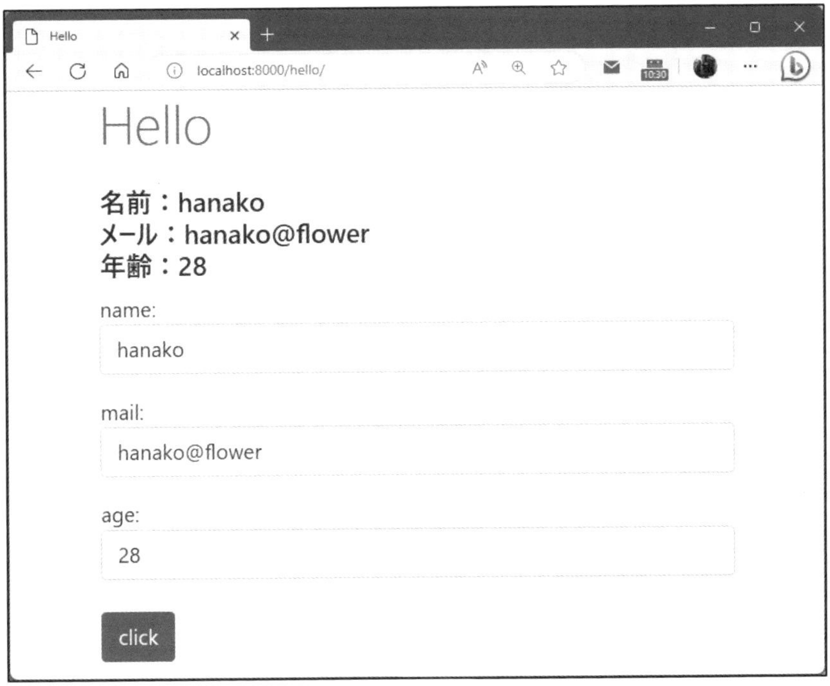

図2-33　Bootstrapを利用するフォームに変わった。

これで実際にフォームを使ってみましょう。すると、Bootstrapのクラスを使ったフォームにデザインが変わります。これなら、見た目もそれほど悪くはありませんね。

HTMLタグか、Formクラスか？

HTMLのタグを直接書いてフォームを作っても、特に大きな支障はありません。では、なぜわざわざクラスを定義して利用するようなやり方が用意されているのでしょうか。

それは、「そのほうが、フォームに必要な各種機能を組み込みやすい」からです。

フォームというのは、ただ入力のコントロールが表示されればいい、というものではありません。実際のWebアプリでは、例えば入力した値をチェックしたり、特定の範囲の値だけが入力できるようにしたり、決まったデザインですべてのフォームを統一したり、いろいろと考えないといけないことが出てきます。

HTMLタグを使って書いた場合、それらはすべて自分で処理しないといけません。が、Pythonのクラスとして作成する場合、クラスにさまざまな機能を持たせることで、各種の機能を簡単に設定できるようになります。実際、Formクラスや入力フィールドのためのクラスなどには、非常に多くの便利な機能が組み込まれているのです。

こうした点を考えたなら、ちょっとしたサンプル程度ならHTMLタグで十分ですが、本格的なWebアプリを作るならFormクラスを利用したほうが圧倒的に便利でしょう。まだ、具体的にどんな機能が用意されているかわからないので、今ひとつピンとこないかもしれませんが、「いろいろ機能の使い方を覚えれば、絶対にクラス定義にしたほうがいい」という点だけは、今から頭に入れておいてください。

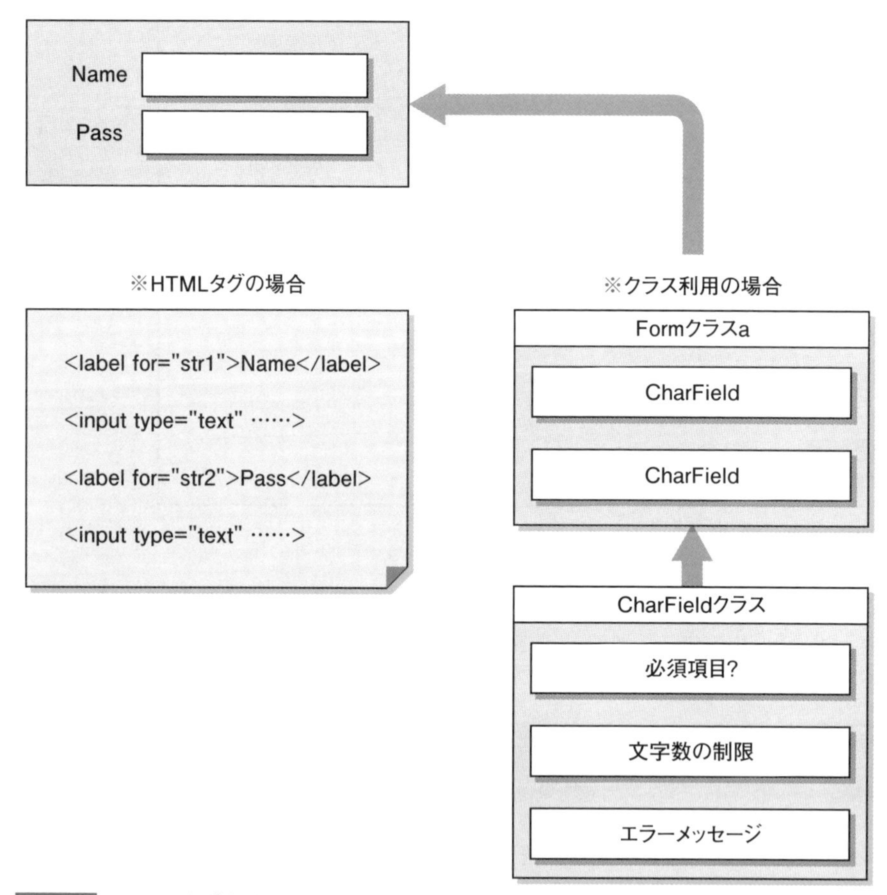

図2-34　HTMLタグより、クラスとして定義したほうがいろいろな機能を組み込みやすい。

ビュー関数をクラス化する

先ほどのサンプルでは、index関数の中でGETとPOSTの処理をしていました。1つのビュー関数だけで、GET時の処理とPOST時の処理を用意しないといけなくなります。サンプルは単純なことしかしていませんが、より高度な作業を行わせるようになると、いろいろと処理が複雑になりそうですね。

そこで、ビュー関数の作り方を見直してみることにしましょう。Djangoでは、実は関数以外にもビューの処理を用意する方法があります。それは、「クラスを定義する」というものです。

ただし！ この「クラスによるビュー定義」は、ビュー関数を使うよりちょっと複雑です。ですから、「よくわからない」という人も出てくることでしょう。そうした人は、無理に理解する必要はありません。これまでやった「ビュー関数」のやり方で十分プログラムは作れるんですから。クラス化は、「ビューの応用編」と考えて、余裕がある人だけ挑戦してみてください。

TemplateViewクラスについて

これは、「TemplateView」というクラスを継承したクラスとして定義をします。基本的な形を整理すると、こんな形になるでしょう。

```
class クラス名 (TemplateView):

  def get(self, request):
    ……GET時の処理……

  def post(self, request):
    ……POST時の処理……
```

TemplateViewクラスは、ビューを扱うViewクラスというものの派生クラス(Viewを継承して作ったクラス)です。このクラスを継承して作ります。

クラスの中には、getとpostといったメソッドを用意することができます。GETアクセス時にはgetメソッドが、POSTアクセス時にはpostメソッドがそれぞれ呼び出されるようになっているのです。

1つのクラスにまとまっているので、GETとPOSTの両方で利用する値などはインスタンス変数として用意しておくことができます。バラバラな関数として用意するよりもすっきりとまとめられそうですね。

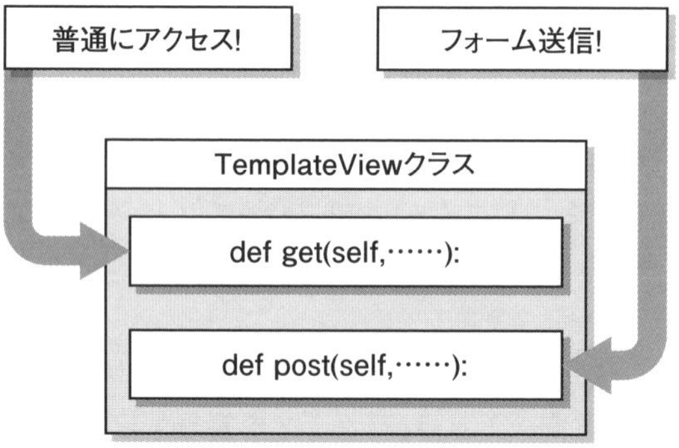

普通にアクセス!

フォーム送信!

TemplateViewクラス

def get(self,……):

def post(self,……):

図2-35 TemplateViewクラスでは、普通にアクセスしたときはgetメソッド、フォームをPOST送信したときはpostメソッドが呼び出される。

HelloViewクラスを作る

では、実際にクラスを定義してみましょう。これは、クラスのために新しいスクリプトファイルを用意する必要はありません。views.pyを修正して、この中に書けばいいんです。

「hello」フォルダ内のviews.pyを開いて、スクリプトを以下のように書き換えましょう。

リスト2-35

```
from django.shortcuts import render
from django.http import HttpResponse
from django.views.generic import TemplateView
from .forms import HelloForm

class HelloView(TemplateView):

  def __init__(self):
    self.params = {
      'title': 'Hello',
      'message': 'your data:',
      'form': HelloForm()
    }

  def get(self, request):
    return render(request, 'hello/index.html', self.params)

  def post(self, request):
    msg = 'あなたは、<b>' + request.POST['name'] + \
      ' (' + request.POST['age'] + \
      ') </b>さんです。<br>メールアドレスは <b>' + request.POST['mail'] + \
```

```
        '</b> ですね。'
    self.params['message'] = msg
    self.params['form'] = HelloForm(request.POST)
    return render(request, 'hello/index.html', self.params)
```

HelloViewクラスの内容

今回は、HelloViewというクラスを定義してあります。このクラスには、3つのメソッドが用意されています。

`__init__`

これは、クラスに用意されている初期化メソッドです。ここでは、self.paramsに値を用意しています。

`get`

これが、GETアクセスの際に実行される処理です。GETアクセスというのは、普通にアクセスしたときのことですね。これは、何もせずにself.paramsをつけてrenderしているだけです。

`post`

これは、POST送信されたときの処理です。request.POSTから値を取り出してメッセージを作成し、それをself.parmas['message']に設定しています。また、request.POSTを引数にしてHelloFormインスタンスを作成し、self.params['form']に設定します。あとは、renderを呼び出すだけです。

urlpatternsを修正して完成！

最後に、恒例のurlpatternsの修正です。「hello」フォルダ内のurls.pyを開き、以下のように修正をしましょう。今回はimport文なども変更するので全ソースコードを掲載しておきます。

リスト2-36

```
from django.urls import path
from .views import HelloView
```

```
urlpatterns = [
  path('', HelloView.as_view(), name='index'),
]
```

修正ができたら、http://localhost:8000/hello/にアクセスをして動作を確認しましょう。フォームに記入し送信すると、メッセージが表示されます。ちゃんと動作すればOKです。

図2-36 修正した/hello。表示されるメッセージが少し変わった。

pathについて

ここでは、urlpatternsに「path」という関数を使った文が用意されていますね。このpathは、ルート(トップページのパス)とビュー、名前などの情報を元にURLパターンの値を生成するものです。

ここではトップルートのパスに空のテキストを指定し、HelloViewのas_viewでビューを取り出し、nameにindexと値を指定しています。これにより、HelloViewのビューを使った表示を指定のパスに割り当て表示するようになるのです。クラスを使ったビューを利用する場合、このようにurlpatternsにpathを使った文を用意しておきます。

クラスか、関数か？

今回、HelloViewというクラスを使ってビューを作成しました。中には、「関数のほうがシンプルでわかりやすい」と思った人もいることでしょう。

関数を利用するやり方と、クラスを使ったやり方と、どちらがいいのか？ これは一言ではいえません。それぞれに向き不向きがあるからです。どちらを使うべきか？を考えるより、それぞれの特徴を理解しておくことが大切です。

では、両者の特徴を考えながらそれぞれの使い分けについて整理してみましょう。

小回りのきく関数

ビュー関数による処理は、直感的でわかりやすいのが特徴です。また、複数のページを作成する場合も、views.pyに必要なだけ関数を定義すればいいだけですからとてもわかりやすい。それほど複雑でない処理をいくつか用意するような場合は、関数で書いたほうが圧倒的に早く作成できるはずです。

GETとPOSTで共有できるクラス

クラスの最大の特徴は、GETやPOSTなどのHTTPメソッド(この他にも実はPUTとかDELETEとかいろいろあります)をひとまとめにできる点でしょう。

それぞれを関数として用意した場合、例えばGETとPOST間で必要な値をやり取りするような場合には一工夫しなければいけません。が、クラスとして定義してあれば、それらはクラス変数などに用意しておけば済みます。また共通する初期化処理も__init__メソッドで用意しておけます。

更には、複数のアプリケーションで共通した処理があるような場合も、ベースとなるクラスを作って、それを継承した派生クラスとして各処理を実装していけば簡単に作れるでしょう。

GETだけなら関数で十分！

ごく単純に、ただページにアクセスして表示するだけならば、ビュー関数として定義したほうが簡単でしょう。行うことがそれほど複雑でないなら、関数だけで十分に対応できます。わざわざクラスを定義する必要などありません。

逆に、GETとPOSTの両方の処理が必要で、なおかつ複雑な作業を行う必要があるならば、クラスを利用して、初期化処理、GETとPOSTなどをメソッドで分けて書いたほうがわかりやすくなります。

「GETのみか、POSTも含むか？」
「処理は単純か、複雑か？」

この2点を考えれば、関数で済ませるか、クラスを定義するか、どちらにすべきかがわかってくるでしょう。

「そういわれても、よくわからない」という場合、「とりあえず、全部、関数にする」と考えてください。クラスを使った方法は、いわば応用編であり、覚えておかなくとも困ることはありません。関数さえしっかり覚えておけば、問題ないでしょう。

さまざまなフィールド

ポイント

- **Formクラスでさまざまなコントロールを使ってみましょう。**
- **ラジオボタンなど複数の値からなるコントロールを覚えましょう。**
- **選択リストで複数項目を選択する方法を理解しましょう。**

formsモジュールについて

さて、再びフォームの利用に話を戻しましょう。ここまでの例で、Formクラスを継承したクラスを定義することで、Pythonのクラスとしてフォームの内容を定義し利用できることがわかりました。これは、フォームを利用するためのさまざまな機能や処理などを考えると、HTMLタグを書いて作るよりいろいろと便利そうだ、ということもわかりましたね。

では、Formクラスを使ってフォームを作成する場合、どんなコントロールが用意されているのでしょうか。先ほどの例では、CharFieldとIntegerFieldというものを利用しましたね。これらは、一般的なテキスト入力のためのフィールドと、整数値の入力用フィールドのクラスでした。

こうした入力用コントロールのためのクラスは、Djangoには他にもいろいろと用意されています。それらは、formというモジュールの中にまとめられています。ここに用意されているコントロール用のクラスの使い方がわかれば、もっと複雑なフォームもクラスとして作成できるようになります。

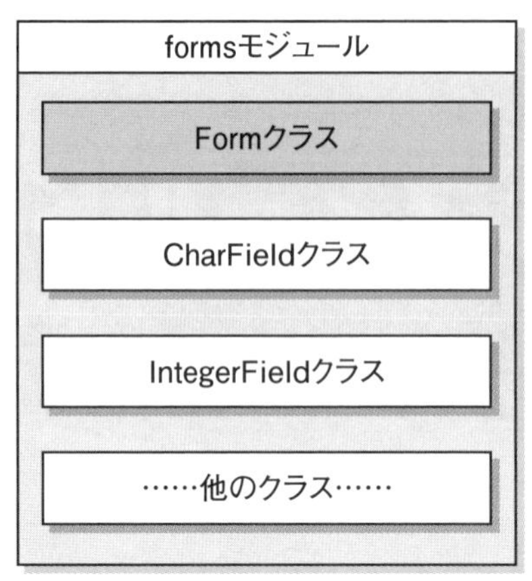

図2-37 formsモジュールの中には、Formクラスや、CharField、IntegerFieldなどフォーム関係のクラスが多数用意されている。

今すぐ覚えなくてもOK ！

ということで、これからさまざまな入力用コントロールのクラスについて説明をしていきます。が、これらは「今すぐ覚えないとダメ」というものではありません。

フォームでもっとも重要なのは、CharFieldによるテキストの入力フィールドです。これだけわかっていれば、とりあえず簡単なフォームは作れます。それ以外のものは、「いずれ使えるようになればいい」というものでしょう。

従って、ここでの説明を無理に全部覚える必要はありません。ざっと目を通しておき、いずれ必要になったら改めて読み返してみる、ぐらいに考えておきましょう。

さまざまな入力フィールド

まずは、一般的な<input>タグで作成される入力用のフィールドに関するクラスからです。formsには多数のクラスが用意されているので、比較的よく使いそうなものに絞って紹介しておきましょう。

CharField

既に使いましたね。ごく一般的なテキスト入力のためのクラスです。ユーザーから文字を書いて入力してもらうときの基本となるものです。生成されるのは、<input type="text">というスタンダードなタグになります。

インスタンスを作成する際に、入力に関する設定情報を引数で指定することができます。

用意されている引数は以下のようなものです。

required	必須項目(必ずなにか入力しないといけない)にするかどうかを示すものです。真偽値で設定し、Trueならば必須項目になります。
min_length, max_length	最小文字数・最大文字数を指定します。いずれも整数値で指定をします。

リスト2-37 ―― CharFieldの例

```
class HelloForm(forms.Form):
  name = forms.CharField(label='name', required=True, \
    widget=forms.TextInput(attrs={'class':'form-control'}))
```

図2-38 CharFieldの利用例。requiredをtrueにすると、何も書いてないとエラーメッセージが表示される。

コラム エラーメッセージはWebブラウザで変わる？ Column

requiredで表示されるエラーメッセージの図を見て、「自分の環境と違う？」と思った人もいるかもしれません。これは、使っているWebブラウザが違うからでしょう。

requiredなどの設定は「バリデーション」と呼ばれます。Djangoのバリデーション機能については後ほど説明しますが、「Webブラウザ側でチェックするものと、サーバー側でチェックするものがある」のです。requiredなどは、Webブラウザに用意されている機能を使ってチェックされます。こうしたものは、Webブラウザによって表示などが変わります。

EmailField

これは、メールアドレスの入力のためのクラスです。見た目には、まったくCharFieldと代わりはありませんが、メールアドレスの形式のテキストしか入力できません。生成されるタグは、<input type="email">というタグになります。

CharFieldと同様、required、min_length、max_lengthといった値を引数で用意することができます。

リスト2-38 ── EmailFieldの例

```
class HelloForm(forms.Form):
  mail = forms.EmailField(label='mail', \
    widget=forms.EmailInput(attrs={'class':'form-control'}))
```

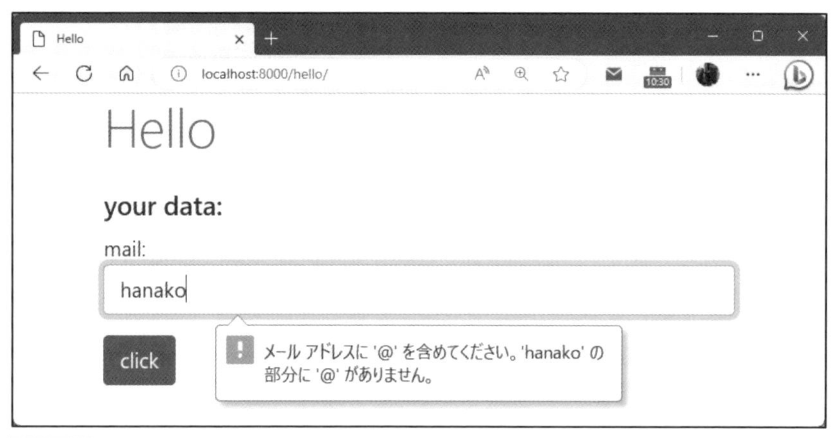

図2-39　EmailFieldの利用例。メールアドレス以外のテキストだとエラーメッセージが表示される。

IntegerField

これも先に利用しました。整数値だけ入力できるようにするフィールドです。これは、<input type="number">というタグとして生成されます。

比較的新しいWebブラウザでは、このタグに対応しており、整数値を増減するボタンのようなものが右端に表示されます。ただし、この表示はブラウザに依存しますので、使っているブラウザによっては普通のテキストフィールドになってしまうこともあるでしょう。以下のような引数が利用できます。

required	必須項目かどうかを真偽値で指定します。
min_value, max_value	最小値・最大値を指定するものです。整数値で設定します。これにより、指定の範囲内の値しか入力できなくなります。

リスト2-39 ── IntegerFieldの例

```
class HelloForm(forms.Form):
  age = forms.IntegerField(label='age', min_value=0, max_value=100, \
    widget=forms.NumberInput(attrs={'class':'form-control'}))
```

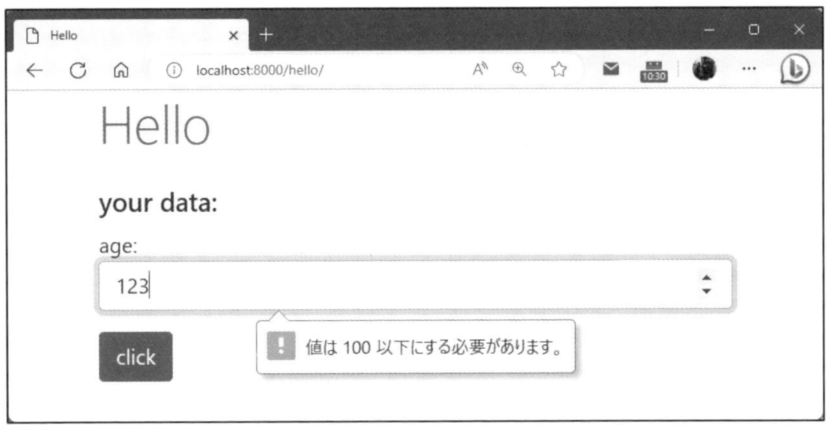

図2-40 IntegerFieldの利用例。指定した範囲内の値でないとエラーが表示される。

FloatField

これは、整数だけでなく実数の入力もできるようにした、数値専用のフィールドです。IntegerFieldと同様、<input type="number">というタグとして生成されます。

これも、required、min_value、max_valueといった引数を利用することができます。基本的な性質はIntegerFieldと同じです。

リスト2-40 ── FloatFieldの例

```
class HelloForm(forms.Form):
  val = forms.FloatField(label='val', min_value=0, max_value=100, \
    widget=forms.NumberInput(attrs={'class':'form-control'}))
```

図2-41　FloatFieldの利用例。実数の入力が可能。

URLField

URL（Webのアドレスなど）を入力するためのものです。といっても、実際に入力したアドレスが存在するかどうかはチェックしません。ただ形式だけをチェックするものです。これは、<input type="url">というタグとして生成されます。

CharFieldなどと同様に、required、min_length、max_lengthといった引数を指定することができます。

リスト2-41 ── URLFieldの例

```
class HelloForm(forms.Form):
  url = forms.URLField(label='url', \
    widget=forms.URLInput(attrs={'class':'form-control'}))
```

図2-42　URLFieldの利用例。URL形式のテキストだけ入力でき、それ以外のテキストはエラーになる。

日時に関するフィールド

入力フィールド関係の中でも、日時に関するものはけっこう重要です。これは、以下の3種類のクラスが用意されています。

DateField	日付の形式のテキストのみ受け付けます。
TimeField	時刻の形式のテキストのみ受け付けます。
DateTimeField	日付と時刻を続けて書いたテキストのみ受け付けます。

これらの使い方は基本的にどれも同じです。引数として、requiredを用意して必須項目かどうかを設定することができます。指定の形式以外の値を書いて送信すると、エラーメッセージが表示されます。

リスト2-42 —— 日時のフィールド例

```
class HelloForm(forms.Form):
    d1 = forms.DateField(label='date', required=True, \
        widget=forms.DateInput(attrs={'class':'form-control'}))
    t1 = forms.TimeField(label='time', \
        widget=forms.TimeInput(attrs={'class':'form-control'}))
    dt1 = forms.DateTimeField(label='datetime', \
        widget=forms.DateTimeInput(attrs={'class':'form-control'}))
```

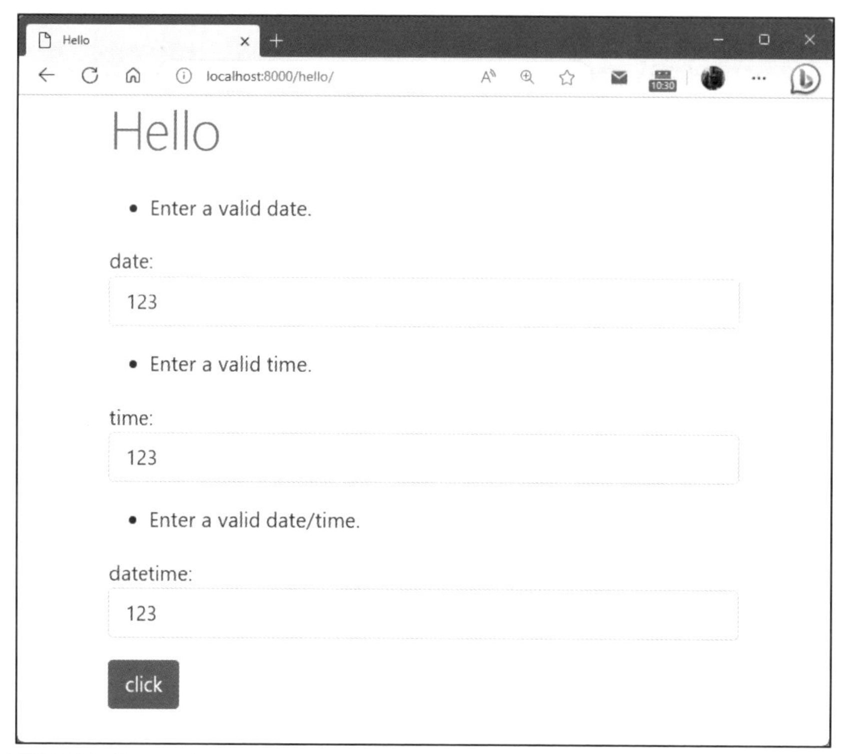

図2-43 DateField、TimeField、DateTimeFieldの利用例。決まった形式のテキストを記入しないとエラーメッセージが表示される。

日時のフォーマットについて

問題は、どういう形式で日時の値を記入するか、ですね。これは、デフォルトで記入できる形式がいくつか用意されています。ざっと整理しておきましょう。

●日付の形式

```
2001-01-23
01/23/2001
01/23/01
```

●時刻の形式

```
12:34
12:34:56
```

時刻の形式は、まぁわかるでしょう。時・分・秒をコロンでつなげたもので、これは万国共通といっていいですね。

問題は日付です。「年-月-日」か、「月/日/年」のいずれかの形式を使うことになっています。「2001/01/23」なんてやってしまうと、もうエラーになってしまうのです。利用の際には、「こういう形式で記入してください」などの注意書きを表示したほうがいいかもしれませんね。

チェックボックス

テキストの入力を行うフィールド以外にも、フォームで利用するコントロール類はあります。次は、チェックボックスについてです。

チェックボックスは、「BooleanField」というクラスとして用意されています。これでチェックボックスを表示させることができます。

では、実際に使ってみましょう。「hello」フォルダ内のforms.pyに記述してあるHelloFormクラスを以下のように書き換えてみましょう。

リスト2-43

```
class HelloForm(forms.Form):
    check = forms.BooleanField(label='Checkbox', required=False)
```

チェックボックスを1つだけ用意してあります。ここでは、requiredをFalseにしていますが、これは重要です。このあとで説明しますが、チェックボックスはOFFだと値が送信されない(=未入力扱いになる)ため、requiredがTrueだと、チェックをOFFにしたままでは送信できなくなってしまうのです。

というわけで、入力用にBooleanFieldを使うなら、必ずrequired=Falseを用意しておくようにしてください。

テンプレートの修正

このチェックボックスの状態を表示するようにテンプレートを修正しましょう。「templates」フォルダ内の「hello」フォルダ内にあるindex.htmlを書き換えておきます。以下に、<body>タグの部分だけ掲載しておきます。

リスト2-44

```
<body class="container">
  <h1 class="display-4 text-primary">{{title}}</h1>
  <p class="h5 mt-4">{{result|safe}}</p>
  <form action="{% url 'index' %}" method="post">
    {% csrf_token %}
    <table>
    {{ form.as_p }}
```

```
      <tr><td></td><td>
        <input type="submit" class="btn btn-primary my-2"
        value="click">
      </table>
    </form>
  </body>
```

スクリプトを修正する

これにあわせて、ビュー側も修正しておきます。「hello」フォルダ内のviews.pyに記述しておいたHelloViewクラスを以下のように修正をしておきましょう。最初のimport文は同じなので省略しておきます。

リスト2-45

```
class HelloView(TemplateView):

  def __init__(self):
    self.params = {
      'title': 'Hello',
      'form': HelloForm(),
      'result':None
    }

  def get(self, request):
    return render(request, 'hello/index.html', self.params)

  def post(self, request):
    if ('check' in request.POST):
      self.params['result'] = 'Checked!!'
    else:
      self.params['result'] = 'not checked...'
    self.params['form'] = HelloForm(request.POST)
    return render(request, 'hello/index.html', self.params)
```

アクセスすると、チェックボックスが1つだけ表示されます。これをONにして送信すると、「Checked!!」と表示されます。OFFだと、「not checked...」と表示されます。

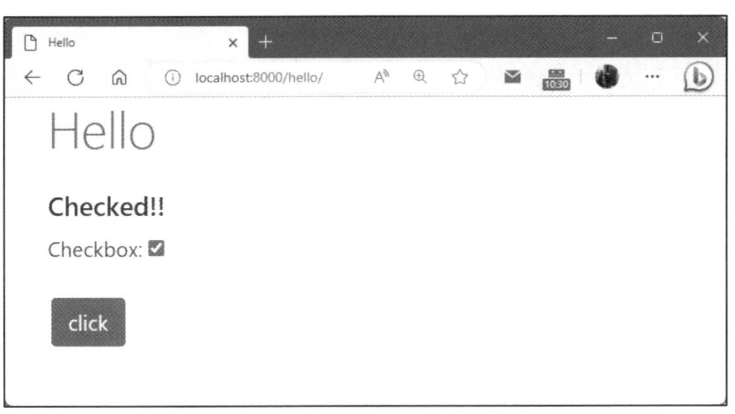

図2-44　BooleanFieldの利用例。チェックボックスとラベルが表示される。送信すると、チェックの状態がメッセージで表示される。

Chapter 1
Chapter 2
Chapter 3
Chapter 4
Chapter 5

値に注意！

実際に送信して試してみると、チェックボックスの値がちょっと変わった変化をすることに気がつくでしょう。

チェックがONの場合、送られる値は 'check': ['on'] というようになっています。チェックボックスの名前checkの値として、'on'というテキストがリストとして送られているんですね。

では、チェックがOFFの場合はどうなるか。これは「値は送られない」のです。つまり、request.POSTに、チェックボックスの値は用意されないことになります。

ですから、チェックボックスの値を処理するときはこんな具合に処理しないといけません。

```
if ('check' in request.POST):
        ……チェックがONのときの処理……
else:
        ……チェックがOFFのときの処理……
```

request.POSTの中に、チェックボックス項目の値があれば、チェックはONです。なければ、チェックはOFFです。

3択のNullBooleanField

チェックボックスは、「ONか、OFFか」という二者択一の状態を示すものです。が、Webでは「第3の状態」を表すチェックボックスを見かけることもあります。intermediate（中間の状態)というもので、「−」というように「✓」マークではない表示がされていたりします。

Djangoでも、この「ONでもOFFでもない状態」を持ったコントロールが用意されています。それは、「NullBooleanField」というクラスです。これは、実はチェックボックスではなく、「Yes」「No」「Unknown」といった3つの項目を持つプルダウンメニューとして用意されています。

NullBooleanFieldを使う

では、実際にNullBooleanFieldを使ってみましょう。「hello」フォルダ内のforms.pyを開き、HelloFormクラスを以下のように書き換えます。

リスト2-46

```
class HelloForm(forms.Form):
  check = forms.NullBooleanField(label='Check')
```

NullBooleanFieldを1つだけ用意しておきました。labelを引数に用意してあります。他には引数などもなく、非常にシンプルな使い方をするクラスですね。

HelloViewを修正する

では、ビューの修正を行いましょう。「hello」フォルダ内のviews.pyを開き、HelloViewクラスを以下のように書き換えます。今回も例によってimportは省略します。

リスト2-47

```
class HelloView(TemplateView):

  def __init__(self):
    self.params = {
      'title': 'Hello',
      'form': HelloForm(),
      'result':None
    }

  def get(self, request):
    return render(request, 'hello/index.html', self.params)

  def post(self, request):
    chk = request.POST['check']
    self.params['result'] = 'you selected: "' + chk + '".'
    self.params['form'] = HelloForm(request.POST)
    return render(request, 'hello/index.html', self.params)
```

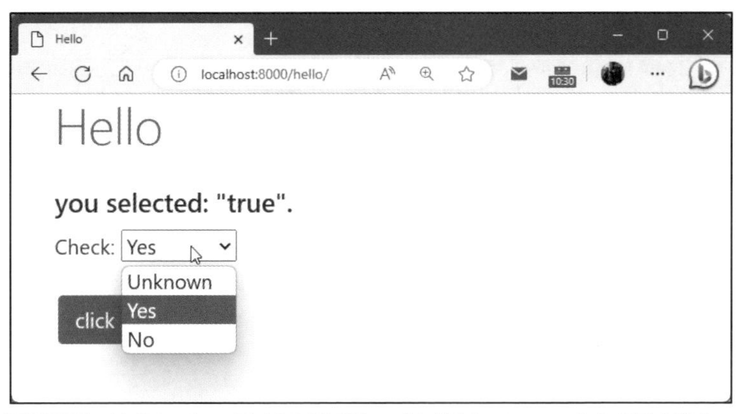

図2-45　NullBooleanFieldの利用例。プルダウンメニューから項目を選ぶ。

修正しているのはpostメソッドだけです。修正ができたら、http://localhost:8000/hello/ にアクセスしましょう。Check: という項目に、「Unknown」「Yes」「No」という項目を持ったプルダウンメニューが表示されます。ここで項目を選んで送信すると、「you selected: "true"」というように、選んだメニュー項目が表示されます。

プルダウンメニュー（チョイス）

次に取り上げるのは「プルダウンメニュー」です。これは、Djangoでは「ChoiceField」というクラスとして用意されています。

このChoiceFieldは、「choices」という引数を持っています。これは、プルダウンメニューに表示する項目を設定するためのものです。この項目は、こんな形で用意します。

```
[
  ( 値 , ラベル ),
  ( 値 , ラベル ),
  ……必要なだけ用意……
]
```

見ればわかるように、choicesの値は、「タプルのリスト」になっています。1つ1つのリストは、メニュー項目に表示するラベルと、選択したときに得られる値の2つの値を用意します。

これを、choices引数に指定してインスタンスを作成すれば、プルダウンメニューが作れるのです。では、実際に使ってみましょう。

HelloFormを修正する

まずは、フォームの修正です。「hello」フォルダ内のforms.pyを開き、そこにあるHelloFormクラスを以下のように変更します。

リスト2-48

```
class HelloForm(forms.Form):
  data=[
    ('one', 'item 1'),
    ('two', 'item 2'),
    ('three', 'item 3')
  ]
  choice = forms.ChoiceField(label='Choice', \
    choices=data)
```

ここでは、変数dataに、メニュー項目用のリストを用意してあります。これをChoiceFieldのchoices引数に指定していますね。これで、プルダウンメニューがフォームに用意されるんです。

HelloViewの修正

続いて、ビューの修正です。「hello」フォルダ内のviews.pyを開き、そこに書いてあるHelloViewクラスを以下のように修正しましょう。

リスト2-49

```
class HelloView(TemplateView):

  def __init__(self):
    self.params = {
      'title': 'Hello',
      'form': HelloForm(),
      'result':None
    }

  def get(self, request):
    return render(request, 'hello/index.html', self.params)

  def post(self, request):
    ch = request.POST['choice']
    self.params['result'] = 'selected: "' + ch + '".'
    self.params['form'] = HelloForm(request.POST)
    return render(request, 'hello/index.html', self.params)
```

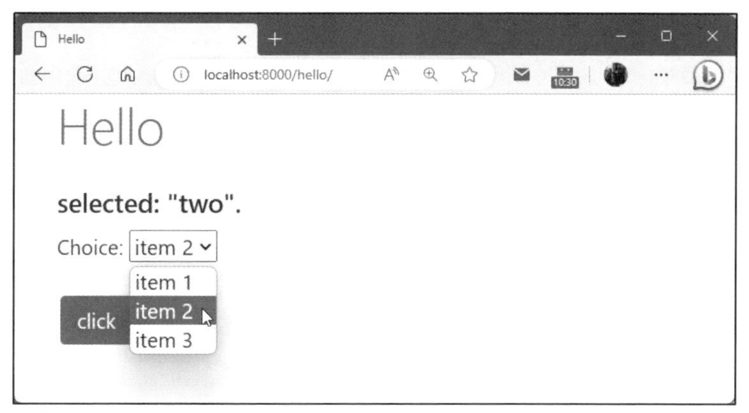

図2-46 プルダウンメニューを選んで送信すると、選んだ項目の値が表示される。

実際にhttp://localhost:8000/hello/ にアクセスしてみましょう。「item 1」「item 2」「item 3」といった項目を持つプルダウンメニューが表示されます。これを選んで送信すると、「selected: ○○」というように、選択した項目を表示します。

ここでは、request.POST['choice'] というようにして選択されたプルダウンメニューの値を取り出しています。取り出されるのは、表示されているテキストではなく、「値」です。

例えば、最初の項目は('one', 'item 1')と値が用意されていましたね。これで、「item 1」とテキストが表示され、その項目を選ぶと「one」と値が得られる、というわけです。

Chapter 1 Chapter 2 Chapter 3 Chapter 4 Chapter 5

ラジオボタン

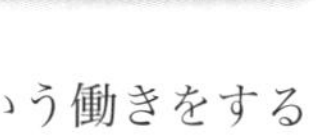

このChoiceFieldは、「複数の項目から1つを選ぶ」というものです。こういう働きをするもの、他にもありますね？ そう、「ラジオボタン」です。

Djangoには、ラジオボタンのフィールドクラスというのはありません。実は、ChoiceFieldを使って作成するのです。

```
forms.ChoiceField(choices= 値 , widget=forms.RadioSelect())
```

ChoiceFieldインスタンスを作成する際、こんな具合に「widget」引数に「RadioSelect」というクラスのインスタンスを設定すると、プルダウンメニューではなくラジオボタンが作成されるようになります。

使うのはChoiceFieldクラスですから、使い方はプルダウンメニューのときと同じです。choicesという引数に、表示する項目と値のデータをリストにまとめたものを設定しておけば、それを元に(メニュー項目の代わりに)ラジオボタンが作成されます。

ラジオボタンを使ってみる

では、実際にラジオボタンを使ってみましょう。まずはフォームの用意です。「hello」フォルダ内のforrms.pyを開き、HelloFormクラスを以下のように修正してください。

リスト2-50

```
class HelloForm(forms.Form):
    data=[
        ('one', 'radio 1'),
        ('two', 'radio 2'),
        ('three', 'radio 3')
    ]
    choice = forms.ChoiceField(label='radio', \
        choices=data, widget=forms.RadioSelect())
```

基本的な処理は前回のプルダウンメニューと同じですね。表示する項目のデータを変数dataに用意し、これをchoices引数に指定してインスタンスを作っています。今回はその他に、widget=forms.RadioSelect()を追加している、というだけの違いです。

HelloViewクラスは、変更はありません。基本的に、先ほど作ったChoiceFieldをそのまま使っているだけなので、ビュー側の処理を変更する必要はないんです。

修正したら、http://localhost:8000/hello/にアクセスしてみましょう。すると、プルダウンメニューの代わりに3つのラジオボタンが表示されます。ボタンを選択して送信すると、選択したラジオボタンの値が表示されます。

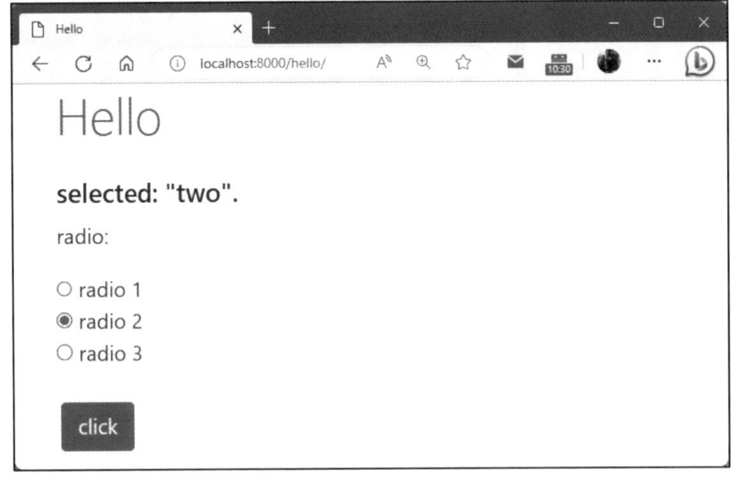

図2-47　ラジオボタンの利用例。widgetを変更するだけで、ChoiceFieldでラジオボタンが作れる。

選択リスト

多数の選択項目を扱うのに利用されるのが<select>タグですね。これは、プルダウンメニューの他、たくさんの項目が表示されるリスト表示も行えます。プルダウンメニューは既にやりましたから、リストの表示についてやってみましょう。

リスト形式での表示も、使うのはChoiceFieldです。ただし、先ほどのラジオボタンと同様、使用するウィジェットを変更します。

```
forms.ChoiceField(choices= 値 , widget=forms.Select())
```

widget引数に、forms.Selectというクラスのインスタンスを指定します。これが<select>タグを使うウィジェットになります。ただし、このままだと表示する行数が1行だけとなり、プルダウンメニュー表示になりますので、Select作成時に、attrs={'size': 項目数}) という形で属性の情報を用意してやります。これで表示する項目数を指定すれば、その大きさでリストが作成されます。

リストを使ってみる

では、実際に使ってみましょう。まずは、HelloFormの修正です。「hello」フォルダ内のforms.pyを開き、書いてあるHelloFormクラスを以下のように修正してください。

リスト2-51

```
class HelloForm(forms.Form):
    data=[
        ('one', 'item 1'),
        ('two', 'item 2'),
        ('three', 'item 3'),
        ('four', 'item 4'),
        ('five', 'item 5'),
    ]
    choice = forms.ChoiceField(label='radio', \
        choices=data, widget=forms.Select(attrs={'size': 5,
            'class':'form-select'}))
```

ChoiceFieldの使い方自体はまったく同じです。あらかじめ表示項目用のデータを用意しておき、それをchoices引数に指定します。またwidget引数にはforms.Selectを指定して、その引数にはattrs={'size': 5})と属性の情報を用意しておきます。これで、選択リストが作成できます。

HelloViewの修正は、例によって不要です。基本的に「ChoiceFieldの値を取り出して表示する」という処理はまったく同じなので変更する必要はありません。

HelloFormの修正ができたら、http://localhost:8000/hello/ にアクセスしてみましょう。5つの項目があるリストが表示されます。ここから項目を選んで送信すれば、選択した項目の値が表示されます。

図2-48 リストの項目を選択して送信すると、その値が表示される。

複数項目の選択は？

選択リストは、1項目だけを選択するなら他のChoiceFieldのコントロール類と使い方は変わりありません。が、<select>タグは、multiple属性を使って複数項目を選択できるようになります。この場合は、少し注意が必要です。単にフォーム側の修正だけでなく、値を取り出すビュー側も処理を変更しなければいけないからです。

では、複数項目を選択できるリストはどのように作成するのでしょうか。これは、ChoiceFieldではなく、「MultipleChoiceField」というクラスを使います。これは、ChoiceFieldの複数選択版といったものです。

```
forms.MultipleChoiceField(choices= 値 , widget=forms.SelectMultiple())
```

MultipleChoiceFieldクラスのインスタンスを作成します。このとき、引数としてwidgetにforms.SelectMultipleというクラスのインスタンスを設定してやります。これは、Selectウィジェットの複数選択版というものですね。例によって、attrs={'size': 項目数}を使って表示する項目数を設定してやりましょう。

MultipleChoiceFieldを使ってみる

では、実際にMultipleChoiceFieldを使って複数項目が選択できるリストを作ってみましょう。「hello」フォルダ内のforms.pyを開き、HelloFormクラスを以下のように修正してください。

リスト2-52

```
class HelloForm(forms.Form):
  data=[
    ('one', 'item 1'),
    ('two', 'item 2'),
    ('three', 'item 3'),
    ('four', 'item 4'),
    ('five', 'item 5'),
  ]
  choice = forms.MultipleChoiceField(label='radio', \
    choices=data, widget=forms.SelectMultiple(attrs={'size': 6,
      'class':'form-select'}))
```

項目用のデータを変数に用意し、それをchoicesに指定してMultipleChoiceFieldを作成しています。widgetには、forms.SelectMultipleを指定してあります。先ほど説明した通りの使い方ですね。

HelloViewを修正する

続いて、ビュー側の修正です。今回は複数の項目を選択するので、今までと同じやり方ではうまくいきません。では、「hello」フォルダ内のviews.pyを開いて、HelloViewクラスを以下のように変更しましょう。

リスト2-53

```
class HelloView(TemplateView):

  def __init__(self):
    self.params = {
      'title': 'Hello',
      'form': HelloForm(),
      'result':None
    }

  def get(self, request):
    return render(request, 'hello/index.html', self.params)
```

```
    def post(self, request):
        ch = request.POST.getlist('choice')
        self.params['result'] = 'selected: ' + str(ch) + '.'
        self.params['form'] = HelloForm(request.POST)
        return render(request, 'hello/index.html', self.params)
```

修正したのは、postメソッドの部分です。書き換えたら、http://localhost:8000/hello/にアクセスして、複数の項目を選択して送信してみましょう。['one', 'two'] というように、選択した項目の値がすべて表示されます。

図2-49　リストから複数の項目を選択して送信すると、それらの値がすべてまとめて表示される。

複数項目の値はgetlistで！

ここでは、送信されたリストの値を取り出すのに、これまでとはちょっと違ったやり方をしています。

```
ch = request.POST.getlist('choice')
```

「getlist」というのは、送られた値をリストとして取り出すメソッドです。複数の項目が選択されているため、送られてくる値は1つだけではありません。それらすべてを取り出すには、getlistでリストとして取り出す必要があるんです。

リストの値を利用するには？

今回は、取り出したリストをそのまま表示していますが、必要に応じて繰り返し構文などを使って値を1つずつ取り出して処理することもできます。例えば、以下のような具合ですね。postメソッドを書き換えてみましょう。

リスト2-54

```
def post(self, request):
    ch = request.POST.getlist('choice')
    result = '<ol class="list-group"><b>selected:</b>'
    for item in ch:
        result += '<li class="list-group-item">' + item + '</li>'
    result += '</ol>'
    self.params['result'] = result
    self.params['form'] = HelloForm(request.POST)
    return render(request, 'hello/index.html', self.params)
```

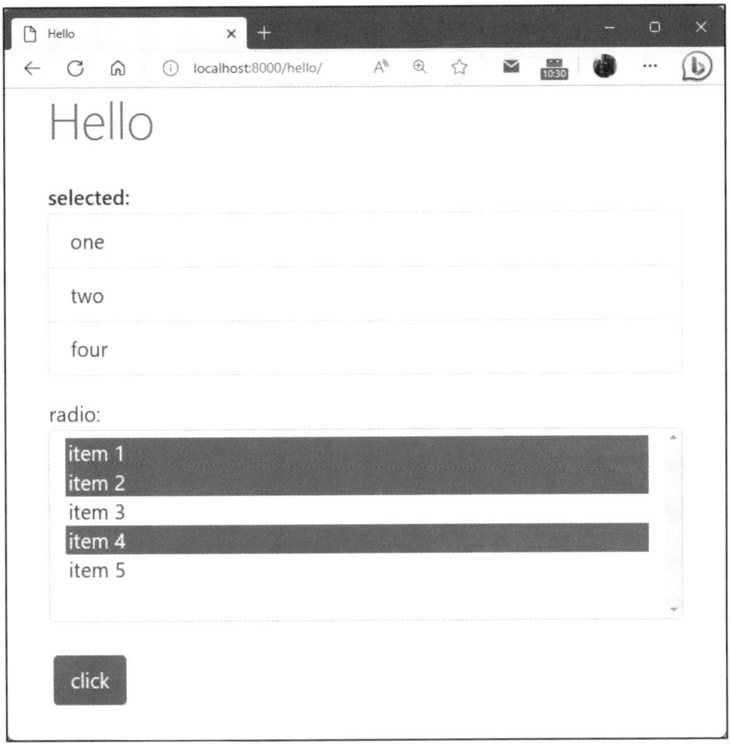

図2-50 送信すると、選択した項目の値を1つずつリストにして表示する。

同じように、選択リストから項目を選んで送信すると、1つ1つの項目を<ol>タグによるリストにまとめて表示します。

ここでは、getlistで取り出したリストから、for item in ch: というようにして順番に値を取り出し処理をしています。やり方さえわかれば、複数項目の選択処理は意外と簡単ですね！

Section 2-5 セッションとミドルウェア

ポイント

- ▶ セッションの働きと使い方を覚えましょう。
- ▶ ミドルウェアとはどういうものでどう作るのかを理解しましょう。
- ▶ 実際にミドルウェアを作って動かしましょう。

セッションの働き

フォームを利用することで、クライアントから送られてきた情報を元に処理を行うことができるようになりました。けれど、この情報は、次にアクセスした際にはもう失われてしまいます。

Webサイトによっては、「アクセスしたクライアントの情報をずっと維持したい」ということもあります。例えばショッピングサイトなどは、常に「利用者がカートに入れた商品」の情報を維持していないといけません。「別のページに移動したら、前の商品が消えちゃった」なんてことがあってはいけないのです。

このような場合には、「クライアントの情報を常に保管し続ける機能」が必要となります。こうした場合に用いられるのが「セッション」と呼ばれるものです。

セッションは、クライアントとサーバーの間の接続を維持するための仕組みです。つまり、「今、アクセスしているのはこの人だ」ということをサーバー側で記憶し、そのクライアントが持っている情報を保管できるようにするものなのです。

セッションの組み込み

このセッションは、Djangoのプロジェクトに最初から組み込まれています。プロジェクト名のフォルダ(「django_app」フォルダ)内にあるsettings.pyを開いてください。そこにあるINSTALLED_APPSとMIDDLEWAREという値を見てください。

リスト2-55
```
INSTALLED_APPS = [
  ……略……,
  'django.contrib.sessions',
  ……略……,
  'hello',
]

MIDDLEWARE = [
  '……略……,
  'django.contrib.sessions.middleware.SessionMiddleware',
  ……略……,
]
```

このような値が記述されているのがわかるでしょう。これらが、セッションを利用するために必要となる設定です。もし、セッションが動作しないような場合は、これらの値が用意されているか確認をしてください。

セッションの基本操作

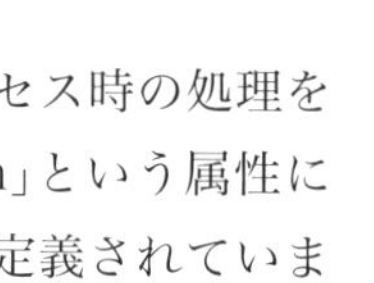

では、セッションの利用方法を説明しましょう。セッションの値は、アクセス時の処理を行う関数・メソッドの引数で渡されるHttpRequestインスタンスの「session」という属性に保管されています。これはSessionBaseというクラスを継承したものとして定義されています(どのようにセッションを管理するかの違いによりいくつかの子クラスが用意されています)。

SessionBaseは、辞書のようにしてキーを指定して値を保管したり取り出したりすることができます。

●セッションに値を保管する

```
《HttpRequest》.session[ キー ] = 値
```

●セッションから値を取り出す

```
変数 =《HttpRequest》.session[ キー ]
```

このような感じですね。例えば、request.session['msg'] = 'Hello'とすれば、msgというキーにHelloというテキストを保管できます。そしていつでもこの値を取り出して利用できるようになるのです。

getとpop

ただし、値の設定はこのやり方でいいのですが、取得はこのようなやり方は普通しません。なぜなら、この方法だと、指定したキーの値が存在しなかった場合、エラーになってしまうためです。

SessionBaseには、値を取得するためのメソッドが用意されています。以下のようなものです。

●値を取得する

《HttpRequest》.session.get(キー , デフォルト値)

●値を取得しセッションから取り除く

《HttpRequest》.session.pop(キー , デフォルト値)

これらのメソッドには、取り出すキーとデフォルト値が用意されています。もし指定したキーの値が存在しない場合は、代わりにデフォルト値を値として返します。これらを利用することで、値がなかった場合もエラーにはなりません。

2つありますが、getは値を取り出すだけなのに対し、popは値を取り出したら、その値をセッションから消去します。「値を利用するときまで一時的に保管しておきたい」というような場合に利用します。

セッションを利用する

では、実際にセッションを使ってみましょう。まず、セッション用のフォームを用意しておきます。「hello」フォルダ内のforms.pyを開き、以下のコードを追記してください。

リスト2-56

```
class SessionForm(forms.Form):
  session = forms.CharField(label='session', required=False, \
    widget=forms.TextInput(attrs={'class':'form-control'}))
```

ここでは、sessionというCharFieldを1つだけ用意しておきました。ここに入力して送信した値をセッションに保管します。

views.pyを修正する

では、views.pyを修正しましょう。ファイルを開き、以下のように内容を書き換えてください。

リスト2-57

```
from django.shortcuts import render
from django.views.generic import TemplateView

from .forms import SessionForm

class HelloView(TemplateView):

   def __init__(self):
      self.params = {
         'title': 'Hello',
         'form': SessionForm(),
         'result':None
      }

   def get(self, request):
      self.params['result'] = request.session.get('last_msg', 'No message.')
      return render(request, 'hello/index.html', self.params)

   def post(self, request):
      ses = request.POST['session']
      self.params['result'] = 'send: "' + ses + '".'
      request.session['last_msg'] = ses
      self.params['form'] = SessionForm(request.POST)
      return render(request, 'hello/index.html', self.params)
```

ジャンゴ
Hello
localhost:8000/hello/
Hello
No message.
session:
なにか送る。
click

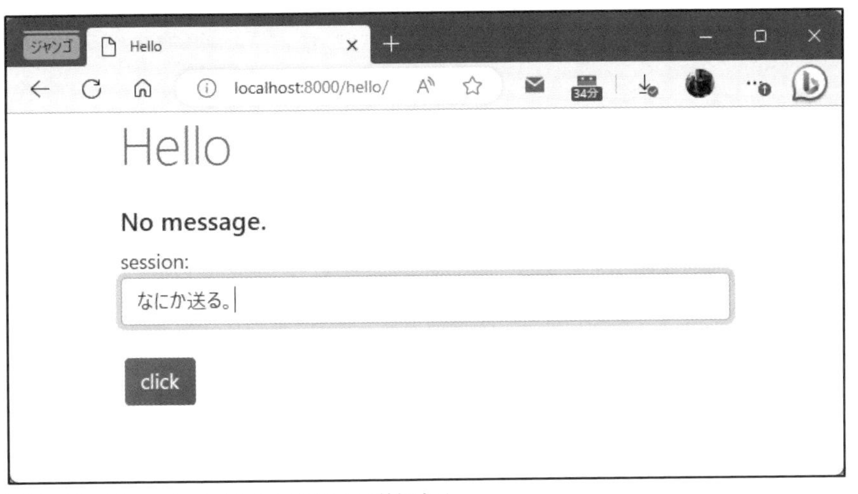

図2-51 フォームにテキストを書いて送信する。

修正できたら、実際に/helloにアクセスして動作を確認しましょう。表示されるフォームに適当にテキストを記入して送信すると、そのメッセージが表示されます。ここまでは、既に何度もやっていることですね。

表示を確認したら、再度/helloにアクセスし直してみましょう。すると、その前に送信したメッセージが表示されます。

ジャンゴ
Hello
localhost:8000/hello/
Hello
なにか送る。
session:
click

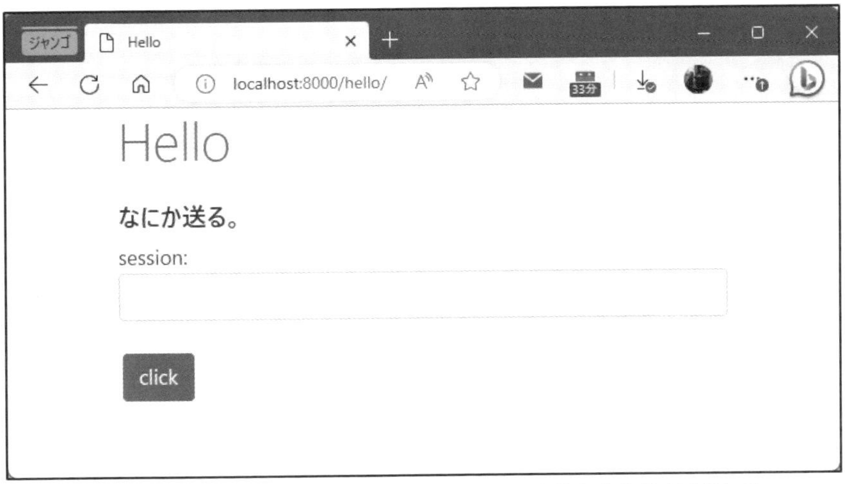

図2-52 /helloにアクセスすると、最後にセッションに保管した値が表示される。

セッションの処理を確認する

では、行っている処理を見てみましょう。まずはgetからです。ここでは、last_msgというセッションの値をresultパラメータに設定しています。

```
self.params['result'] = request.session.get('last_msg', 'No message.')
```

これで、resultには、last_msgセッションの値か、または'No message.'というテキストが設定されます。これがそのままページにメッセージとして表示されるのですね。

ではフォーム送信した場合の処理はどうなっているのか、postを見てみましょう。

```
ses = request.POST['session']
self.params['result'] = 'send: "' + ses + '".'
request.session['last_msg'] = ses
```

フォームから送信された'session'という値を変数sesに取り出しておき、この値をresultパラメータとlast_msgセッションに保管しています。resultの値はそのままメッセージとして画面に表示され、last_msgの値はセッションの値としてアクセスすればいつでも取り出せるようになります。この値を、getの際にチェックしていたのですね。

覚えておきたいセッションの機能

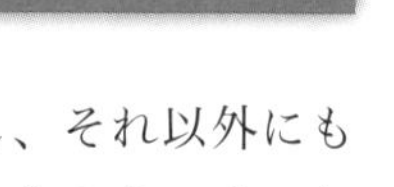

セッションは、値の保管と取得さえできれば使うことができます。しかし、それ以外にもSessionBaseにはさまざまな機能が用意されています。覚えておくと便利なものをいくつかピックアップして紹介しておきましょう。

●セッションの全キー／値を取得する

```
《SessionBase》.keys()
《SessionBase》.items()
```

セッションに保管されている値のすべてのキーまたは値を配列にまとめて取得します。keysはキーを、itemsは値を取り出すものです。セッションにどんな値があるのか確認するのに使えます。

●セッションの全値を消去する

```
《SessionBase》.clear()
《SessionBase》.flush()
```

セッションに保管されている値をすべて消去するためのものです。clearはただ値を消去するだけですが、flushはセッション用のクッキーも削除します。

●保持期間を設定する

```
《SessionBase》.set_expiry( 整数 )
```

セッションは永久に値を保管するわけではありません。一定の時間が経過するとセッションは自動的に消えるようになっています。このset_expiryは、最後にセッションを使ってからセッションが消されるまでの期間を指定するものです。引数にはセッションを保持する期間を秒数で指定します。

コラム セッションとセッションクッキー Column

flushのところで「セッションのクッキーを消去する」と説明しました。セッションは、クライアントを識別するのにクッキーを利用しています。セッションでは、アクセスしてきたクライアントにユニークな値をIDとしてクッキーに保管しているのです。この値を元に、セッションはクライアントを識別しています。

flushは、このセッションクッキーを消去することで、それまであったセッションそのものが使えなくなり消去されます。セッションの値を完全に消してしまいたいときはこちらを使うのがいいでしょう。

ミドルウェアとは？

セッションの機能を利用するには、settings.pyにあるINSTALLED_APPSとMIDDLEWAREに必要な値を記述するようになっていました。INSTALLED_APPSは、わかりますね。作成したアプリを登録しておくところでした。では、MIDDLEWAREというのはなにでしょうか。

これは、「ミドルウェア」と呼ばれるものを登録しておくためのものです。ミドルウェアは、クライアントから要求を受けて処理を行う過程に割り込んで何らかの処理を実行させるためのプログラムです。セッションのミドルウェアを追加すると、クライアントがアクセスした際、リクエストにセッションのための機能(session)を作成して使えるようにしていたのです。

ミドルウェアは、クライアントからのリクエストとレスポンスの間に割り込んでさまざまな処理を行います。これはアクセスがあると常に呼び出され実行されます。つまりミドルウェアを用意することでDjangoのアクセス処理に独自の機能を追加することができるのです。

Chapter 1
Chapter 2
Chapter 3
Chapter 4
Chapter 5

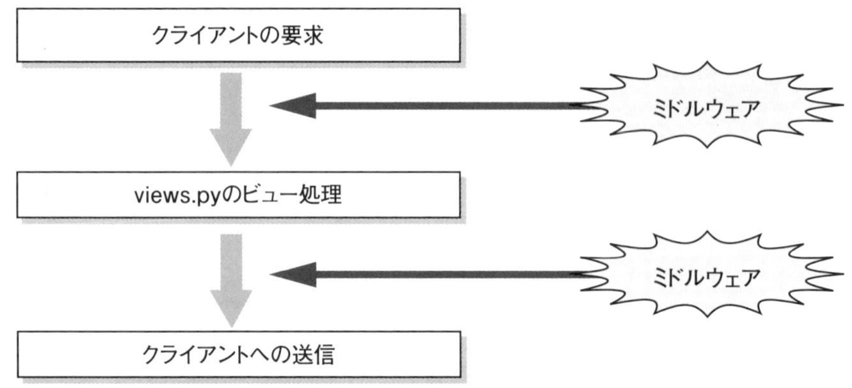

図2-53 ミドルウェアは、クライアントからの要求があったあと、またクライアントに返信する前に割り込んで処理を実行する。

ミドルウェアの基本形

ミドルウェアは、関数またはクラスとして定義します。ここでは、扱いの簡単な関数を使った書き方を紹介しておきましょう。

●ミドルウェアの基本形

```
def 関数A(get_response):
    ……初期化処理……

    def 関数B(request):
        ……ビューを実行する前の処理……
        response = get_response(request)
        ……ビューを実行したあとの処理……
        return response

    return 関数B
```

ミドルウェアは、関数名で識別されます(ここでは「関数A」としています)。関数の名前に指定したものがそのままミドルウェア名となるわけです。引数にはget_responseというものを用意していますが、これは実は関数が値として渡されています。リクエストからレスポンスを取得するための関数が引数に用意されているのです。

このミドルウェアの関数内には、更に関数が定義されます(「関数B」です)。これがミドルウェアの本体部分と考えていいでしょう。引数にはHttpRequestが渡されます。関数Aでは、この関数Bをreturnで返すことでミドルウェアの処理が設定されるようになっています。

関数Bの中では、ミドルウェア関数で渡されたget_response引数を使ってHttpResponse

インスタンスを取得して返します。この関数Bに用意した処理がミドルウェアの処理となるわけですが、これはget_responseの前後によって働きが変わります。

get_responseより前に記述したものは、views.pyのビュー関数が呼び出される前に実行されます。そしてget_responseのあとに記述したものは、views.pyのビュー関数を実行してrenderなどでHttpResponseを返したあとで実行されます。

このように、ミドルウェアは「関数の中に関数を定義する」という形で作成をします。慣れない内はちょっとわかりにくいでしょうが、そう難しいものではありません。何度かサンプルを書いて動かせば、すぐに使い方を覚えられるでしょう。

ミドルウェアを作成する

では、実際に簡単なミドルウェアを作成してみましょう。「hello」フォルダのviews.pyを開いて、以下のコードを追記してください。

リスト2-58
```
def sample_middleware(get_response):

  def middleware(request):
    counter = request.session.get('counter', 0)
    request.session['counter'] = counter + 1
    response = get_response(request)
    print("count: " + str(counter))
    return response

  return middleware
```

非常に単純なミドルウェアです。ここではmiddleware関数内で、request.session.getを使ってcounterセッションの値を取り出しています。そしてこの値を1増やし、printで出力しています。

つまり、このアプリにアクセスするたびにセッションのcounterの値が1ずつ増えていく、アクセスした回数を記録するミドルウェアというわけです。

ミドルウェアを登録する

作成したミドルウェアは、settings.pyで登録しないといけません。ファイルの中からMIDDLEWAREを探し、以下のように追記をしてください。

リスト2-59

```
MIDDLEWARE = [
  ……略……,
  'hello.views.sample_middleware', #☆
]
```

☆の文が追記するものです。これで、views.pyに記述したsample_middleware'関数がミドルウェアとして登録されました。

では、実際にページにアクセスして、ターミナルの出力を見てみましょう。アクセスするたびに「count: 数字」という値がターミナルに出力されるのがわかります。 動作が確認できたら、追記した文をコメントアウトするか削除してミドルウェアが動作しいない状態に戻しておきましょう。ミドルウェアはすべてのアクセスで動作するため、そのままにしておくと今後のコーディングに影響が出ます。動作確認後、必ず元に戻しておいて下さい。

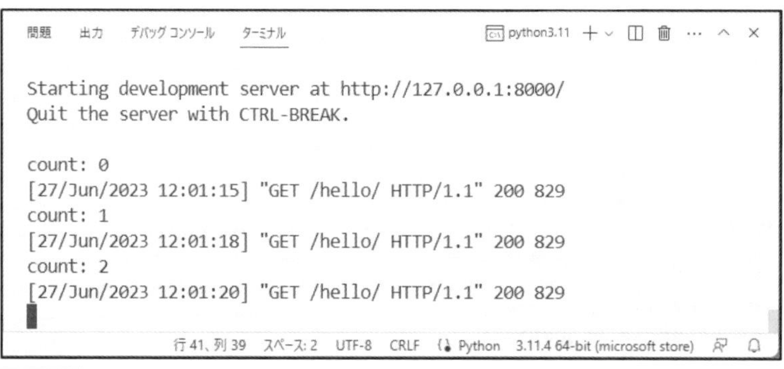

図2-54 アクセスするたびにターミナルにカウンタの値が出力されていく。

ミドルウェアは常に動く！

ミドルウェアの作成と組み込み方は、このようにそれほど難しいものではありません。難しいのは「使い方」です。

ミドルウェアは、組み込むとすべてのクライアントからのアクセスで実行されるようになります。「こういうときは実行しなくていい」ということはできないのです。どんなときでも必ず実行されてしまいます。

従って、作成するアプリの内容などに関係なく「アプリ全体で常に実行する必要がある処理」を組み込むようなときに使うべきです。アプリ内の特定の用途で使うような処理は、ミドルウェアにすべきではありません。

「どういう処理をミドルウェアにすれば便利か」を考えるところが、おそらくもっとも難しい部分かもしれません。的確な用途のものでなければ、ミドルウェアは逆にアプリの質を落としてしまうことになりかねないのですから。

この章のまとめ

さあ、ビューとテンプレートの基本はこれでおしまいです。この章だけで、画面表示関係の基本をすべて行ったので、けっこうなボリュームになってしまいました。「とても全部覚えきれない！」という人もきっと多いはずです。が、心配はいりません。全部覚えなくても大丈夫ですから。

この章は、「画面の表示関係の基本は、この章を読めば一通りわかる」ということを考えて用意しています。つまり、「あとから、表示関係について調べようと思ったときは、この章だけ調べればたいていわかりますよ」という形にしてあるのです。ですから、「今、ここで覚えなくてもいい」というものも含まれてます。

この章で本当に大切なもの、「絶対にこれだけは覚えておきたい」というものは、実はそんなにたくさんはありません。簡単にまとめておきましょう。

views.pyとurls.pyの基本

Webページを作ってなにか表示させるには、views.pyとurls.pyに必要なことを書かないといけません。この基本的な書き方だけは、絶対に覚えないといけません。

views.pyは、「関数を使ってビューの処理を用意する」というやり方が基本です。これだけはしっかり覚えてください。Viewの派生クラスを定義して処理するやり方は、難しければ覚えなくてもいいですよ。

urls.pyは、ビュー関数を登録するときのurlpatternsの書き方だけしっかり覚えておきましょう。

テンプレートの基本的な使い方

「templates」フォルダを作ってテンプレートを用意して表示する。この基本はきっちり覚えましょう。それから、ビュー関数で値をまとめておいて、テンプレートに渡して表示する方法。これもテンプレート利用の基本です。これらを覚えて、自分でテンプレートを作って表示できるようになればOKです。

フォームとFormクラス

フォーム関係は、面倒でも「Formクラスを使ってフォームを作成する」というやり方を覚えてください。Djangoでは、<input>タグをテンプレートに書くより、Formクラスを定義するやり方のほうが一般的なんだ、と考えましょう。

ただし、覚えるフィールドは、とりあえずCharFieldだけでOKです。それ以外のものは、特に覚える必要はありません。

セッションとミドルウェアは、おまけ

セッションとミドルウェアは、どちらも重要な機能ですが、今すぐ覚えないと困る、というものではありません。これらは、もっと学習が進んで本格的にアプリを作るようになったときのために、「ここで説明している」ということだけ覚えておきましょう。

テンプレートとフォームだけはしっかりと！

この章のもっとも重要なポイントは、「テンプレート」と「フォーム」です。この2つの基本的な使い方だけはしっかりと理解してください。それ以外のものは、今すぐ完ぺきに覚えられなくとも問題はありません。あとは「いずれ必要になったら覚える」ぐらいに考えておけばいいでしょう。

Chapter

3

モデルとデータベース

Djangoには、データベースに関する機能がいろいろと揃っています。データベースの設計に関するコマンド、管理するツール、モデルと呼ばれるクラスを使ったデータベースアクセス。それらデータベース利用のための基礎的な機能について、この章でまとめて説明しましょう。

Section 3-1 管理ツールでデータベースを作ろう

ポイント

- ▶ データベースの設定の仕方を理解しましょう。
- ▶ モデルクラスの定義の基本を覚えましょう。
- ▶ マイグレーションの働きと使い方をマスターしましょう。

データベースってなに？

複雑な機能を持ったWebアプリケーションでは、膨大なデータを処理していく必要があります。こうした場合に考えないといけないのが「データをどこに保存するか」です。

普通のビジネスソフトなどなら、データをファイルに保存して、必要になったら読み込んで使えばいいのですが、Webアプリではそうもいきません。単純なテキストファイルなどに保存する場合、そこから必要な情報を探して取り出すのも大変です。またデータの量が膨大になってくると、ファイルを読み込むだけでも相当な時間がかかってしまいます。また、Webでは同時に大勢がアクセスしてきますが、普通のテキストファイルは同時に複数のユーザーが開こうとすると問題を起こしがちです。

Webでは、膨大なデータから瞬時に必要な情報を探して取り出すことができないといけません。普通に「ファイルに保存して、必要なら読み込む」では難しいのです。

では、どうすればいいか。こういう場合に用いられるのが「データベース」なのです。

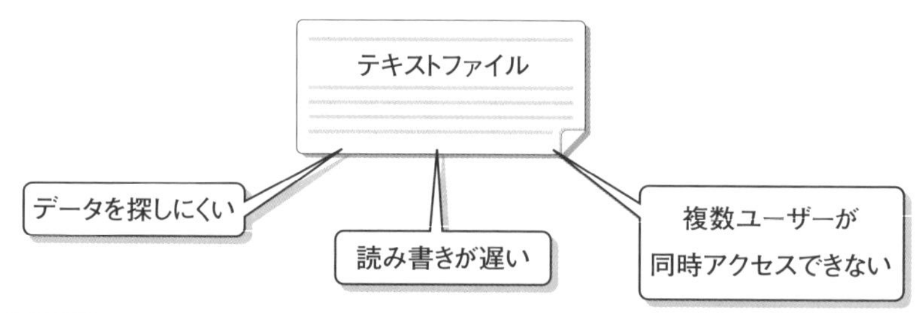

図3-1 テキストファイルなどの一般的なファイルに保存する場合、なにかと問題が多い。

そこで、データベース！

データベースは、その名前の通り、データを保管することに特化したプログラムです。データベースが一般的なファイル保存などより優れている点をまとめるなら、以下のようになるでしょう。

●高速なデータアクセス

データベースの最大の魅力は、スピードです。膨大なデータの中から必要なものを探し出す場合、データベースの速さは圧倒的です。

●高度な検索

データベースには、必要なデータを探し出すための高度な機能が用意されています。多くのデータベースでは、「SQL」というデータアクセスの専用言語を搭載していて、それを使って非常に複雑な検索処理を行えるようになっています。

●膨大なデータを管理

1GB（ギガバイト）のテキストファイルは、ファイルを開くだけでも相当な時間がかかります。が、データベースはGB単位のサイズになっても問題なくデータを管理できます。極端にアクセスが遅くなってしまうこともほとんどありません。

●同時アクセス可能

データベースは、同時に多数がアクセスできるように設計されています。一人が使い終わってファイルを閉じるまで次の人は開けない、なんてこともありません。

こうした特徴から、Webアプリでは、「普通のファイルより使い方はちょっと難しいけど、データの保存はデータベースを使うのが基本」となっているのです。

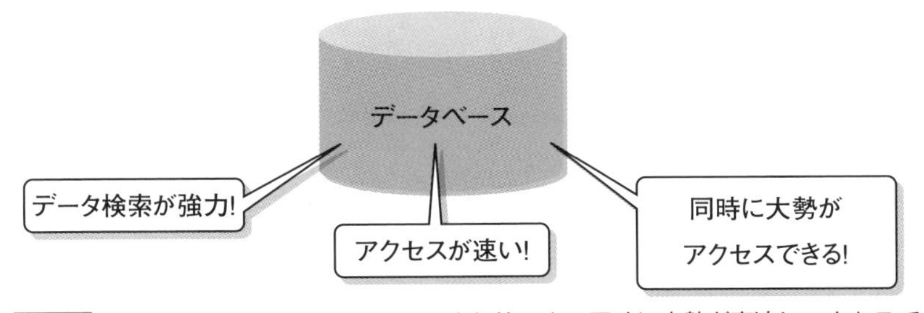

図3-2　データベースは、膨大なデータを保管でき、同時に大勢が高速にアクセスできる。

Djangoで使えるデータベース

データベースは、さまざまなところが開発してリリースしていますが、Djangoではそれらすべてが使えるわけではありません。対応しているデータベースには以下のようなものがあります。

MySQL	オープンソースのデータベースで、おそらく現在、もっとも広く使われているものでしょう。
PostgreSQL	これはLinuxなどで広く使われており、日本でも人気の高いデータベースです。
SQLite	これはデータベースファイルに直接アクセスするタイプのもので、非常に小さいのが特徴です。スマートフォンなども内部で使っています。

これらは共通する特徴があります。それは、「SQLというデータアクセス言語を使っている」という点です。SQLは、多くのデータベースに採用されている言語で、非常に高度なデータベースアクセスが行えます。

サーバーとエンジン

データベースのプログラムには、大きく2つの方式があります。それは「サーバー方式」と「エンジン方式」です。

●サーバー方式

MySQLとPostgreSQLは、「データベースサーバー」と呼ばれるタイプのものです。これはデータベースにアクセスする専用のサーバープログラムを起動し、Webサーバーとデータベースサーバーの間で通信してデータのやり取りを行うタイプです。

●エンジン方式

これに対して、SQLiteは、データベースファイルに直接アクセスするデータベースエンジンというプログラムです。非常に小さいため、スマホなどにも組み込むことができます。

Webの世界では、サーバータイプを使うことが多いでしょう。レンタルサーバーなどでは、Webサーバーとデータベースサーバーが最初から用意してあることが多いものです。

エンジンタイプは、スマホなどで広く使われていましたが、最近ではWebの世界で使われることも多くなってきました。レンタルサーバーなどではなく、プログラムをまるごと実行できるクラウドサービスと呼ばれるものでは、プログラムサイズが小さくて負担にならないエンジンタイプのほうが使いやすい、ということもあるのです。

PythonからSQLiteを使うには？

では、Djangoでデータベースを学ぶためにはどれを使うのがいいのでしょうか？ 実は、これは決まっています。「SQLite」です。PythonではSQLiteを利用するためのパッケージが用意されており、これをインストールすることで、データベースプログラムなどを別途用意しなくとも、すぐにデータベースを使い始めることができます。

更に、Djangoでは標準でSQLiteを利用するためのライブラリが用意されています。このため、Djangoのプロジェクトでは、SQLite用パッケージのインストールなども不要です。何もしなくとも、デフォルトでSQLiteが使える状態になっているのです。

本格的な開発を行う際、最初から「データベースはMySQL」というように仕様が決まっているような場合、あるいは「アップロードするレンタルサーバーがPostgreSQLしか対応してない」というような場合には、それらのデータベースを準備して利用すればいいでしょう。Djangoの学習をするためなら、SQLiteで十分です。

データベースの設定をしよう

では、データベースを利用する準備を整えましょう。DjangoにはSQLiteを利用するためのライブラリが用意されていますが、何もせずにいきなり使えるわけではありません。プロジェクトに用意されているデータベースの設定を確認する必要があります。

データベースの設定は、「settings.py」というファイルに記述されています。プロジェクトのフォルダの中に、プロジェクト名と同じ名前のフォルダがありました。今回のサンプルでいえば、「django_app」というフォルダですね。この中にあるsettings.pyを開いてみてください。

これは以前、helloアプリケーションをプロジェクトに登録するのに編集したことがありました。このファイルの中を見ていくと、DATABASESという変数に値を設定している文が見つかります。これが、データベースの設定です。

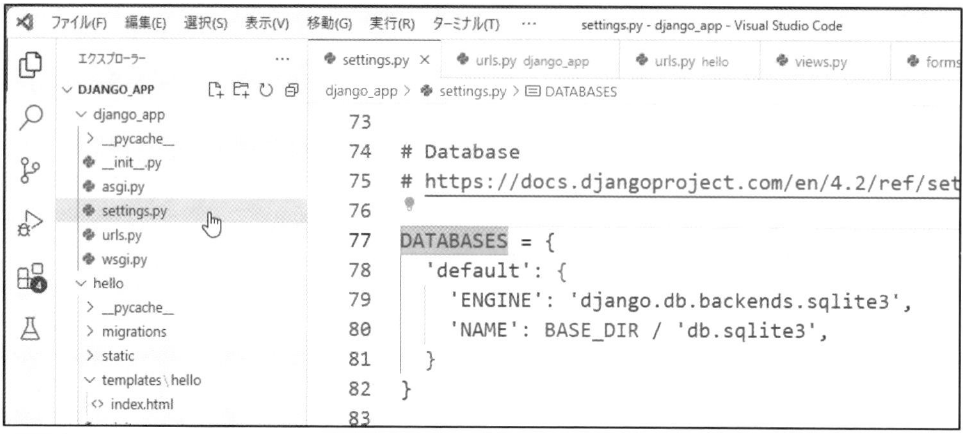

```
73
74  # Database
75  # https://docs.djangoproject.com/en/4.2/ref/set
76
77  DATABASES = {
78    'default': {
79      'ENGINE': 'django.db.backends.sqlite3',
80      'NAME': BASE_DIR / 'db.sqlite3',
81    }
82  }
83
```

図3-3 「django_app」フォルダ内のsettings.pyを開き、DATABASESという値を探す。

DATABASESの内容をチェック！

Djangoでは、データベースの設定は、DATABASESという変数を使って行います。この変数に、設定情報を辞書にまとめたものを代入しておくと、その情報をもとにデータベースアクセスが行われるようになります。

では、デフォルトでどのような値が設定されているのか見てみましょう。

リスト3-1

```
DATABASES = {
  'default': {
    'ENGINE': 'django.db.backends.sqlite3',
    'NAME': BASE_DIR / 'db.sqlite3',
  }
}
```

これが、デフォルトで記述されているデータベース設定です。ここには既にSQLiteを使うための設定が記述されています。

このDATABASESの値は辞書になっているのですが、この辞書の各値も更に辞書になっています。整理すると、DATABASESの値はこうなっているのです。

```
DATABASES = {
  'default' : {……設定……},
  '設定名' : {……設定……),
  ……略……
}
```

DATABASESには、設定の値をいくつでも用意しておくことができます。標準では、'default'という設定が用意されています。これは名前の通り、Djangoでデフォルトで使われる設定です。DATABASESでは、さまざまな名前で設定を作成し、「開発時は○○の設定を使って、本番は××の設定で動かす」というように状況に応じて使用するデータベースを切り替えられるようになっているのです。

必要は設定は2つだけ

SQLiteの場合、用意すべき設定はたった2つです。標準で用意されていますが、こういうものです。

```
'ENGINE'
```

これは、データベースへのアクセスに使われるプログラムです。SQLiteの場合、django.db.backends.sqlite3というクラスを使います。

```
'NAME':
```

これは、利用するデータベースの名前です。SQLiteの場合、データベースファイルのパスを設定します。標準ではこんなものが用意されていますね。

```
BASE_DIR / 'db.sqlite3'
```

BASE_DIRというのは、このプロジェクトのフォルダのパスが設定された変数です。この文は、「プロジェクトのフォルダ内にあるdb.sqlite3のパス」を表すものなのです。通常は、このデフォルトのデータベースファイルをそのまま使えばいいでしょう。

他のデータベースを使う場合は？

SQLiteは、このようにデフォルトで用意された設定でそのまま使うことができます。では、その他のデータベースの場合はどうでしょうか。

本書ではSQLiteしか使いませんが、「自分はMySQLを使いたい」とか「PostgreSQLを使わないといけない」という人もいるでしょう。そうした人のために、これらのデータベースの設定について整理しておきましょう。

MySQLの場合

MySQLは、サーバータイプのデータベースです。従って、データベースサーバーにアクセスするための情報を用意する必要があります。その書き方を整理しておきましょう。

リスト3-2

```
DATABASES = {
    'default': {
        'ENGINE': 'django.db.backends.mysql',
        'NAME': データベース名,
        'USER': 利用者名,
        'PASSWORD': パスワード,
        'HOST': ホスト名,
        'PORT': '3306',
    }
}
```

エンジンプログラムは、django.db.backends.mysqlというクラスを使います。HOSTには、データベースサーバーが動いているホストコンピュータのアドレスとポート番号(通常は3306固定)を用意します。また、データベースサーバーにアクセスする際に使用する利用者名とパスワードも用意します。

PostgreSQLの場合

PostgreSQLの設定も、実をいえば基本的な内容はMySQLとほとんど同じです。これも基本的な設定内容を以下に整理しておきましょう。

リスト3-3

```
DATABASES = {
    'default': {
        'ENGINE': 'django.db.backends.postgresql',
        'NAME': データベース名,
        'USER': 利用者名,
        'PASSWORD': パスワード,
        'HOST': ホスト名,
        'PORT': '5432',
    }
}
```

用意されている項目は、MySQLと同じものですね。使用するエンジンプログラム('ENGINE'の値)とポート番号('PORT'、5432が基本)が変更されるぐらいです。あとは、使う環境にあわせて値を用意していけばいいでしょう。

データベースの構造

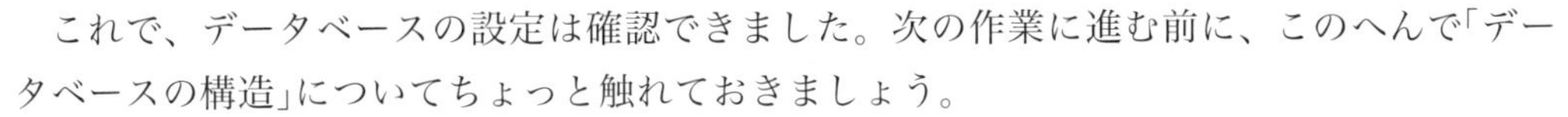

これで、データベースの設定は確認できました。次の作業に進む前に、このへんで「データベースの構造」についてちょっと触れておきましょう。

データベースは、データを適当に保管してあるわけではありません。データベースは、きっちりと決まった構造に従ってデータが保管されるんです。この基本的な構造が頭に入ってないとデータベースは使えません。

データベースは、「データベース」「テーブル」「レコード」といったもので構成されています。それぞれどういうものか簡単に説明しましょう。

●データベース

これがデータベースの土台となるものです。SQLiteのような直接ファイルにアクセスするタイプは、データベースのファイルがこれに当たります。またサーバータイプのものは、それぞれのアプリケーションごとに、サーバーにデータベースを用意します。

ただし、このデータベースの中には、データは保存できません。データベースは、次の「テーブル」というものをまとめておくための入れ物です。

●テーブル

データベースの中に用意するものです。このテーブルは、保存するデータの構造を定義するものです。

データベースは、1つの値しか保管しないわけではありません。例えば、名前・メールアドレス・年齢・電話番号・住所……といった項目をひとまとめにして保存する、というようなやり方をします。この「保存する項目の内容」を定義するのがテーブルです。例えば「テキストの値の名前とメールアドレス、整数の値の年齢、……」といった具合に、どういう値を保管するのかを詳しく指定してあるのです。

作成されたテーブルには、定義した内容に従った形式でデータが保管されていきます。このテーブルが、実際にデータを保管する入れ物といってよいでしょう。

●レコード

テーブルの中に保管されるデータのことです。レコードは、テーブルの定義に従って、保管する値を一式揃えたものです。例えば、「名前・メールアドレス・年齢・電話番号・住所」といった項目のテーブルがあったら、そこに保存するレコードも、これら5つの値を揃えたものでないといけません(ただし、テーブルで「年齢や住所は空でいいよ」というように設定してあれば、それらの値はなくてもOKです)。

これが、データベースの構造です。データベースの中に必要なテーブルが揃っており、それぞれのテーブルの中にレコードが保管されている――そういう構造になっているのです。

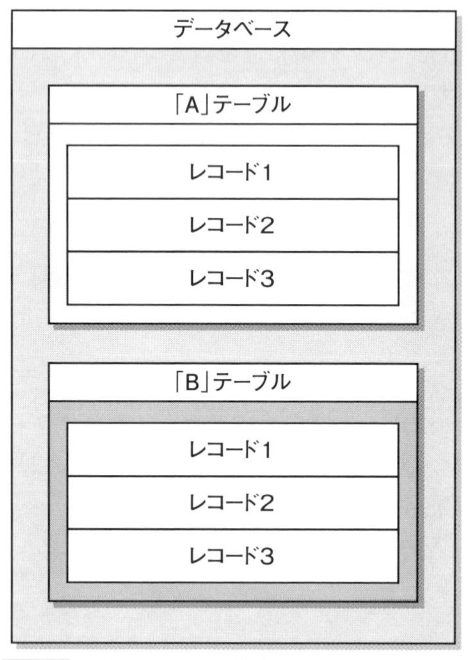

図3-4 データベースの構造。データベースの中にテーブルがあり、テーブルの中にレコードが保管される。

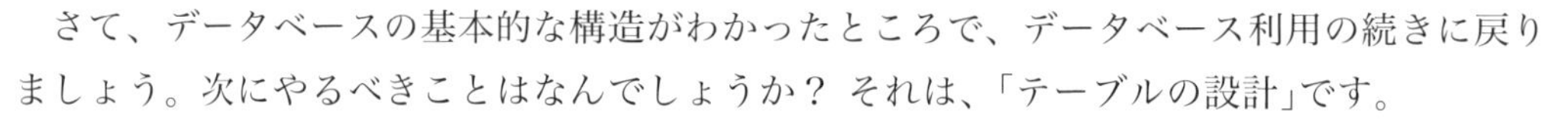

テーブルを設計しよう

さて、データベースの基本的な構造がわかったところで、データベース利用の続きに戻りましょう。次にやるべきことはなんでしょうか？ それは、「テーブルの設計」です。

データベースを利用するには、テーブルを用意しないといけません。テーブルを用意するためには、「このアプリではどういうデータが必要か」を考え、それをもとにテーブルを設計します。

友だちテーブルを設計する

ここでは例として、友だちの情報を管理するテーブルを考えてみましょう。用意する項目はざっと以下のようになります。

名前	名前を保管します。テキストの値です。
メールアドレス	メールアドレスを保管します。テキストの値です。
性別	性別を表す真偽値です。ここでは「Trueなら男、Falseなら女」といった具合にON/OFF状態を使って設定することにします。
年齢	年齢です。整数値です。
誕生日	誕生日の年月日です。これは日付の値です。

見ればわかるように、「何の値か」だけでなく、「どういう種類の値か(テキストか数字か、など)」も考えておかないといけません。また、あとから「やっぱりこれも入れておけばよかった」となっても、既にたくさんレコードが保存された状態では修正するのは大変です。最初にきっちりと必要な項目を揃えて設計しておきましょう。

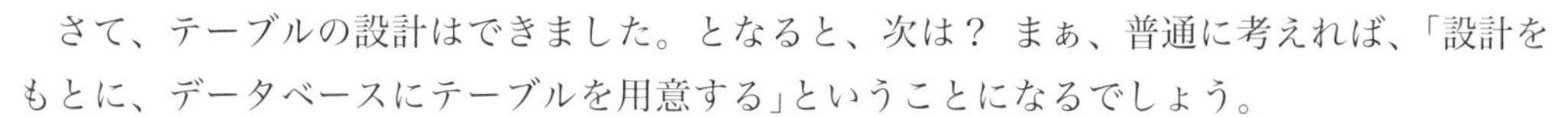

モデルを作成しよう

さて、テーブルの設計はできました。となると、次は？ まぁ、普通に考えれば、「設計をもとに、データベースにテーブルを用意する」ということになるでしょう。

が、Djangoは違います。実は、Djangoでは、データベースにテーブルを作っておく必要がないんです。どういうことかというと、プロジェクトにデータベース関係のスクリプトを書いておけば、それをもとにデータベースにテーブルを自動生成してくれるのです。

ですから、次にやることは、「Djangoのプロジェクトに、データベースのためのスクリプトを書いておく」という作業です。

モデル=テーブル定義？

テーブルの内容は、「モデル」として用意します。MVCのMですね。このモデルは、利用するテーブルごとに作成されます。テーブルにどんな値を保管するか、どんな項目があるか、といったことをモデルとして定義しておくのです。

つまり、「モデル=テーブルの定義」と考えればいいでしょう。更には、そのテーブルのレコードは、Djangoでは対応するモデルのインスタンスとして扱われます。つまり「モデルのインスタンス=テーブルのレコード」というわけですね。

このモデルは、プロジェクトの各アプリケーションごとに「models.py」という名前のファイルとして用意されています。

「hello」フォルダの中にあるmodels.pyを開いてみましょう。するとそこには以下のようなものが書かれています。

Chapter 1
Chapter 2
Chapter 3
Chapter 4
Chapter 5

リスト3-4

```
from django.db import models

# Create your models here.
```

見ればわかるように、from django.db import modelsというimport文があるだけです。このdjango.dbというモジュールにあるmodelsというパッケージに、モデル関連のクラスなどがまとめてあります。

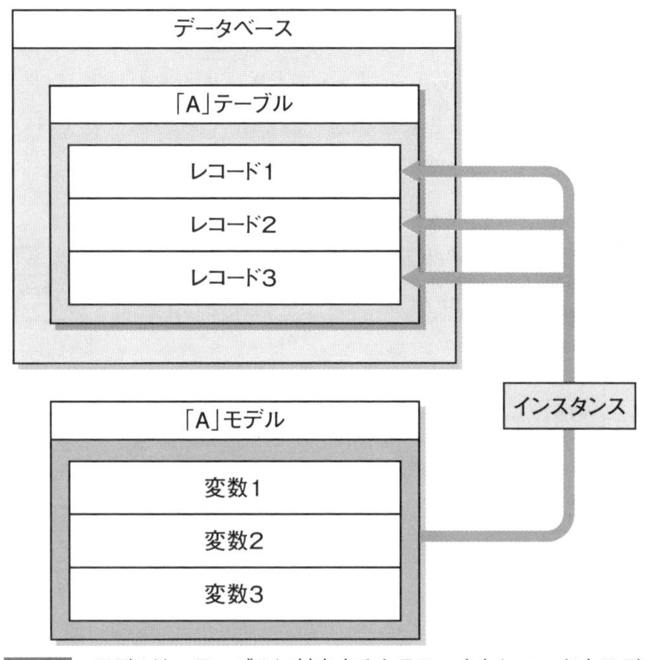

図3-5 モデルは、テーブルに対応するクラス。またレコードもモデルのインスタンスとして扱われる。

Friendモデルクラスの作成

では、モデルクラスを作りましょう。models.pyのスクリプトを以下のように書き換えてください。

リスト3-5

```
from django.db import models

class Friend(models.Model):
   name = models.CharField(max_length=100)
```

```
    mail = models.EmailField(max_length=200)
    gender = models.BooleanField()
    age = models.IntegerField(default=0)
    birthday = models.DateField()

    def __str__(self):
        return '<Friend:id=' + str(self.id) + ', ' + \
            self.name + '(' + str(self.age) + ')>'
```

モデルは、初めて作るクラスです。けれど、どことなく見たことある感じがしませんか？そう、「フォーム」です。前の章でFormクラスを作りましたが、モデルはあれとそっくりなのです。フォームでは、forms.CharFieldといったものを使いましたが、モデルではmodels.CharFieldというように変わっています。が、基本的な書き方はほぼ同じです。

mailは、EmailFieldを指定しています。genderはBooleanField、ageはIntegerField、birthdayはDateFieldです。今回は、なるべくさまざまなタイプの値を使うようにしてみました。

モデルクラスの書き方

モデルクラスは、django.db.modelsにある「Model」クラスを継承して作成をします。基本的な書き方はこんな感じになります。

```
class モデル名(models.Model):
    変数 = フィールドのインスタンス
    ……必要なだけ変数を用意……
```

クラスの中には、保管する値に関する変数を用意しておきます。これは、フォームのクラスと同じように、フィールドクラスのインスタンスを作って設定します。ただし、フィールドと違い、こちらはdjango.db.modelsというところにあるクラスです。テキストの値を保管するフィールドはCharFieldですが、フィールドのforms.CharFieldクラスではなく、models.CharFieldクラスになります。同じ名前ですが、別のクラスなのです。

__str__って、なに？

作成したFriendクラスをよく見ると、その他に「__str__」っていうメソッドも用意されています。これってなんでしょう？

この__str__は、「テキストの値」を返すためのものです。Djangoでは、例えばテンプレートなどで{{}}を使って値を表示できますね。これは、その値をテキストの値に変換したものを書き出しているんです。

Friendクラスのインスタンスを{{}}で表示させると、この__str__でreturnされたテキストが表示されます。この__str__を用意することで、テキストとして表示したときの内容をカスタマイズできる、というわけです。

マイグレーションしよう

これで、モデルまで用意できました。次に行うのは？ それは、「マイグレーション」と呼ばれる作業です。

マイグレーションというのは、データベースの移行を行うための機能です。あるデータベースから別のデータベースに移行するとき、必要なテーブルを作成したりしてスムーズに移行できるようにするのがマイグレーションです。

このマイグレーションは、他のデータベースへの移行だけでなく、プロジェクトでデータベースをアップデートするのにも使われます。例えば今回のように、「データベースに何もない状態から、モデルをもとに必要なテーブルを作成する」という作業にも利用できるのです。

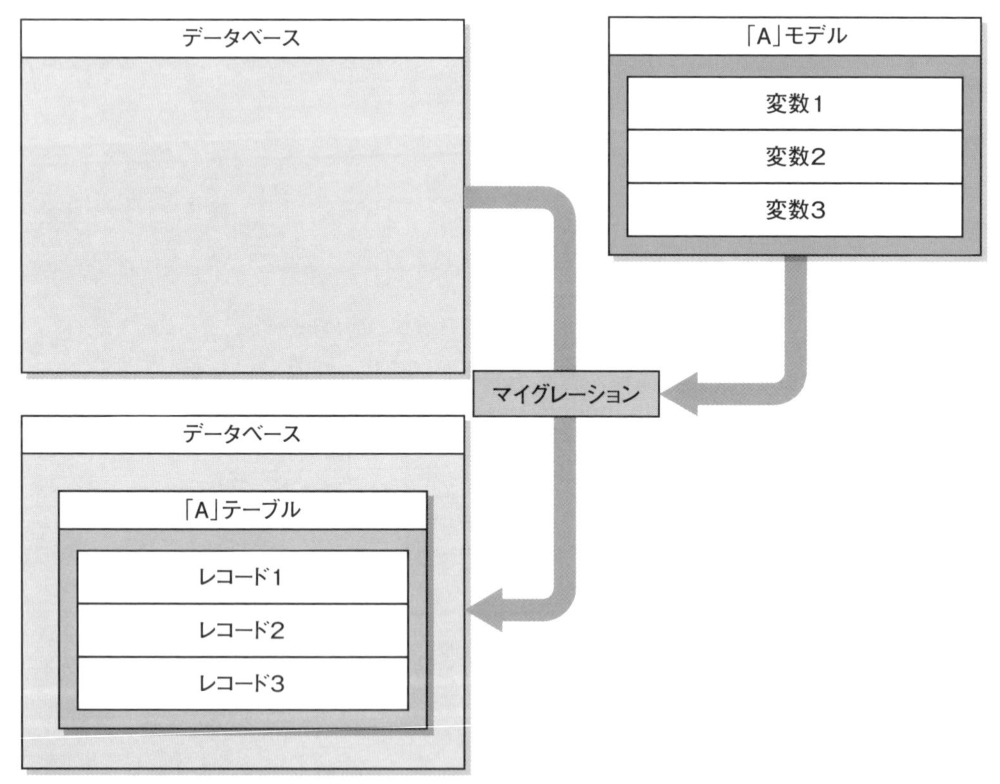

図3-6 マイグレーションは、モデルなどの情報をもとにテーブルを更新し最新の状態にするための機能。

ターミナルの準備

では、実際にマイグレーション作業を行いましょう。マイグレーションは、2つの作業からなります。1つは「マイグレーションファイルの作成」、もう1つは「マイグレーションの適用」です。

まずは、マイグレーションファイルの作成を行いましょう。これは、コマンドで実行します。コマンドプロンプトなどを使ってもいいですし、VS Codeで「ターミナル」メニューから「新しいターミナル」メニューを選んでターミナルを開いてもいいでしょう。VS Codeで複数のターミナルを開いた場合は、ターミナル上部の中央付近にあるプルダウンメニューで開いたターミナルを切り替えできます。

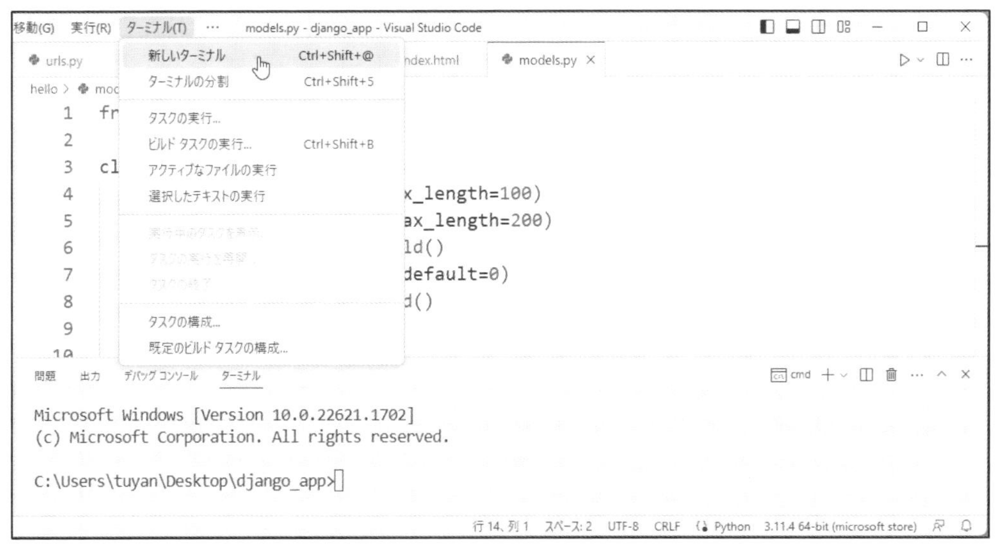

図3-7 VS Codeでターミナルを開く。

ターミナルでは「Command Prompt」を使おう Column

Windowsの場合、ターミナルで使われるシェル(コマンドとシステムをやり取りするプログラム)が複数用意されているので注意が必要です。デフォルトではPower Shellというシェルが使われていますが、これはプログラムによってはうまく実行できないようなこともあります。「コマンドプロンプト」というシェルを使用したほうがいいでしょう。これはターミナルの上部右側にある「+」アイコンの右にある「v」をクリックし、プルダウンして現れるメニューから「Command Prompt」を選ぶと使えるようになります。

マイグレーションファイルを作る

ターミナルのウィンドウを開いたら、コマンドを実行しましょう。マイグレーションは、以下のようなコマンドで実行します。

```
python manage.py makemigrations 名前
```

最後の「名前」は、マイグレーションを実行するアプリケーション名を指定します。ここでは、「hello」アプリケーションのmodels.pyにモデルなどを記述しましたから、helloに対してマイグレーションファイルの作成を実行してやればいいでしょう。

```
python manage.py makemigrations hello
```

これを実行すると、作成したモデルの情報などをもとに、マイグレーションファイルを作成します。エラーなく終了すれば、問題なくファイルが作成できています。

問題　出力　デバッグ コンソール　ターミナル　cmd

```
Microsoft Windows [Version 10.0.22621.1702]
(c) Microsoft Corporation. All rights reserved.

C:\Users\tuyan\Desktop\django_app>python manage.py makemigrations hello
Migrations for 'hello':
  hello\migrations\0001_initial.py
    - Create model Friend

C:\Users\tuyan\Desktop\django_app>
```

行 14、列 1　スペース: 2　UTF-8　CRLF　{} Python　3.11.4 64-bit (microsoft store)

図3-8　makemigrationsでマイグレーションファイルを作成する。

マイグレーションを実行する

続いて、マイグレーションを実行しましょう。これは、作成したマイグレーションファイルを適用してデータベースを更新する処理です。これは以下のようにコマンドを実行します。

```
python manage.py migrate
```

パラメータなどはありません。ただ、これを実行するだけです。では、実際にターミナルから入力して実行してみてください。マイグレーションの実行内容が次々と出力されていきます。

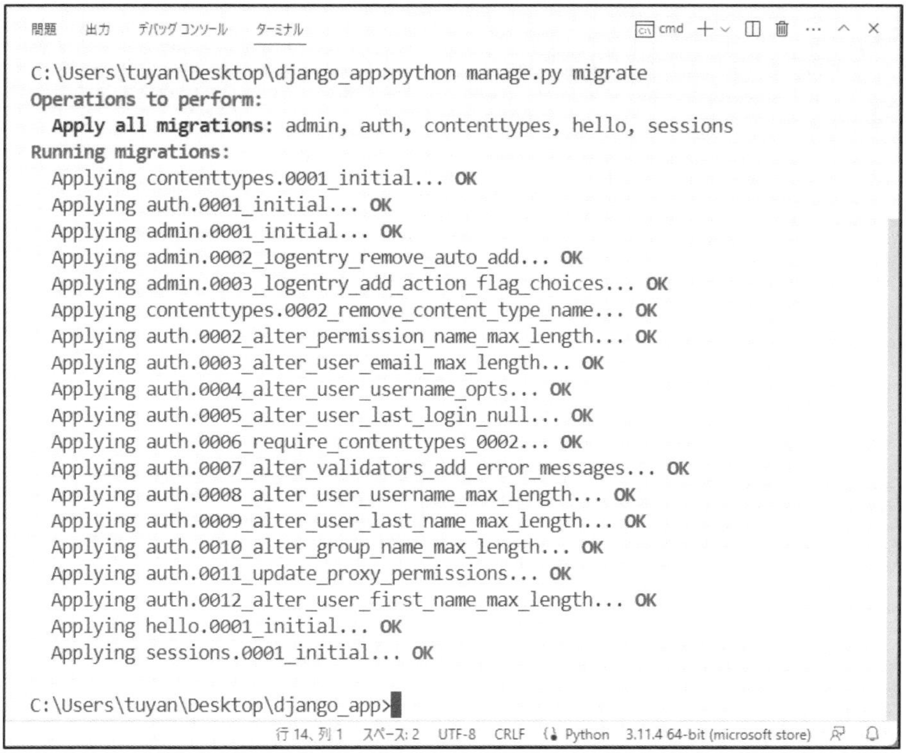

```
問題　出力　デバッグ コンソール　ターミナル　　　cmd ＋ ∨ ◫ 🗑 … ∧ ×

C:\Users\tuyan\Desktop\django_app>python manage.py migrate
Operations to perform:
  Apply all migrations: admin, auth, contenttypes, hello, sessions
Running migrations:
  Applying contenttypes.0001_initial... OK
  Applying auth.0001_initial... OK
  Applying admin.0001_initial... OK
  Applying admin.0002_logentry_remove_auto_add... OK
  Applying admin.0003_logentry_add_action_flag_choices... OK
  Applying contenttypes.0002_remove_content_type_name... OK
  Applying auth.0002_alter_permission_name_max_length... OK
  Applying auth.0003_alter_user_email_max_length... OK
  Applying auth.0004_alter_user_username_opts... OK
  Applying auth.0005_alter_user_last_login_null... OK
  Applying auth.0006_require_contenttypes_0002... OK
  Applying auth.0007_alter_validators_add_error_messages... OK
  Applying auth.0008_alter_user_username_max_length... OK
  Applying auth.0009_alter_user_last_name_max_length... OK
  Applying auth.0010_alter_group_name_max_length... OK
  Applying auth.0011_update_proxy_permissions... OK
  Applying auth.0012_alter_user_first_name_max_length... OK
  Applying hello.0001_initial... OK
  Applying sessions.0001_initial... OK

C:\Users\tuyan\Desktop\django_app>

行 14、列 1　スペース: 2　UTF-8　CRLF　{} Python　3.11.4 64-bit (microsoft store)
```

図3-9　migrateでマイグレーションを実行する。実行時に出力される表示はマイグレーションの実行内容によって違ってくる。

マイグレーションファイルの中身って？

これでマイグレーションは行えました。まだデータベースの中身がどうなっているか見ていませんが、エラーが出なければ、ちゃんと更新されてデータベースファイルの中にテーブルが追加されているはずです。

では、このマイグレーションってどういうことをしているのでしょうか。ちょっとだけ、作成したマイグレーションファイルの中身を覗いてみましょう。

マイグレーションファイルは、アプリケーション内の「migrations」というフォルダに作成されます。「hello」フォルダ内にある「migrations」フォルダの中を見ると、「0001_initial.py」というファイルが作成されているでしょう。これが、マイグレーションファイルです。

このファイルを開くと、以下のようなスクリプトが書かれているのがわかります。

リスト3-6

```
from django.db import migrations, models
```

```
class Migration(migrations.Migration):

    initial = True

    dependencies = [
    ]

    operations = [
        migrations.CreateModel(
            name='Friend',
            fields=[
                ('id', models.BigAutoField(auto_created=True,
                    primary_key=True, serialize=False,
                        verbose_name='ID')),
                ('name', models.CharField(max_length=100)),
                ('mail', models.EmailField(max_length=200)),
                ('gender', models.BooleanField()),
                ('age', models.IntegerField(default=0)),
                ('birthday', models.DateField()),
            ],
        ),
    ]
```

Migrationというクラスが用意されていますね。これは、django.db.migrationsというところにあるクラスで、マイグレーションはこのクラスを継承して作られています。

この中にあるのが「operations」という変数です。これが、実行する処理の内容をまとめたものです。ここでは、「migrations.CreateModel」というクラスのインスタンスが用意されていますね。これは、モデルを作成する(モデルをもとにテーブルを作る)ためのクラスです。ここで記述されている情報をもとに、Friendモデルのテーブルが作られていた、というわけです。

ざっと説明をしましたが、これらは、別に覚える必要はありません。「こんな具合にマイグレーションは実行されている」ということがわかれば、今は十分です。マイグレーションといっても、なにか特別なことをしているわけではなく、自動的にスクリプトを作って実行していたのだ、ということがわかればいいでしょう。

Section 3-2 管理ツールを使おう

ポイント
- ▶ 管理ユーザーを作成しましょう。
- ▶ 管理ツールでユーザーを登録しましょう。
- ▶ ユーザーに用意される設定の役割を理解しましょう。

管理ユーザーを作成しよう

モデルも作成し、マイグレーションでテーブルも用意できました。これでいつでもデータベースを使ったプログラムを書いて動かせます。

ただ、まだ今の段階ではテーブルには何もレコードは入っていません。できれば、ダミーのデータをいくつか用意しておきたいところでしょう。それに、そもそも「本当にデータベースにテーブルが用意できているのか」をちゃんとこの目で見て確認しておきたいですね。

実は、Djangoにはデータベースの管理ツールが用意されていて、それを使ってWeb上でテーブルなどの編集が行えるようになっているのです。これは、非常に便利なものなので、ぜひ使い方を覚えておきましょう。

管理者の作成

この管理ツールを利用するためには、まず管理者を登録しておく必要があります。これはターミナルからコマンドで行えます。

```
python manage.py createsuperuser
```

このようにターミナルから実行してください。次々と管理者情報を尋ねてくるので、順に入力していきます。

Username:	管理者名を入力します。ここでは「admin」としておきました。
Email address:	メールアドレスを入力します。
Password:	パスワードを入力します。これは8文字以上にします。
Password(Again):	パスワードをもう一度入力します。

これらを入力すると、管理者が作成されます。これは管理ツールへのログイン時に必要となるので、入力内容を忘れないようにしましょう。

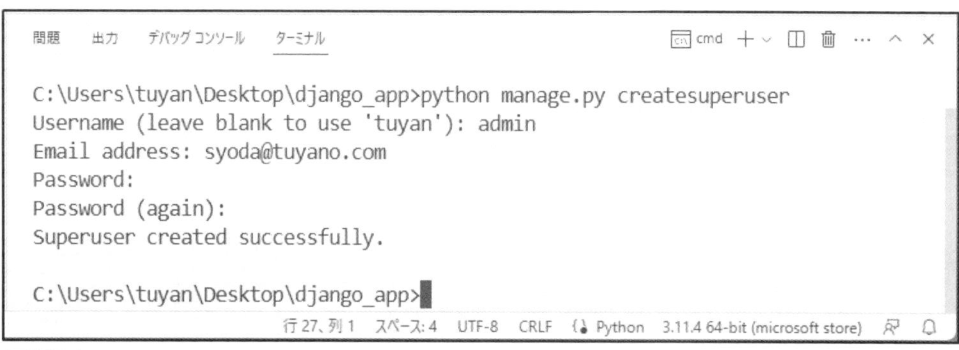

図3-10 createsuperuserコマンドで管理者を作成する。

Friendを登録しよう

次に行うのは、Friendモデルを管理ツールで利用できるように登録する作業です。管理ツールは、すべてのモデルを編集できるわけではありません。あらかじめ「このモデルは管理ツールで利用できる」というように登録されたものだけがツールで編集できるのです。

これは、アプリケーションの「admin.py」というファイルで行います。「hello」フォルダ内にあるadmin.pyを開いてください。ここには、以下のように書かれています。

リスト3-7
```
from django.contrib import admin

# Register your models here.
```

django.contribのadminというものをimportしていますね。このadminを使って、モデルの登録を行うようになっているのです。

では、以下のようにadmin.pyを書き換えてください。

リスト3-8
```
from django.contrib import admin
from .models import Friend

admin.site.register(Friend)
```

admin.site.registerというのが、登録するメソッドです。これに、登録するモデルクラスを指定すれば、そのクラスが管理ツールで編集できるようになります。

図3-11 admin.pyを開いてスクリプトを編集する。

管理ツールにログインする

では、管理ツールを使ってみましょう。管理ツールは、DjangoのWebアプリとして用意されています。ですから利用するには、まずサーバーでDjangoプロジェクトを実行する必要があります。

ターミナルから「python manage.py runserver」を実行してプロジェクトを起動しましょう。そして、Webブラウザから以下のアドレスにアクセスをしてください。

```
http://localhost:8000/admin
```

これが、管理ツールのアドレスです。アクセスすると、ログインページにリダイレクトされます。ここで、先ほど管理者登録したユーザーの名前とパスワードを入力してください。そして「LOG IN」ボタンをクリックすれば、管理ツールにログインできます。

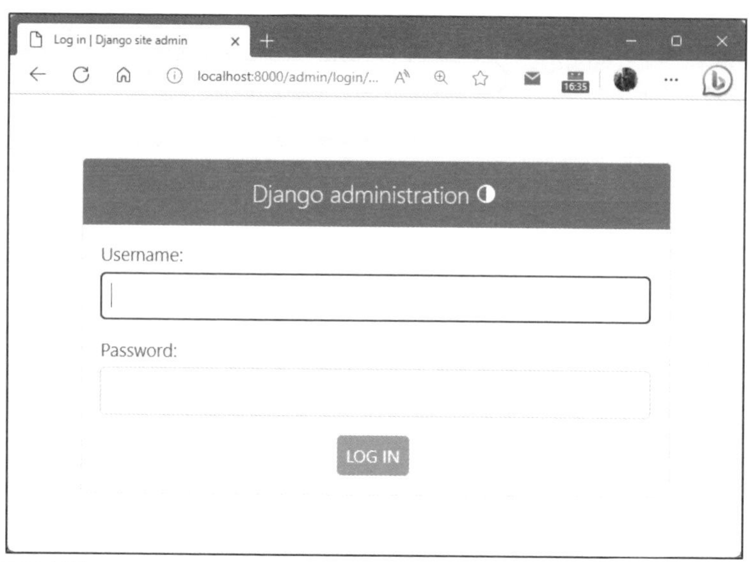

図3-12 管理者名とパスワードを入力してログインする。

管理ツール画面について

ログインすると、管理画面が現れます。ここでは、利用可能なモデル(テーブル)が表示されています。簡単に表示の内容を説明しておきましょう。

●上部のリスト

「AUTHENTICATION AND AUTHORIZATION」と表示されているリストです。これは、管理ツールであるadminアプリケーションが使用しているモデルです。「Groups」と「Users」というモデルが用意されています。

●下部のリスト

「HELLO」と表示されているところが、helloアプリケーションに用意されているモデルです。「Friends」だけが表示されていますね。これが、先ほどマイグレーションで作ったFriendモデルのテーブルです。

●右側のリンク

「Recent Actions」というところには、最近移動したページへのリンクが表示されます。「前に操作したページに戻りたい」といったときに素早く移動できます。まだ現時点では、何も操作してないので、None availableと表示されているでしょう。

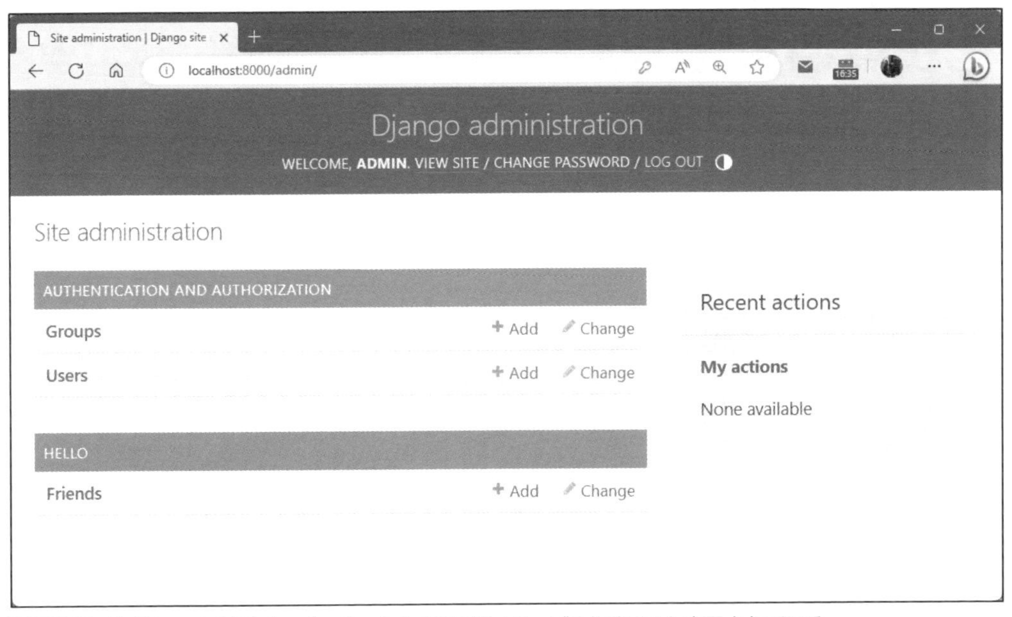

図3-13　管理ツールの画面。プロジェクトのモデル(テーブル)がリスト表示されている。

「Friend」なの？「Friends」なの？　Column

管理ツールを見ると、helloアプリケーションのところには「Friends」と表示されていますね。でも、作成したモデルは、たしか「Friend」だったはず。Friendなのか、Friendsなのか、どっちだ？ と思った人も多いでしょう。

実は、どっちも使うのです。Djangoでは、モデルは単数形ですが、管理ツールのテーブル名は複数形になっています。データベースは多数のデータを扱いますから、「Friendのデータがたくさん保管されているから、Friends」ということなんでしょう。

「個々のレコード(保管されているデータ)は単数形、レコード全部をまとめて扱う(テーブルなど)場合は複数形」なので、例えばレコードの一覧を表示するページではFriendsと表示してありますし、レコードを作成するページではFriendとなっています。「1つのレコードを扱うのか、たくさんのレコードを扱うのか」を考えるとよいでしょう。

Friendsテーブルを見てみる

では、HELLOのところにある「Friends」の項目をクリックしてみましょう。これで、Friendsテーブルの編集ページに移動します。

といっても、まだ現時点ではまったくレコードはないので、何も内容は表示されていません。が、本来ならここでレコードの一覧が表示されることになります。

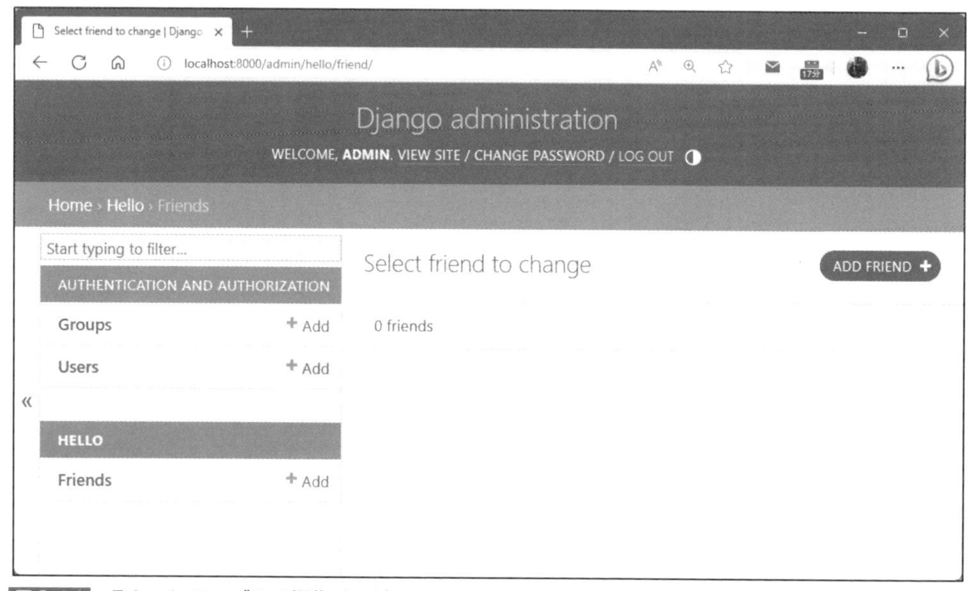

図3-14 Friendsテーブルの編集ページ。

レコードを作成する

では、右側にある「ADD FRIEND」というボタンをクリックしてみましょう。すると、レコードの作成ページに移動します。

ここには、Friendの各項目の入力フィールドが表示されます。見ればわかりますが、BooleanFieldを指定したGenderはチェックボックスになっていますし、DateFieldを指定したBirthdayは日付を入力するためのカレンダーアイコンが用意されます。これらを使って、簡単に値を入力できるようにしてあるのですね。

では、実際になにか値を入力してみましょう。そして、右下にある「SAVE」ボタンを押すと、正しく値が入力できていればレコードがテーブルに保存されます。

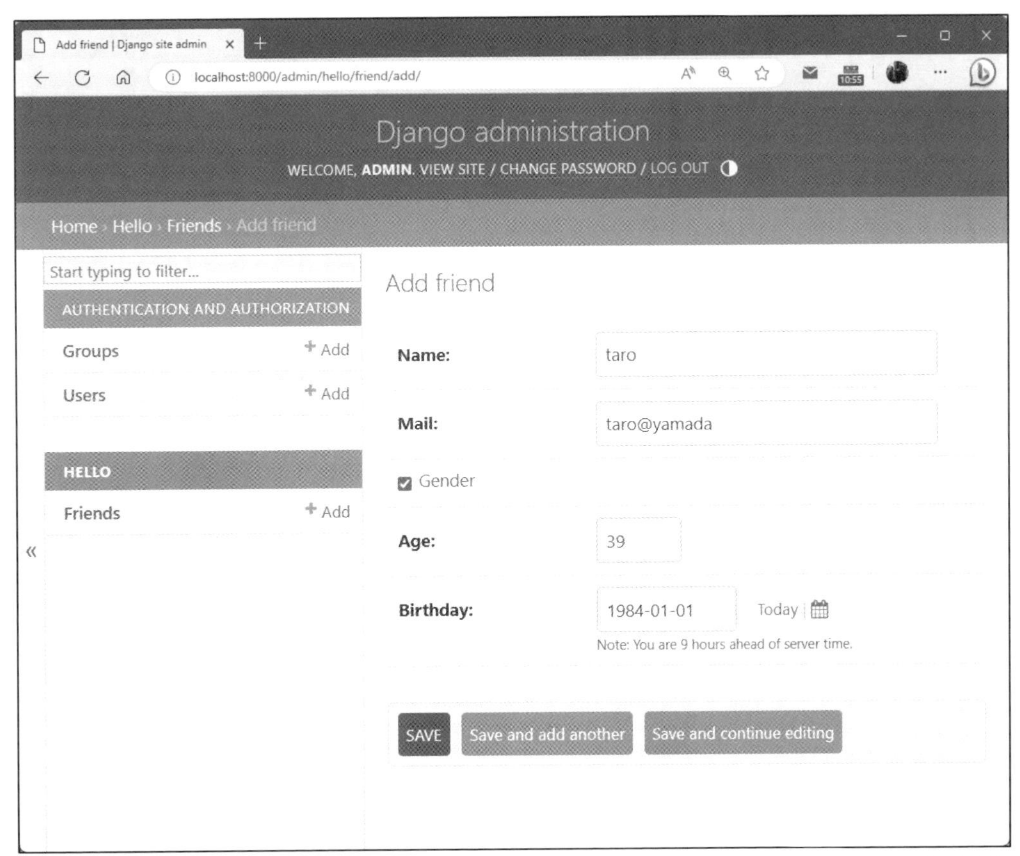

図3-15　Friendの作成ページ。項目を記入し、「SAVE」ボタンを押す。なおメールアドレスは正しい形式で書かないとエラーになるので注意。

Chapter 1
Chapter 2
Chapter 3
Chapter 4
Chapter 5

レコードが追加された！

保存すると、Friendsテーブルのレコード一覧のページに戻ります。やり方がわかったら、実際にいくつかレコードを作成してみましょう。

いくつかレコードを追加すると、レコードのリスト部分に、<Friend:id=1, taro(37)>というような形でレコードの内容が表示されます。これは、Friendクラスに__str__メソッドで用意した表示の形式です。Friendインスタンスをテキストとして出力すると、このように__str__の値として表示されるのです。

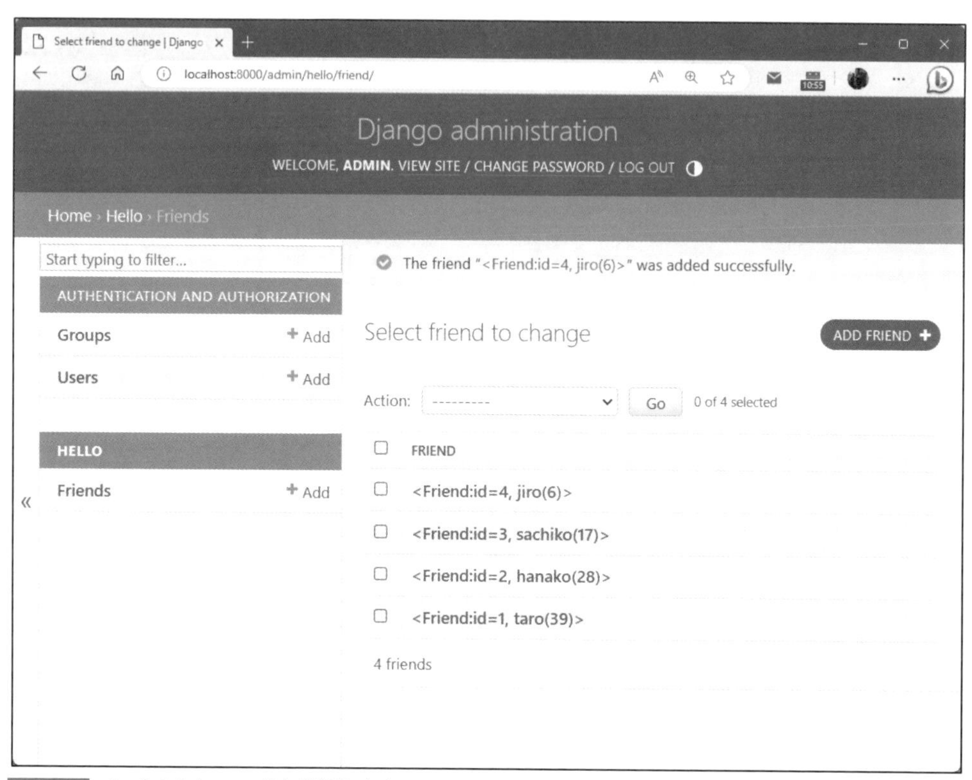

図3-16 いくつかレコードを登録したところ。レコードとして表示される値は、__str__で出力したものになっている。

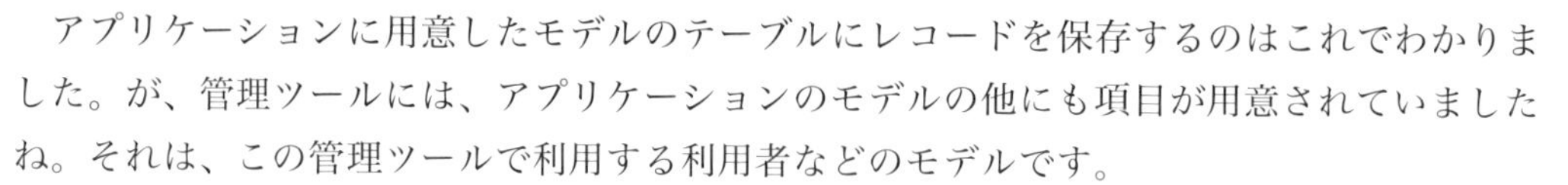

利用者の管理ページ

アプリケーションに用意したモデルのテーブルにレコードを保存するのはこれでわかりました。が、管理ツールには、アプリケーションのモデルの他にも項目が用意されていましたね。それは、この管理ツールで利用する利用者などのモデルです。

管理ツールのトップページに戻りましょう(タイトルの下にある、Home >> Hello >> Friendsというリンクから、Homeをクリックすると戻ります)。そして、「Users」のリンクをクリックしてみてください。これで、Userの管理ページに移動します。

あるいは、ページの左側に「AUTHENTICATION AND AUTHORIZATION」という表示がある場合は、そこにある「Users」をクリックしてもUserページに移動できます。

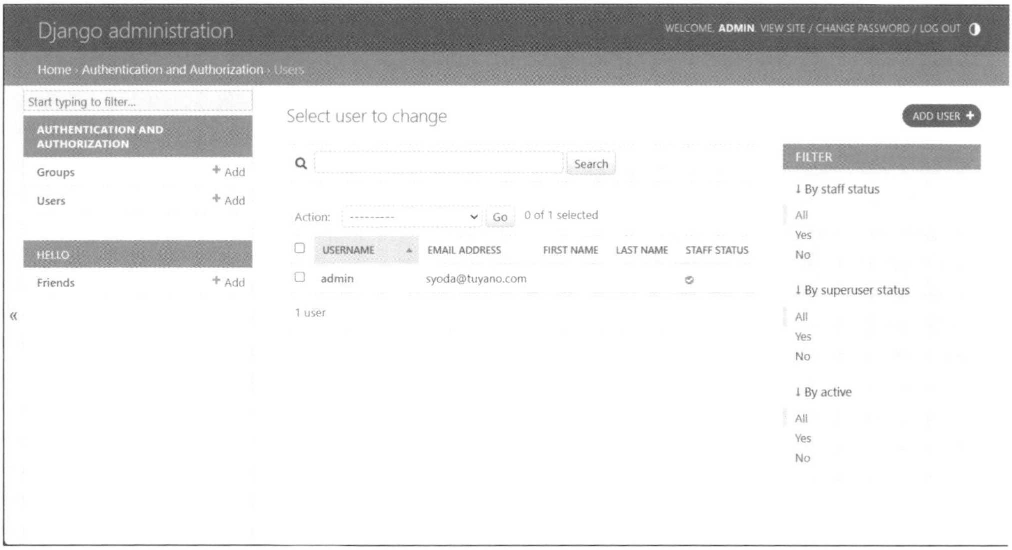

図3-17 Usersテーブルの管理ページ。

Usersページの機能

このUsersのページ、先ほどのFriendsのページとはちょっと表示が違っていますね。レコードの一覧リストの他にもいろいろと表示がされています。簡単に説明しましょう。

●検索フィールド

上部にある入力フィールドは、レコードを検索するためのものです。ここで利用者名を書いて「Search」ボタンを押すと、その名前の利用者レコードを検索し下に表示します。

●Action

これは、実はFriendsでも(レコードを登録すれば)表示されます。レコードのリストの上にあるプルダウンメニューは、選択したレコードを操作するためのものです。標準では、選択したレコードを削除するためのメニュー項目だけが用意されています。

●Filter

ウィンドウの右側には、フィルター機能のリンクがまとめてあります。フィルターというのは、特定の条件に合うものだけ絞り込んで表示する機能のことです。ここにあるリンクをクリックすることで、管理者(superuser)だけを表示したり、スタッフ(staff)だけを表示したりできます。

利用者を追加してみる

では、「ADD USER」ボタンをクリックして、利用者を追加してみましょう。
ボタンをクリックすると、利用者登録のページに移動します。ここで適当に項目を記入します。

Username	利用者の名前です。
Password	パスワードです。8文字以上にしましょう。
Password Confirmation	パスワードの確認用です。Passwordと同じものをもう一度記入します。
Password(Again):	パスワードをもう一度入力します。

これらを記入して「SAVE」ボタンをクリックします。

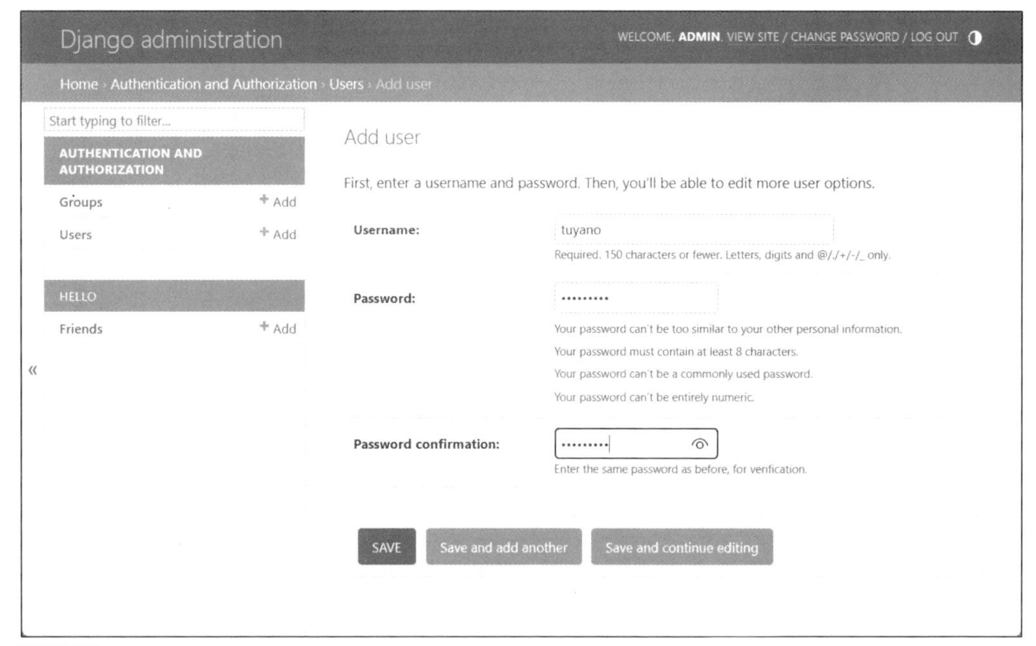

図3-18 利用者の登録ページ。

追加の設定を行う

「SAVE」ボタンを押すと、追加の設定を行うページに移動します。ここには、さまざまな項目が用意されています。このページは、実は利用者の作成だけでなく、既にある利用者の設定を変更する際にも表示されます。

まぁ、これらは今ここで覚える必要はありませんが、どういうものが用意されているのかざっと紹介だけしておきましょう。

●Change user

登録されている利用者名とパスワードが表示されています。パスワードは変更できませんが、利用者名は変更できます。

●Personal info

利用者の個人情報を入力します。氏名、メールアドレスなどの項目があります。

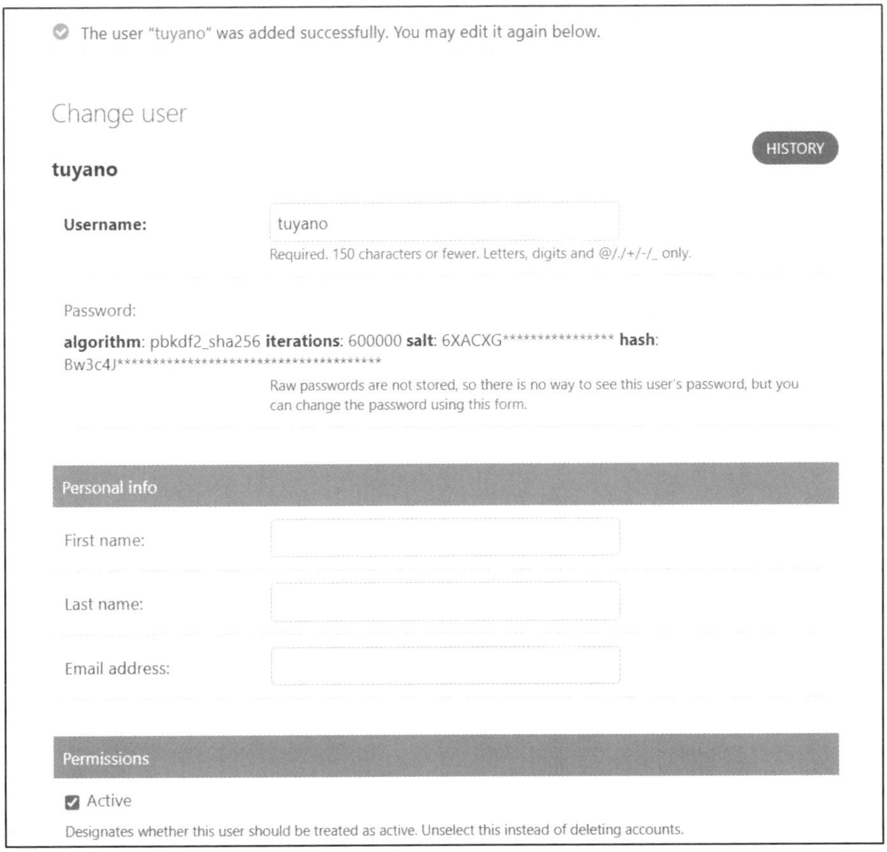

The user "tuyano" was added successfully. You may edit it again below.

Change user

HISTORY

tuyano

Username: tuyano

Required. 150 characters or fewer. Letters, digits and @/./+/-/_ only.

Password:

algorithm: pbkdf2_sha256 **iterations**: 600000 **salt**: 6XACXG**************** **hash**: Bw3c4J***************************************

Raw passwords are not stored, so there is no way to see this user's password, but you can change the password using this form.

Personal info

First name:

Last name:

Email address:

Permissions

☑ Active

Designates whether this user should be treated as active. Unselect this instead of deleting accounts.

図3-19 利用者の名前とパスワード、その下にPersonal infoの項目。

●Permissions

これはパーミッション(アクセス権)に関するものです。ここには非常に多くの項目が用意されています。

Active	アクティブ(利用中)か否か。
Staff status	スタッフ権限を持っているかどうか。
Superuser status	管理者権限を持っているかどうか。
Groups	グループ(複数の利用者をまとめたもの)の所属の設定。
User permissions	利用者に割り当てる権限のリスト。管理者の権限や、登録してあるモデル(Friendなど)の作成や削除などの権限を個別に割り当てられる。

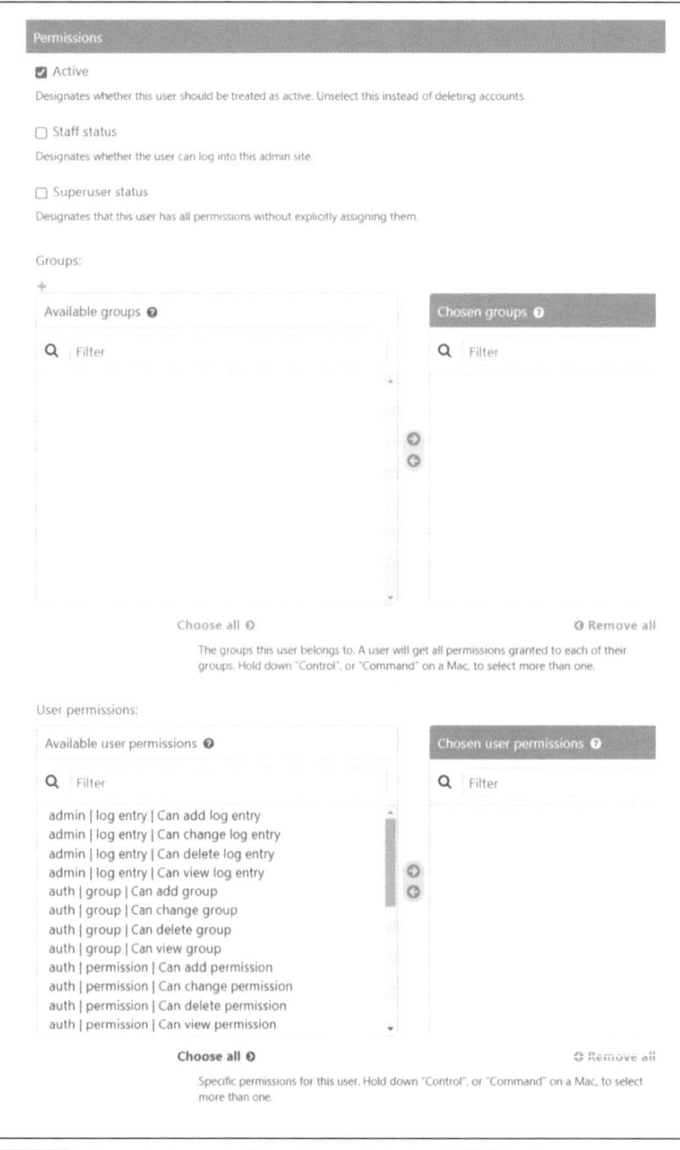

図3-20 Permissionsの項目。けっこう多くの項目がある。

●Important dates

これは、この利用者を追加した日時と、最後にログインした日時が設定されています。これらは変更することもできます。

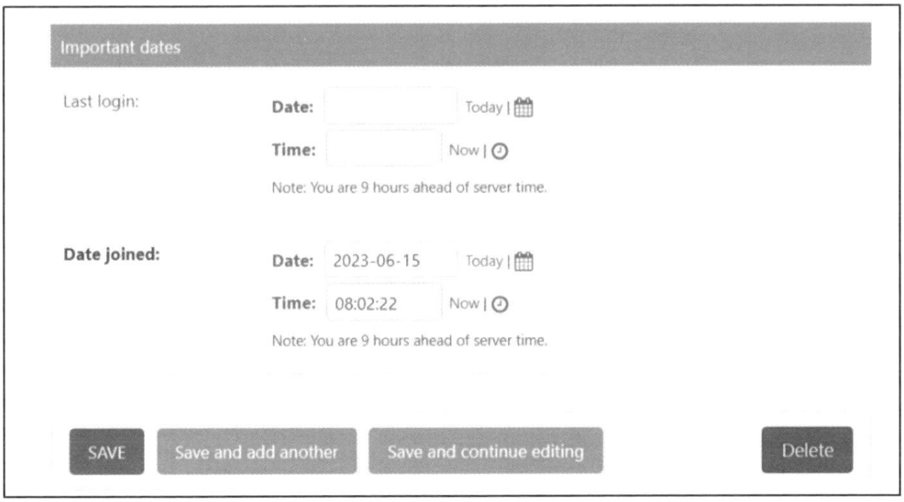

Important dates		
Last login:	Date:	Today |
	Time:	Now |
	Note: You are 9 hours ahead of server time.	
Date joined:	Date: 2023-06-15	Today |
	Time: 08:02:22	Now |
	Note: You are 9 hours ahead of server time.	

SAVE　Save and add another　Save and continue editing　Delete

図3-21 Important dates。追加日時と最終ログイン日時がある。

パスワードの変更は？

たくさんの項目が用意されていますが、なぜか見当たらないのが「パスワードの変更」です。利用者の作成でも編集でも、たくさんの設定が表示されますが、なぜかパスワードは編集できません。

パスワードの編集には専用のフォームを利用する必要があります。作成したUserレコードをクリックすると、レコードの内容を編集する「Change User」という表示が現れます。ここで表示されるPasswordのところに、小さく「this form」と表示がされます。このリンクをクリックすると、パスワードの変更フォームに移動します。

ここで新しいパスワードを入力して送信すれば、パスワードを変更できます。

なぜ、パスワードだけ普通に編集できないのかというと、パスワードはデフォルトで暗号化したものが保存されているためです。パスワードそのものは保存されていません。編集しようにもできないのです。

そこで、パスワードだけは、新しい値を入力してもらうフォームを用意してあるんですね。

Change user

HISTORY

tuyano

Username: tuyano

Required. 150 characters or fewer. Letters, digits and @/./+/-/_ only.

Password:

algorithm: pbkdf2_sha256 **iterations**: 600000 **salt**: 6XACXG**************** **hash**:
Bw3c4J*************************************

Raw passwords are not stored, so there is no way to see this user's password, but you can change the password using this form.

Change password: tuyano

Enter a new password for the user **tuyano**.

Password:

Your password can't be too similar to your other personal information.
Your password must contain at least 8 characters.
Your password can't be a commonly used password.
Your password can't be entirely numeric.

Password (again):

Enter the same password as before, for verification.

CHANGE PASSWORD

図3-22 パスワードの変更フォーム。ここで新しいパスワードに変更できる。

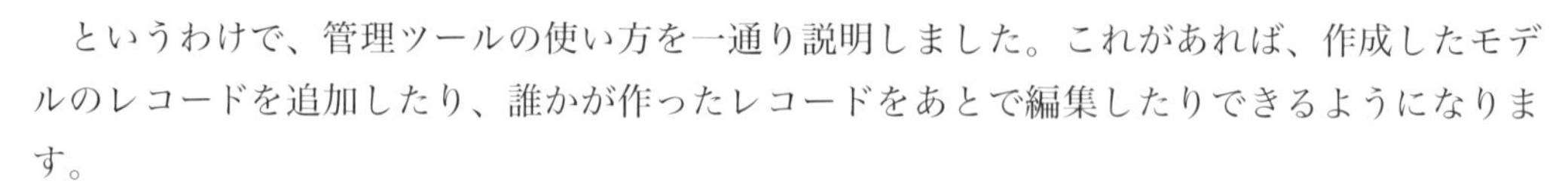

本格開発に管理ツールは必須！

というわけで、管理ツールの使い方を一通り説明しました。これがあれば、作成したモデルのレコードを追加したり、誰かが作ったレコードをあとで編集したりできるようになります。

また、管理者（利用者）の編集についても簡単に説明をしておきました。「自分はもうログインできるんだから、他の利用者なんていらないだろう？」と思ったかもしれません。

複数の人間が開発を行っている場合、この管理ツールは非常に重要ですし、それ以外のところでも実は管理ツールは重要な役割を果たしています。

Webアプリの中には、「ユーザーがログインして操作をする」というものがあります。例えば、Gmailのようなビジネスアプリもそうですし、アマゾンのようなショッピングサイトもそうですね。

Djangoでこうしたサイトを作る場合、管理ツールのログイン機能をそのまま使うことができます(正確には、Djangoに用意されているログインシステムをそのまま利用して管理ツールが作られている、ということです)。従って、ログインして利用するサイトの構築では、管理ツールでユーザーの管理をして処理することになるでしょう。

これら管理ツールの機能は、今すぐ覚える必要はまったくありません。今は、自分が作ったモデル(ここではFriend)を管理ツールに登録して編集できれば、それで十分です。ただ、「ログインして利用するWebアプリを作る場合は、管理ツールを使う」ということは頭に入れておきましょう。

Section 3-3 レコード取得の基本とManager

ポイント
- allによるレコードの取得と処理の方法をマスターしましょう。
- getで特定IDのレコードを取り出しましょう。
- Managerクラスのfirst, last, countメソッドの働きを覚えましょう。

レコードを表示しよう

さて、管理ツールでダミーのレコードも用意しました。いよいよDjangoのアプリからデータベースを利用していきましょう。

まずは、もっとも基本的なアクセスとして、「Friendの全レコードを表示する」ということからやってみましょう。

データベースのアクセスも、これまで使っていた「hello」フォルダ内のviews.pyを利用して行っていきましょう。このファイルを開いて、以下のように修正をしてください。

リスト3-9
```
from django.shortcuts import render
from .models import Friend

def index(request):
    data = Friend.objects.all()
    params = {
        'title': 'Hello',
        'message': 'all friends.',
        'data': data,
    }
    return render(request, 'hello/index.html', params)
```

モデルの「objects」と「all」

今回は、しばらく使っていたHelloViewクラスによる処理から、またindexビュー関数による処理に戻しました。前章でクラスを使ったやり方はだいぶわかってきたでしょうし、データベースではデータを操作する処理を多数作成します。このため、関数方式のほうが簡単に処理を追加できて作りやすいのです。

indexでは、Friendsテーブルのレコードをすべて取り出すのに、こんなやり方をしています。

```
data = Friend.objects.all()
```

たったこれだけです。実にシンプルですね！

ここでは、Friendクラスの機能を使っています。Friendは、先に作成したモデルクラスでしたね。

モデルクラスには「objects」という属性が用意されています。このobjectsには、「Manager」というクラスのインスタンスが設定されています(Managerについてはあとで説明します)。

すべてのレコードを取り出すには、このobjectsにある「all」というメソッドを利用します。このallは、テーブルにあるレコードをモデルのインスタンスのセット(たくさんの値をまとめて扱うオブジェクトです)として取り出します。つまり、1つ1つのレコードをモデルのインスタンスにして、それをセットにまとめてあるのです。

モデルを使ってデータベースから多数のレコードを取り出す場合は、たいていこんな具合に「モデルのインスタンスのセット」の形で取り出します。

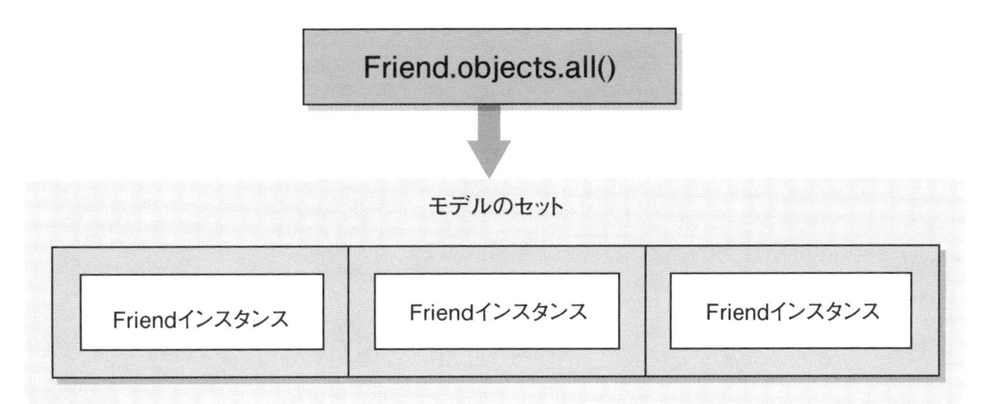

図3-23 モデルのobjectsにあるallメソッドを呼び出すと、レコードをモデル・インスタンスのセットとして返す。

モデルの内容を表示する

では、allで取り出したFriendモデルのセットをテンプレートでテーブルにまとめて表示しましょう。

「templates」フォルダ内の「hello」フォルダ内にあるindex.htmlを開き、<body>部分を以下のように修正してください。

リスト3-10

```
<body class="container">
  <h1 class="display-4 text-primary">{{title}}</h1>
  <p class="h5 mt-4">{{message|safe}}</p>
  <table class="table">
    <tr>
      <th>ID</th>
      <th>NAME</th>
      <th>GENDER</th>
      <th>MAIL</th>
      <th>AGE</th>
      <th>BIRTHDAY</th>
    </tr>
  {% for item in data %}
    <tr>
      <td>{{item.id}}</td>
      <td>{{item.name}}</td>
      <td>{% if item.gender == False %}male{% endif %}
          {% if item.gender == True %}female{% endif %}</td>
      <td>{{item.mail}}</td>
      <td>{{item.age}}</td>
      <td>{{item.birthday}}</td>
    <tr>
  {% endfor %}
  </table>
</body>
```

これで表示は完成しました。が、まだ動かないので慌てないように。このあとでURLの登録が済んだら動作しますので、もう少し我慢しましょう。

for inで繰り返し表示する

ここでは、ビュー関数側から渡された変数dataから順にオブジェクトを取り出してテーブルの表示を作っています。これには、「forタグ」というテンプレートタグを利用しています。このforタグを使った基本的な処理の流れを整理すると、こんな感じになるでしょう。

```
{% for item in data %}
    ……繰り返す表示……
{% endfor %}
```

forタグは、{% for ○○ in ○○ %}というタグで始まり、{% endfor %}というタグで終わります。ここでは、{% for item in data %}としていますね。これで、変数dataから順にオブジェクトを取り出し、itemに代入する、ということを繰り返していきます。ここから{% endfor %}までの間に表示内容を書いておくと、それが毎回繰り返すごとに表示されていくのです。

繰り返し内でやっている処理を見ると、こんな具合に、item内から値を取り出して出力していることがわかるでしょう。

```
<td>{{item.name}}</td>
```

こうして、itemに保管されているモデルのインスタンスから、そこに保存されている値をテーブルに書き出していたのです。

コラム 「id」ってなんだ？ Column

index.htmlの内容を見てみると、繰り返し部分で、{{item.id}} という値を表示しているのに気がつきます。idって？ Friendクラスには、そんな値は用意してありませんでした。これは一体、なんなんでしょう？

タネを明かせば、これは「Djangoが自動的に追加する値」なのです。データベースでは、テーブルのレコードにはすべて「プライマリキー」と呼ばれるものを用意します。これは、すべてのレコードで異なる値が割り振られている特別な項目なんです。データベースでは、このプライマリキーという項目の値を使って、1つ1つのレコードを識別しているんです。

これは非常に特殊なものなので、ユーザーが自分で用意するのに任せるより、Djangoが自動的に用意したほうが安心ですね。それで、モデルを作ると、その中に「id」という名前でプライマリキー用の値を用意するようにしてあるんです。

ifタグで条件分岐

もう1つ、見慣れない処理がありますね。genderの値を表示させている部分です。これは、こんな具合になっています。

```
{% if item.gender == False %}male{% endif %}
{% if item.gender == True %}female{% endif %}
```

なんだか複雑そうに見えますが、これは同じような文を2つ書いているんです。それは「ifタグ」と呼ばれるテンプレートタグを使ったものです。ifタグは、こういう形のタグです。

```
{% if 条件 %}
    ……表示内容……
{% endif %}
```

ifのあとに用意した条件の式がTrueならば、その後にある部分を画面に表示します。Falseならば表示しません。

ここでは、item.genderの値がFalseのときは「male」、Trueのときは「female」とテキストを表示するようにしていた、というわけです。

モデルの表示を完成させよう

これでビュー関数とテンプレートはできました。urlpatternsを追記してプログラムを完成させてしまいましょう。「hello」フォルダ内のurls.pyを開き、urlpatterns変数の部分を以下のように修正します。なお、リスト2-59で登録したミドルウェアがそのままになっていると動作しません。コメントアウトするなどして動作しない状態に戻しておいて下さい。

リスト3-11

```
from django.urls import path
from . import views

urlpatterns = [
  path('', views.index, name='index'),
]
```

前回、views.pyのところで、HelloViewクラスを作って試したりしましたね。そのurlpatternsが残ったままになっているかもしれません。これから先は、クラスではなく関数を使ってviews.pyを作成していきますので、urls.pyのimport文もそれに合わせて修正しておきましょう。

これで、/hello/にアクセスをしたら、views.pyのindex関数が呼び出されるようになりました。実際にhttp://localhost:8000/hello/ にアクセスをしてみてください。Friendsテーブルにサンプルとして追加しておいたレコードの内容がテーブルにまとめて表示されます。

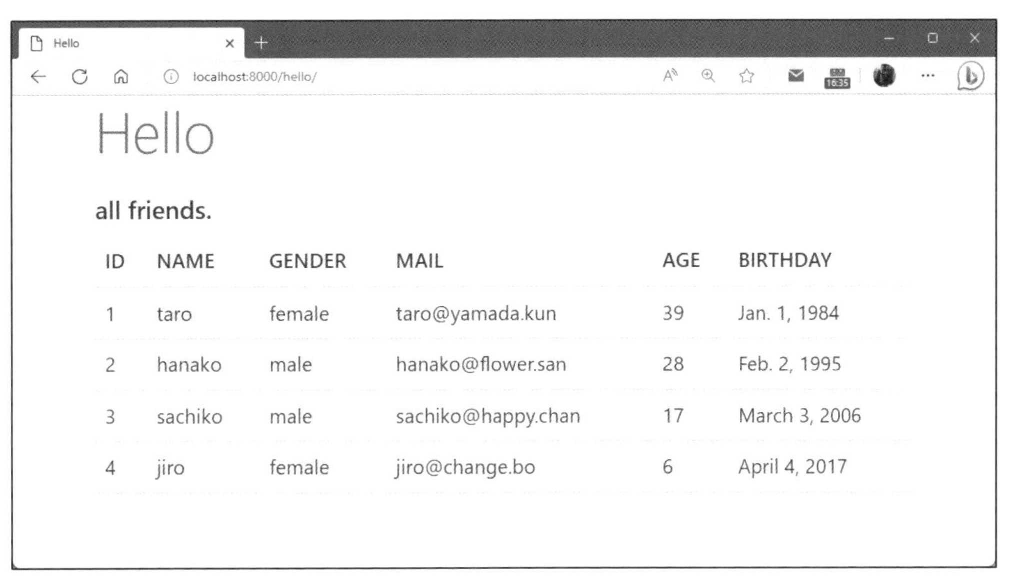

図3-24 /helloにアクセスすると、Friendsテーブルのレコードが一覧表示される。

指定のIDのレコードだけ取り出す

全レコードを取り出すのは、これでできるようになりました。次は「特定のレコードだけ取り出す」ということを行ってみましょう。もっとも基本的なものとして「ID番号を指定してレコードを取り出す」ということを考えてみます。

これには、フォームを用意する必要がありますね。では「hello」フォルダ内のforms.pyを開いて、中身を以下のように編集しましょう。

リスト3-12

```
from django import forms

class HelloForm(forms.Form):
  id = forms.IntegerField(label='ID')
```

今回は、idというIntegerFieldを1つだけ用意しておきました。これにID番号を入力して送信すると、そのレコードが表示される、というようにしてみます。

index.htmlを修正する

では、このHelloFormを組み込んでテンプレートを作りましょう。「templates」フォルダ内の「hello」フォルダ内にあるindex.htmlを開いて修正をします。<body>タグの部分を以下のように書き換えてください。

リスト3-13

```
<body class="container">
  <h1 class="display-4 text-primary">{{title}}</h1>
  <p class="h5 mt-4">{{message|safe}}</p>
  <form action="{% url 'index' %}" method="post">
    {% csrf_token %}
    {{ form }}
    <input type="submit" value="click">
  </form>
  <hr>
  <table class="table">
  <tr>
    <th>ID</th>
    <th>NAME</th>
    <th>GENDER</th>
    <th>MAIL</th>
    <th>AGE</th>
    <th>BIRTHDAY</th>
  </tr>
  {% for item in data %}
  <tr>
    <td>{{item.id}}</td>
    <td>{{item.name}}</td>
    <td>{% if item.gender == False %}male{% endif %}
        {% if item.gender == True %}female{% endif %}</td>
    <td>{{item.mail}}</td>
    <td>{{item.age}}</td>
    <td>{{item.birthday}}</td>
  <tr>
  {% endfor %}
  </table>
</body>
```

テーブルを表示する<table>タグの前に、フォームを表示する<table>タグを追記してあります。{{ form.as_table }}で、フォームを表示させていますので、ビュー関数でformという変数にHelloFormを用意しておくようにします。

ビュー関数を修正しよう

では、ビュー関数を修正しましょう。「hello」フォルダ内のviews.pyを開き、内容を以下のように書き換えてください。

リスト3-14

```
from django.shortcuts import render
from .models import Friend
from .forms import HelloForm

def index(request):
    params = {
        'title': 'Hello',
        'message': 'all friends.',
        'form':HelloForm(),
        'data': [],
    }
    if (request.method == 'POST'):
        num=request.POST['id']
        item = Friend.objects.get(id=num)
        params['data'] = [item]
        params['form'] = HelloForm(request.POST)
    else:
        params['data'] = Friend.objects.all()
    return render(request, 'hello/index.html', params)
```

修正したら、http://localhost:8000/hello/ にアクセスしてみましょう。入力フォームと、その下にレコードの一覧が表示されます。フォームにID番号を入力して送信すると、そのIDのレコードだけが下に表示されます。

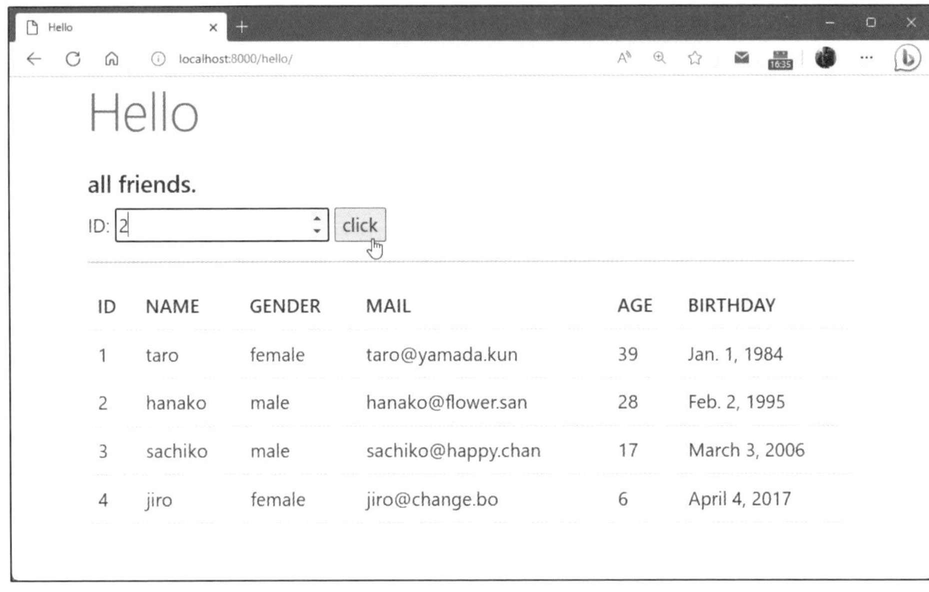

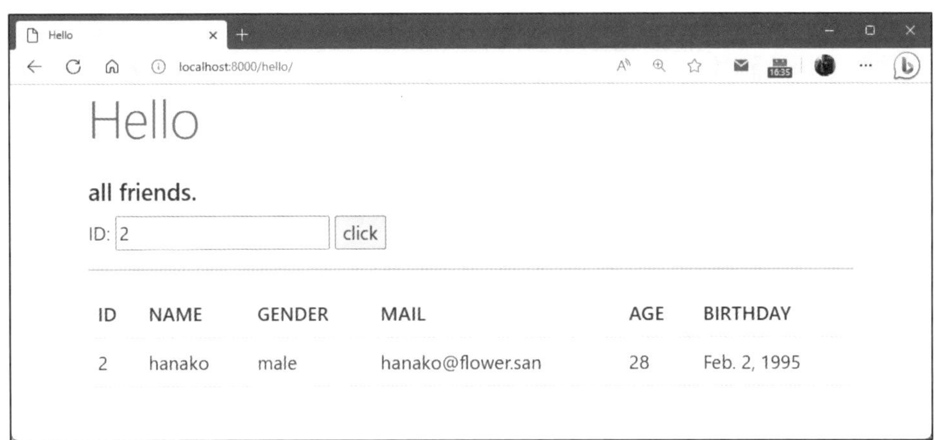

図3-25 /hello/にアクセスすると全レコードを表示する。フィールドにID番号を書いて送信すると、そのレコードだけを表示する。

IDを指定して取り出すには？

今回は、if (request.method == 'POST'): でPOST送信されたかどうかをチェックし、異なる処理を行うようにしてあります。POST送信された場合は、フォームから送られた値をもとに、指定のIDのレコードをモデルインスタンスとして取り出しています。

```
num=request.POST['id']
item = Friend.objects.get(id=num)
```

request.POST['id']でフォームの値を取り出したら、Friend.objectsの「get」というメソッドをつけて実行しています。これは、idという引数を指定していますね。このget(id=num)というもので、「IDの値がnumのレコードを1つだけ取り出す」ということをやっていたのです。

注意してほしいのは、「このgetで取り出されるのは、モデルのインスタンス1つだけ」という点です。allのようにセットにはなっていません。

ここでは、テンプレート側で「セットから順にインスタンスを取り出して表示する」というように処理をしているので、getで取り出したインスタンスは、以下のようにして値を設定します。

```
params['data'] = [item]
```

itemを[]でくくってセット値にしてparams['data']に代入しています。こうすれば、「項目が1つだけのセット」としてちゃんとテンプレート側で処理してくれます。

Managerクラスってなに？

ここまで、Friend.objectsのallやgetといったメソッドを使って、レコードをFriendインスタンスとして取り出してきました。このFriend.objectsというのは「Managerというクラスのインスタンスが入っている」と前にいいましたね。

このManagerっていうのは、一体なんなんでしょうか？

Managerは「データベースクエリ」のクラス

このManagerクラスは、「データベースクエリ」を操作するための機能を提供するためのものです。

データベースクエリっていうのはなにか？ これは整理すると、「データベースに対して、さまざまな要求をするためのもの」です。クエリというのは、テーブルへのアクセスや、取り出すレコードの条件などの指定のことです。

前に、SQLiteなどでは「SQLという言語を使っている」といいましたね。SQLデータベースでは、このSQLという言語を使って、データベースへ問い合わせる内容を記述した命令文を「クエリ」と呼びます。

Managerクラスは、メソッドなどの内部から、このSQLのクエリを作成してデータベースに問い合わせをし、その結果(レコードなど)を受け取ります。つまりManagerクラスは、「Pythonのメソッドを、データベースクエリに翻訳して実行するもの」と考えるとよいでしょう。

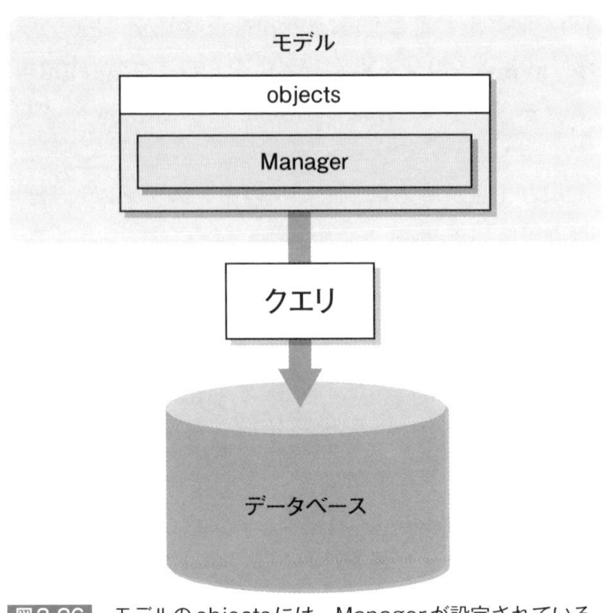

図3-26 モデルのobjectsには、Managerが設定されている。このManagerは、メソッドをデータベースクエリに変換してデータベースに問い合わせる。

モデルのリストを調べてみる

では、レコードの取り出し方がわかったところで、取り出されるレコードのオブジェクトについて少し調べてみることにしましょう。

先ほど、allメソッドを使って全レコードをオブジェクトで取り出しました。この「取り出したオブジェクト」についてもう少し詳しく見てみます。

まず、ビュー関数を修正しましょう。「hello」フォルダ内のviews.pyを開き、以下のように書き換えます。

リスト3-15

```
from django.shortcuts import render
from .models import Friend

def index(request):
    data = Friend.objects.all()
    params = {
        'title': 'Hello',
        'data': data,
    }
    return render(request, 'hello/index.html', params)
```

見ればわかるように、単純にFriend.objects.allを呼び出してテンプレートに渡すだけにしてあります。テンプレート側では、これをそのまま表示させてみます。

「templates」フォルダ内の「hello」フォルダ内にあるindex.htmlを開いて、<body>タグの部分を以下のように修正します。

リスト3-16

```
<body class="container">
  <h1 class="display-4 text-primary">{{title}}</h1>
  <p class="h6 mt-4">{{data}}</p>
  <table class="table">
    <tr>
      <th>data</th>
    </tr>
  {% for item in data %}
    <tr>
      <td>{{item}}</td>
    <tr>
  {% endfor %}
  </table>
</body>
```

まず、最初に{{data}}で変数dataをそのまま表示させています。その後の<table>では、dataから順にオブジェクトを取り出して{{item}}で表示しています。どちらも、具体的なレコードの値ではなく、取り出したオブジェクトをそのままテキストで表示させています。

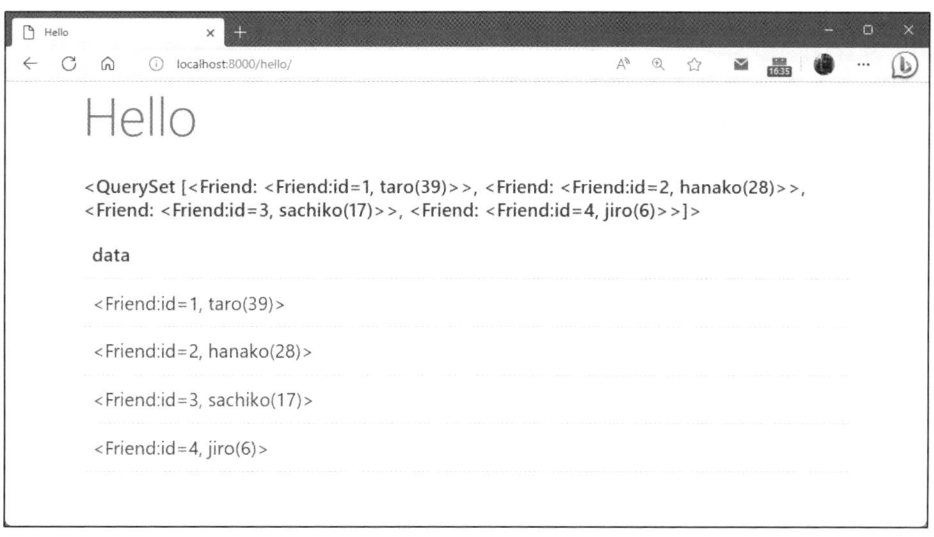

図3-27 allで取り出した内容。QuerySetというオブジェクトが取り出されていることがわかる。

allで得られるのは「QuerySet」

http://localhost:8000/hello/にアクセスしてみると、<QuerySet [……]> といった表示がされるのがわかります。つまり、allで取り出されていたのは、QuerySetというクラスのインスタンスだったんですね。

このQuerySetは、Setの派生クラスで、クエリ取得用にいろいろ機能拡張したセットです。これを使って、データベースからレコード(実際にはモデルのインスタンスですが)を取り出していたんですね。

valuesメソッドについて

このallで得られるQuerySetには、いろいろなメソッドが用意されています。allで得られるのは、モデルのインスタンスのセットでしたね。先ほどの例では、テーブルには、<Friend:id=○○……>といった表示が並んでいました。これは、Friendクラスに用意した__str__の出力でしたね。つまり、QuerySetには、Friendインスタンスがずらっと収めてあったわけです。

モデルのままでも値を取り出したりできますが、「レコードの値だけ欲しい」という場合は、「values」というメソッドを利用することができます。

ちょっと使ってみましょう。まず、「hello」フォルダを開いて、views.pyのindex関数を以下のように書き換えてください(import文は省略してあります)。

リスト3-17

```
def index(request):
   data = Friend.objects.all().values()
   params = {
      'title': 'Hello',
      'data': data,
   }
   return render(request, 'hello/index.html', params)
```

それから、「templates」フォルダ内の「hello」フォルダ内にあるindex.htmlを開いて、<body>部分にある、

```
<p class="h6 mt-4">{{data}}</p>
```

この行を探して、削除しておきましょう。もう、allで得られるのがQuerySetであることはわかったので、これは不要ですから。

そして、http://localhost:8000/hello/にアクセスしてみてください。今度は、テーブル

に表示される内容が少し変わっています。{'id': 1, 'name': '○○',……}みたいな形になっていますね。

これはなにか？ というと、「辞書」です。辞書は、Pythonのオブジェクトで、1つ1つの値に名前(キー)をつけてまとめたものですね。

このように、valuesメソッドを使うとモデルに保管されている値を辞書の形にして取り出すことができます。

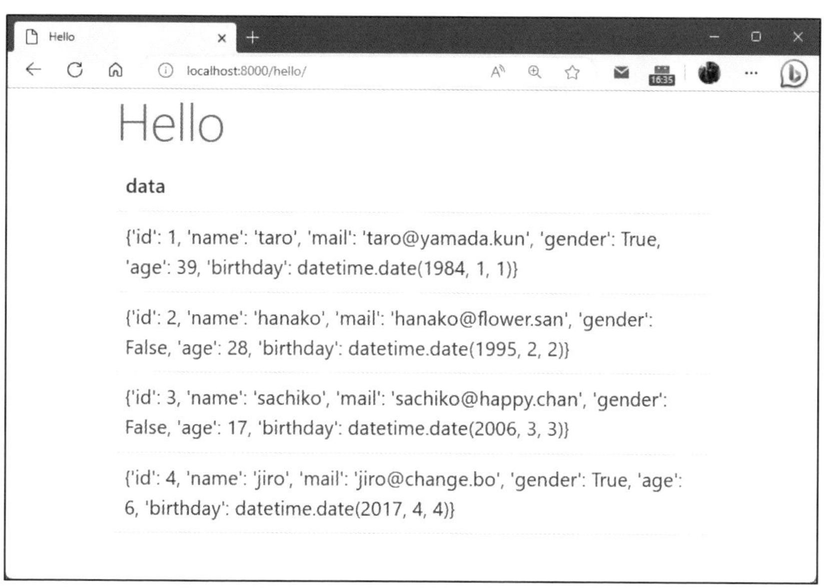

図3-28 アクセスすると、Friendの内容が辞書の形で表示される。

コラム メソッドチェーンを使いこなそう！ Column

ここでは、Friend.objectsのallメソッドを呼び出したあとに、更に続けてvaluesメソッドを呼び出しています。こんな具合に、メソッドを次々と続けて呼び出していく書き方を「メソッドチェーン」と呼びます。

このメソッドチェーンは、クラスがメソッドをそういう具合に利用できるように設計していないと使えません。ここで使っているQuerySetなどは、メソッドを呼び出して検索の条件などを追加していくことが多いので、メソッドチェーンの書き方ができるようになっています。

メソッドチェーンは、使いこなせるようになれば、1つの文で複雑な処理を実行できるようになります。かなり強力な武器となるテクニックですので、ここでぜひ使い方をマスターしておきましょう！

特定の項目だけ取り出す

このvaluesメソッドは、面白い機能を持っています。引数に項目名を書いておくと、その項目の値だけを取り出せるんです。

試しに、「hello」フォルダ内のviews.pyを開いて、index関数を以下のように書き換えてみましょう。

リスト3-18

```
def index(request):
  data = Friend.objects.all().values('id', 'name')
  params = {
    'title': 'Hello',
    'data': data,
  }
  return render(request, 'hello/index.html', params)
```

図3-29 アクセスすると、idとnameだけ表示される。

http://localhost:8000/hello/にアクセスすると、idとnameの値だけが表示されます。取り出したレコードは例によって辞書の形になっていますが、idとname以外の値しかありません。

valuesで項目を指定する

ここでのレコード取得部分を見てみると、先の例とは少しだけ違っているのがわかります。

```
data = Friend.objects.all().values('id', 'name')
```

valuesの引数に、'id'と'name'が指定されていますね。このように、valuesは引数に項目名を指定すると、その項目の値だけを取り出します。項目名は、必要なだけ用意することができます。

リストとして取り出す

QuerySetには、取り出したモデルをリストとして取り出すメソッドもあります。これは、「values_list」というもので、使い方はvaluesと同じです。

では、使ってみましょう。「hello」フォルダ内のviews.pyにあるindex関数を以下のように書き換えてみてください。

リスト3-19

```
def index(request):
    data = Friend.objects.all().values_list('id','name','age')
    params = {
        'title': 'Hello',
        'data': data,
    }
    return render(request, 'hello/index.html', params)
```

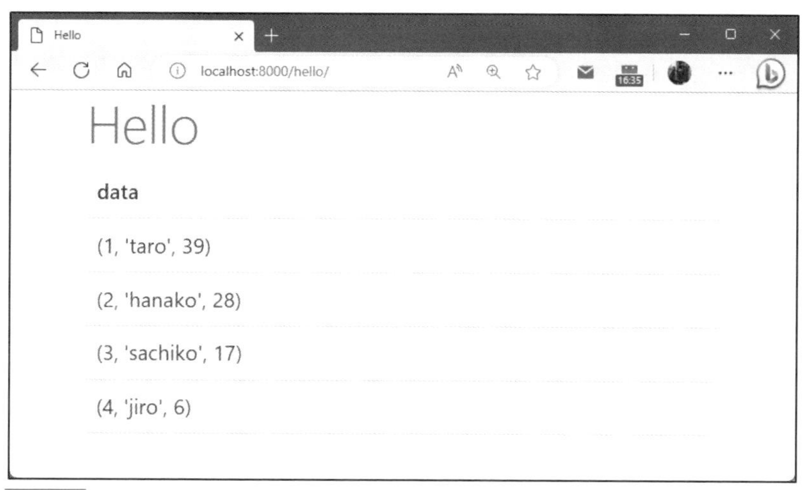

図3-30　id, name, ageがそれぞれ表示される。

今回は、values_list('id','name','age') というようにしてレコードの値を取り出しています。表示される値を見て気づいた人もいるかもしれませんが、「リストとして返す」といっておきながら、実際に返ってくるのはタプルです。「辞書ではなくて、レコードの値だけまとめたものを取り出す」という意味では、リストもタプルもまぁ同じようなものでしょう。

最初と最後、レコード数

レコードの取得には、allとgetの他にもちょっと便利なものが用意されています。それは以下のようなものです。

first	allなどで得られたレコードの内、最初のものだけを返すメソッドです。
last	やはり多数のレコードの中から、最後のものだけを返すメソッドです。
count	これは、取得したレコード数を返すメソッドです。

レコードの最初と最後は、取得できるといろいろ使えます。例えば取り出したレコードについて「○○から××まで」と表示をするような場合、最初と最後のレコードを取り出して処理したいですね。また取り出したレコード数も必要となるシーンはけっこう多いでしょう。

では、実際の利用例をあげておきましょう。「hello」フォルダ内のviews.pyを開き、index関数を以下のように修正してください。

リスト3-20

```
def index(request):
    num = Friend.objects.all().count()
    first = Friend.objects.all().first()
    last = Friend.objects.all().last()
    data = [num, first, last]
    params = {
        'title': 'Hello',
        'data': data,
    }
    return render(request, 'hello/index.html', params)
```

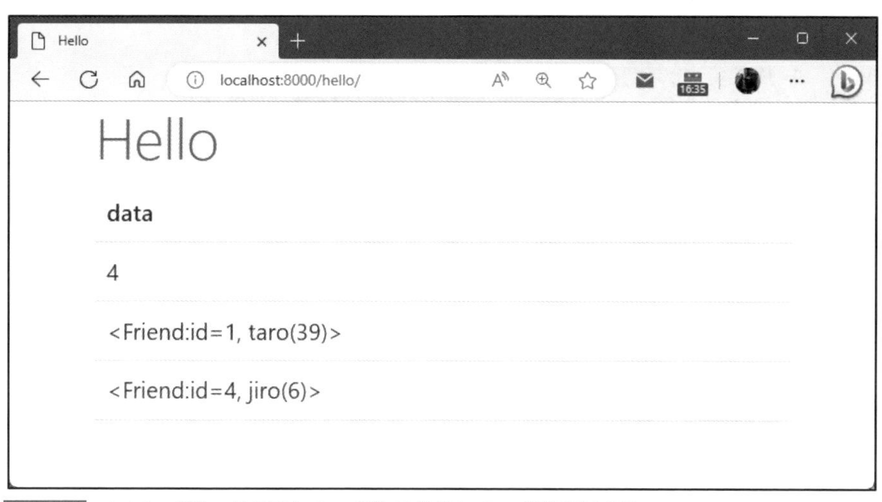

図3-31　レコード数、最初のレコードと最後のレコードを表示する。

アクセスすると、レコード数、最初のレコード(モデル)、最後のレコード(モデル)をテーブルにまとめて表示しています。ここでは、Friend.objects.allから、更にcountやfirst、lastといったメソッドを呼び出して値を取得しています。

QuerySetの表示をカスタマイズ！

allでは、QuerySetというクラスのインスタンスとしてレコードの値が取り出されます。このQuerySetクラスをいろいろと操作すれば、取り出したレコードデータの使いこなしもしやすくなります。

QuerySetのように、Djangoに用意されているクラスも、実は私たちがあとから機能を追加したり変更したりできるのです。そのやり方を使いこなせるようになれば、かなり面白いことができるようになるんですよ。

言葉で説明しただけではちょっとわからないでしょうから、実際にQuerySetの機能を書き換える例をあげておきましょう。

「hello」フォルダ内のviews.pyを開き、以下のようにソースコードを修正してください。

リスト3-21

```
from django.shortcuts import render
from .models import Friend
from django.db.models import QuerySet

def __new_str__(self):
  result = ''
  for item in self:
```

```
        result += '<tr>'
        for k in item:
            result += '<td>' + str(k) + '=' + str(item[k]) + '</td>'
        result += '</tr>'
    return result

QuerySet.__str__ = __new_str__

def index(request):
    data = Friend.objects.all().values('id', 'name', 'age')
    params = {
        'title': 'Hello',
        'data': data,
    }
    return render(request, 'hello/index.html', params)
```

Chapter 1
Chapter 2
Chapter 3
Chapter 4
Chapter 5

これは、QuerySetをテキストにキャストしたときの表示内容を変更する例です。クラスには、__str__というメソッドが用意されています。これは、オブジェクトをテキスト(string値)として取り出すときに利用されるメソッドです。このメソッドを変更すれば、QuerySetをテキストにキャストしたときの内容を変更することができます。

ここでは、__new_str__という関数を定義しておき、これをQuerySetの__str__に設定しています。

```
QuerySet.__str__ = __new_str__
```

こんな具合に、関数名を__str__に代入すれば、もうこれでテキストにキャストするとき新たに設定したメソッドが実行されるようになります。

QuerySetを表示しよう

では、実際にQuerySetを表示してみましょう。「templates」フォルダ内の「hello」フォルダ内にあるindex.htmlを開き、<body>タグの部分を下のように修正してみてください。

リスト3-22

```
<body class="container">
    <h1 class="display-4 text-primary">{{title}}</h1>
    <table class="table">
        {{data|safe}}
    </table>
</body>
```

図3-32 アクセスすると、レコードのid, name, ageの値がそれぞれ区切られて表示される。

これでアクセスをすると、取り出したレコード1つ1つのid、name、ageの値が「id=○○」という具合にテーブルにまとめて表示されます。テンプレートを見ると、実際の表示は、{{data|safe}} としているだけです。これだけで、レコードの値をテーブルにまとめて表示できるようになります。どうです、メソッドの書き換えができるとなかなか便利でしょう？

Section 3-4 CRUDを作ろう

ポイント
- 新しいレコードを作成する方法をマスターしましょう。
- レコードを更新する手順を理解しましょう。
- deleteでレコードを削除してみましょう。

CRUDとは？

データベースとモデルの使い方がわかったところで、次はデータベースの基本的な機能の実装方法について見ていくことにしましょう。

データベースを利用するための基本機能は、一般に「CRUD」という4文字で表されます。これはそれぞれ以下のようなものです。

Create	新たにレコードを作成しテーブルに保存します。
Read	テーブルからレコードを取得します。
Update	既にテーブルにあるレコードの内容を変更し保存します。
Delete	既にテーブルにあるレコードを削除します。

この4つの機能が実装できれば、Djangoのスクリプトからデータベースに保存されているレコードを操作できるようになります。

ただし！ これは「この4つだけわかれば完璧」という意味ではありません。これらは、「必要最低限の機能」であり、実際にはそれ以外のもの(例えば、複雑な検索処理など)が必要になります。また、アプリによっては、これら4つのすべてを用意する必要がない場合もあります。

これらは、あくまで「基本の機能」であって、それ以上のものではないのです。アプリ開発には、それ以外のものがいろいろと必要です。そこを勘違いしないようにしましょう。

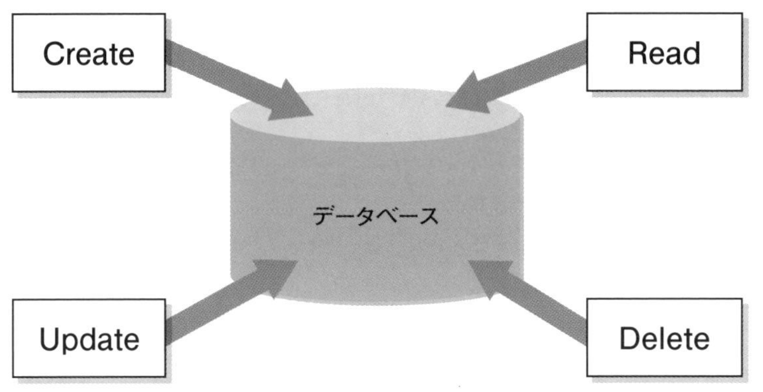

図3-33　データベースアクセスの基本は、CRUDの4つの機能だ。

Createを作ろう

では、順番に説明していきましょう。まずは「Create（レコードの新規作成）」からです。

レコードの作成は、「モデルのインスタンスを用意し、保存のメソッドを実行する」というやり方をします。保存のメソッドは、「save」というものです。例えば、今回のFriendモデルならば、

```
friend = Friend()
……friendに値を設定……
friend.save()
```

こんな形で行えばいいわけですね。では、実際に簡単なサンプルを作ってみましょう。

HelloFormの作成

まずは、保存用のフォームからです。「hello」フォルダ内のforms.pyに、HelloFormというクラスを作成しましたね。あれを修正して使いましょう。forms.pyの内容を以下のように書き換えてください。

リスト3-23

```
from django import forms

class HelloForm(forms.Form):
    name = forms.CharField(label='Name', \
```

```
    widget=forms.TextInput(attrs={'class':'form-control'}))
  mail = forms.EmailField(label='Email', \
    widget=forms.EmailInput(attrs={'class':'form-control'}))
  gender = forms.BooleanField(label='Gender', required=False, \
    widget=forms.CheckboxInput(attrs={'class':'form-check'}))
  age = forms.IntegerField(label='Age', \
    widget=forms.NumberInput(attrs={'class':'form-control'}))
  birthday = forms.DateField(label='Birth', \
    widget=forms.DateInput(attrs={'class':'form-control'}))
```

見ればわかるように、forms.Formを継承したHelloFormを再利用しています。フォームの項目として、name、mail、gender、age、birthdayの5つを用意してあります。それぞれ用意するフィールドは違っているので注意しましょう。

なお、Bootstrapのクラスを設定したかったので、それぞれwidget引数にウィジェットのインスタンスを用意しておきました。ここでは、TextInput, EmailInput, NumberInput, DateInputといったものを使っています。attrs引数にはclassの値だけを用意していますが、BooleanFieldのウィジェットに設定しているCheckboxInputだけは'form-check'というクラスを指定してあります。これはチェックボックス用のクラスです。

create.htmlの作成

続いて、テンプレートです。CRUDは、今までのようにindex.htmlを書き換えるのでなく、それぞれファイルを用意してすべて動くようにしたほうが動作の確認もしやすいので、新たにテンプレートファイルを用意することにします。

「templates」フォルダ内の「hello」フォルダの中に、「create.html」という名前でファイルを用意しましょう。そして、以下のように記述をしてください。

リスト3-24

```
{% load static %}
<!doctype html>
<html lang="ja">
<head>
  <meta charset="utf-8">
  <title>{{title}}</title>
  <link href="https://cdn.jsdelivr.net/npm/bootstrap/dist/css/bootstrap.css"
  rel="stylesheet" crossorigin="anonymous">
</head>
<body class="container">
  <h1 class="display-4 text-primary">
    {{title}}</h1>
  <form action="{% url 'create' %}"
```

```
      method="post">
    {% csrf_token %}
    {{ form.as_p }}
    <input type="submit" value="click"
      class="btn btn-primary mt-2">
    </form>
  </body>
  </html>
```

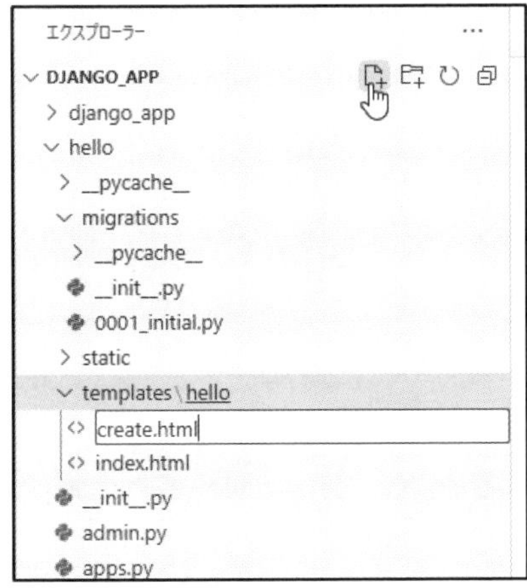

図3-34 「templates」内の「hello」フォルダ内に、create.htmlファイルを作成する。

index.htmlも修正しよう

ついでにindex.htmlも修正して、保存されているレコードを表示し確認できるようにしておきましょう。「templates」フォルダ内の「hello」フォルダ内にあるindex.htmlを開き、<body>の部分を以下のように修正してください。

リスト3-25

```
<body class="container">
  <h1 class="display-4 text-primary">
    {{title}}</h1>
  <table class="table">
    <tr>
      <th>data</th>
    </tr>
  {% for item in data %}
    <tr>
      <td>{{item}}</td>
    <tr>
```

```
    {% endfor %}
    </table>
</body>
```

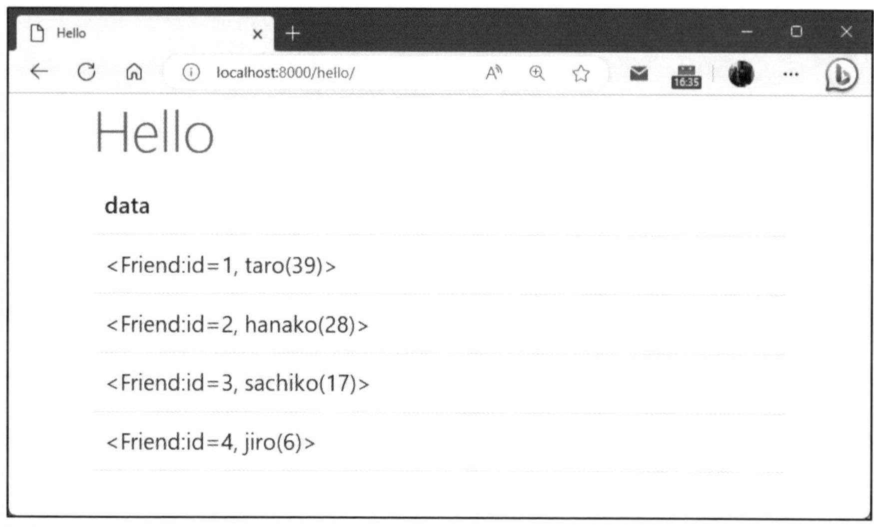

図3-35 index.htmlを修正し、レコードを一覧表示するようにしておく。このあとview.pyが完成したら動かそう。

views.pyを修正しよう

では、ビュー関数を作成しましょう。「hello」フォルダ内のviews.pyを開き、以下のように書き換えてください。

リスト3-26

```
from django.shortcuts import render
from django.shortcuts import redirect
from .models import Friend
from .forms import HelloForm

def index(request):
    data = Friend.objects.all()
    params = {
        'title': 'Hello',
        'data': data,
    }
    return render(request, 'hello/index.html', params)

# create model
```

```
def create(request):
    params = {
        'title': 'Hello',
        'form': HelloForm(),
    }
    if (request.method == 'POST'):
        name = request.POST['name']
        mail = request.POST['mail']
        gender = 'gender' in request.POST
        age = int(request.POST['age'])
        birth = request.POST['birthday']
        friend = Friend(name=name,mail=mail,gender=gender,\
            age=age,birthday=birth)
        friend.save()
        return redirect(to='/hello')
    return render(request, 'hello/create.html', params)
```

レコード保存の流れをチェック

今回のスクリプトには、indexとcreate関数が用意されています。indexは、まぁ今まで何度もやったような処理なのでいいでしょう。問題は、createですね。

ここでは、params変数を用意したあと、if (request.method == 'POST'): でPOST送信されたかチェックしています。そしてPOST送信の場合は、レコード保存の処理を行っています。

まず、送信された値を一通り変数に取り出していきます。

```
name = request.POST['name']
mail = request.POST['mail']
gender = 'gender' in request.POST
age = int(request.POST['age'])
birth = request.POST['birthday']
```

これらの値をもとに、Friendインスタンスを作成します。

```
friend = Friend(name=name,mail=mail,gender=gender,\
    age=age,birthday=birth)
```

インスタンスを作成後、1つ1つの値を設定していくのはちょっと面倒なので、インスタンス作成時に必要な値を引数で渡すようにしました。モデルクラスはインスタンスを作成する際、このように用意されている項目に代入する値を引数で指定することができます。

あとは、インスタンスを保存するだけです。

```
friend.save()
```

これで、送信されたフォームの情報をもとにインスタンスが作成され、テーブルにレコードとして保存されました。やってしまえば割と簡単ですね。

リダイレクトについて

POST送信された際には、モデルを作成し保存したあと、/helloにリダイレクトしています。リダイレクトは、「redirect」という関数で行えます。この部分ですね。

```
return redirect(to='/hello')
```

普通は、returnでrender関数の戻り値を返していますが、その代りにredirect関数の戻り値を返しています。これで、引数のtoに指定したアドレスにリダイレクトされます。

このredirect関数を使うには、from django.shortcuts import redirect というようにimport文を用意しておくのを忘れないでください。

urls.pyを修正する

あとは、urlpatternsを修正するだけです。「hello」フォルダ内のurls.pyを開き、urlpatterns変数の値を以下のように修正しましょう。

リスト3-27

```
urlpatterns = [
  path('', views.index, name='index'),
  path('create', views.create, name='create'),
]
```

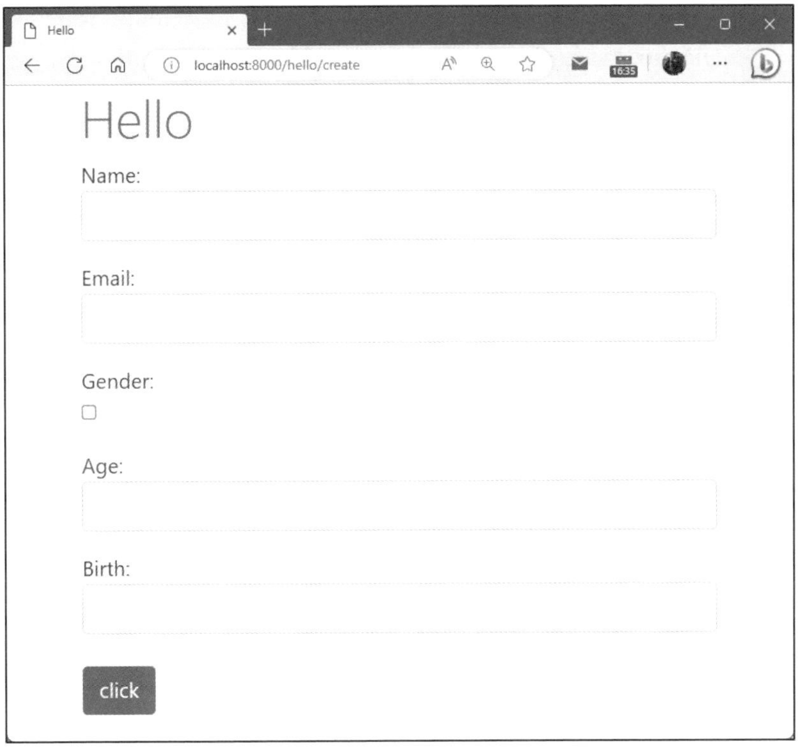

図3-36 http://localhost:8000/hello/createにアクセスすると、フォームが表示される。記入し送信すると、レコードに保存される。

修正したら、http://localhost:8000/hello/create にアクセスをしてください。Friendの項目がフォームとして表示されるので、それらを入力し、送信するとレコードが追加されます。

きちんとレコードが追加されることがわかったら、サンプルとしてたくさんレコードを追加しておきましょう(これは、あとで「ページ分け表示」などを行う際に必要となるので、最低でも4つ以上、できれば7つ以上は用意しておきましょう)。

ModelFormを使う

これでモデルを作成しレコードとして保存する処理ができるようになりました。が、やり方を読みながら、なんとなく「コレジャナイ」感じがしていた人も多いんじゃないでしょうか。

フォームクラスを使ってモデルの中身を用意し、送信しているのに、受け取った値は1つずつ取り出してモデルインスタンスに設定している。「ちょっと待て、request.POSTをまるごと使ってモデルを作るとか、もっと簡単な方法はないのか」と思った人も多いことでしょう。

実をいえば、作るフォームが少し違っていたのです。いえ、先ほどのHelloFormでもちゃんと使えるのですが、DjangoにはモデルのためのフォームをT作成する「ModelForm」というクラスも用意されています。これを利用することで、もっとスムーズにレコードの保存を行うことができるのです。

forms.pyにクラスを追加！

では、ModelFormというフォームクラスを利用してみましょう。「hello」フォルダ内のforms.pyを開き、以下のように内容を修正します。

リスト3-28

```
from django import forms
from.models import Friend

class FriendForm(forms.ModelForm):
    class Meta:
        model = Friend
        fields = ['name','mail','gender','age','birthday']
```

先ほど作成したHelloFormは、そのまま残しておいても構いませんよ。今回のFriendFormクラスは、ModelFormクラスを継承して作っています。これは以下のような形をしています。

```
class FriendForm(forms.ModelForm):
    class Meta:
        model = モデルクラス
        fields = [……フィールド……]
```

このModelFormでは、内部に「Meta」というクラスを持ってます。これは「メタクラス」と呼ばれるもので、モデル用のフォームに関する情報が用意されています。ここでは、modelで使用するモデルクラスを、またfieldsで用意するフィールドをそれぞれ設定しています。

用意するのは、たったこれだけです。これまでのフォームのように、個々のフィールドなどは用意する必要ありません。

create関数を修正する

では、ビュー関数側を修正しましょう。先ほど作成したviews.pyのcreate関数を以下のように書き換えてください。

リスト3-29

```
# from .forms import HelloForm   #この文を削除する
from .forms import FriendForm   #この文を新たに追記

def create(request):
  if (request.method == 'POST'):
    obj = Friend()
    friend = FriendForm(request.POST, instance=obj)
    friend.save()
    return redirect(to='/hello')
  params = {
    'title': 'Hello',
    'form': FriendForm(),
  }
  return render(request, 'hello/create.html', params)
```

create.htmlを修正する

あわせて、create.htmlの<body>部分も少し修正しておきます。今回は{{ form.as_table }}を使って<table>タグで整形するようにしておきましょう。

リスト3-30

```
<body class="container">
  <h1 class="display-4 text-primary">
    {{title}}</h1>
  <form action="{% url 'create' %}"
    method="post">
  {% csrf_token %}
    <table class="table">
    {{ form.as_table }}
      <tr><th><td>
        <input type="submit" value="click"
          class="btn btn-primary mt-2">
      </td></th></tr>
    </table>
  </form>
</body>
```

Chapter 1
Chapter 2
Chapter 3
Chapter 4
Chapter 5

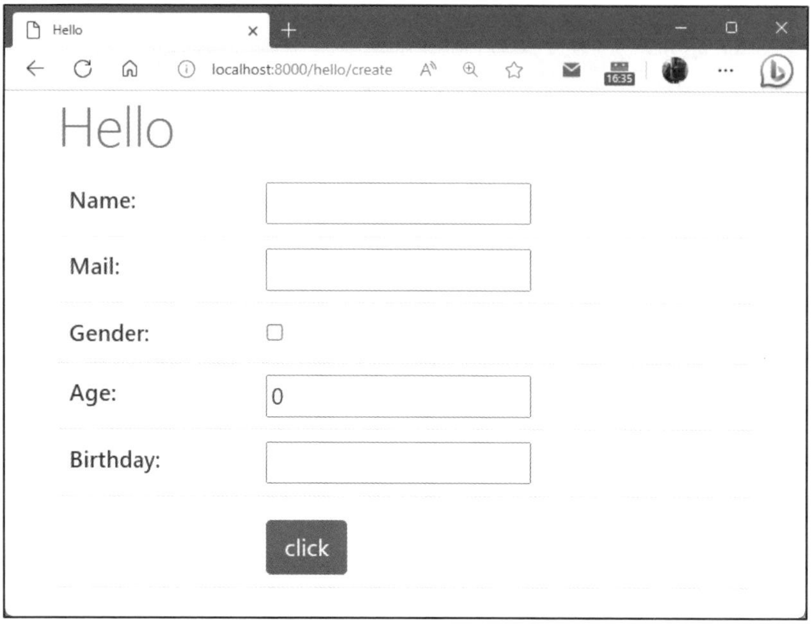

図3-37 ModelFormによるフォーム。普通のフォームとほとんど違いはない。

これで完成です。今回は<table>を使い、Bootstrapのテーブル用クラスで整形して表示をしてみました。表示されるフォームにはBootstrapのクラスは適用されていません。これについてはもう少しあとで触れる予定なので、今はこれでよしとしましょう。

ModelFormによる保存の流れ

では、create関数で実行している処理を見てみましょう。POST送信されたなら、まずFriendクラスのインスタンスを作成します。

```
obj = Friend()
```

これは、引数などには何も指定していません。いわば、「初期状態のインスタンス」です。続いて、FriendFormインスタンスを作成します。

```
friend = FriendForm(request.POST, instance=obj)
```

これがModelForm利用のポイントです。FriendFormインスタンスを作成する際、引数にはrequest.POSTを指定しています。これは、POST送信されたフォームの情報がすべてまとめてあるところでしたね。

そしてもう1つ、「instance」という引数を指定しています。これで、先ほど作成したFriendインスタンスを指定するのです。

```
friend.save()
```

このまま、ModelFormの「save」メソッドを呼び出すと、ModelFormに設定されたrequest.POSTの値をinstanceに設定したFriendインスタンスに設定し、レコードが保存されます。

このやり方ならば、先のHelloFormを使った方法よりもだいぶすっきりしますね。保存処理も簡単ですし、フォームの定義も非常にシンプルで済みます。

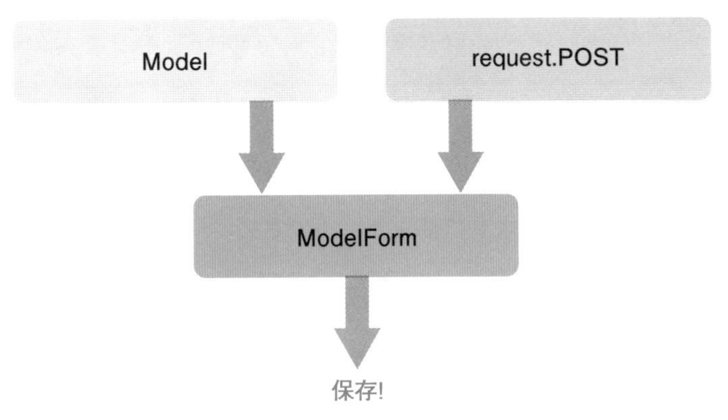

図3-38 Modelとrequest.POSTをModelFormで1つにまとめ、保存する。

Updateを作ろう

続いて、Update（更新）です。既にあるレコードの更新も、保存そのものは「save」を使って行います。違いは、「あらかじめ更新するレコードのモデルを用意しておく」という点です。

先ほど、FriendFormを使って保存を行ったとき、まずFriendインスタンスを作成し、それと送信フォームの値をFriendFormでまとめてから保存をしていました。編集するFriendインスタンスを使ってFriendFormを作成すれば、そのFriendインスタンスを更新することができるのです。

edit.htmlを作る

では、実際にやってみましょう。まず最初に、URLの登録から行うことにします。「hello」フォルダ内のurls.pyを開き、urlpatterns変数を以下のように書き換えてください。

リスト3-31

```
urlpatterns = [
```

```
    path('', views.index, name='index'),
    path('create', views.create, name='create'),
    path('edit/<int:num>', views.edit, name='edit'),
]
```

今回は、editというページを追加します。これは、/edit/1というように、ID番号をURLに含むようにしておきます。こうすることで、どのレコードを編集するか指定できるようにするわけです。例えば、/edit/3 とすれば、ID番号が「3」のレコードを編集するページが現れる、というようにするのです。

index.htmlを修正する

ついでに、「templates」フォルダ内の「hello」フォルダ内にあるindex.htmlも修正をしておきましょう。<body>タグの部分を以下のように修正してください。

リスト3-32

```
<body class="container">
    <h1 class="display-4 text-primary">
        {{title}}</h1>
    <table class="table">
        <tr>
            <th>data</th>
        </tr>
    {% for item in data %}
        <tr>
            <td>{{item}}</td>
            <td><a href="{% url 'edit' item.id %}">Edit</a></td>
        <tr>
    {% endfor %}
    </table>
</body>
```

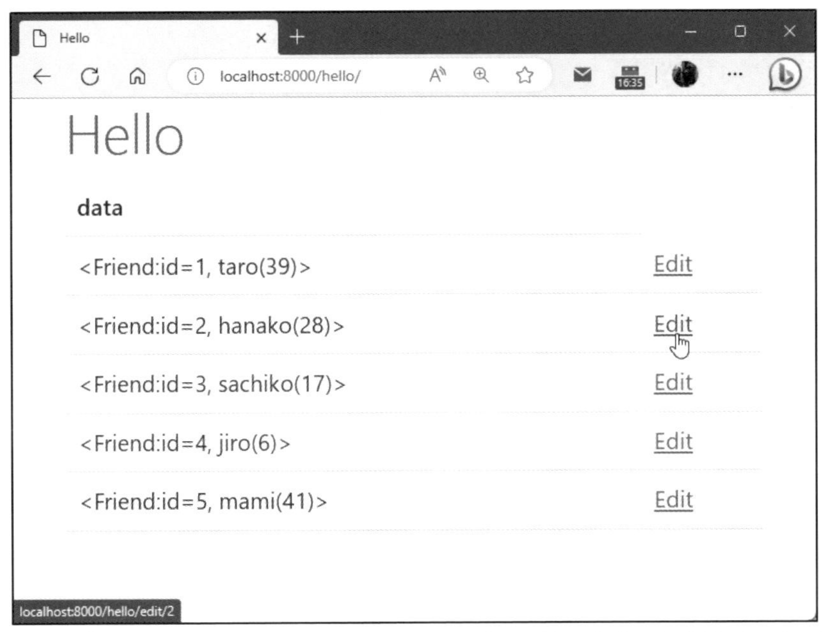

図3-39　/helloにアクセスすると、各レコードに「Edit」というリンクが追加される。ただし今の段階では完成していないので動かない。リスト3-34まで記述してから動作確認しよう。

トップページのレコード一覧表示に、更新用のリンクを追記してあります。テーブルの一番右側に「Edit」というリンクが追加されていますが、これをクリックするとそのレコードの編集ページに移動する、というように設計をします。

編集ページへのリンクには、こんな<a>タグを用意しています。

```
<a href="{% url 'edit' item.id %}">
```

url 'edit'のあとに、item.idをつけていますね。これにより、/edit/1というようにeditのあとにID番号をつけてアクセスできるようにします。

edit.htmlを作る

では、編集用のテンプレートを用意しましょう。「templates」フォルダ内の「hello」フォルダの中に、「edit.html」といった名前でファイルを作成してください。そして以下のように記述をしましょう。

リスト3-33

```
{% load static %}
<!doctype html>
<html lang="ja">
```

```
<head>
  <meta charset="utf-8">
  <title>{{title}}</title>
  <link href="https://cdn.jsdelivr.net/npm/bootstrap/dist/css/bootstrap.css"
  rel="stylesheet" crossorigin="anonymous">
</head>
<body class="container">
  <h1 class="display-4 text-primary">
    {{title}}</h1>
  <form action="{% url 'edit' id %}"
      method="post">
  {% csrf_token %}
    <table class="table">
    {{ form.as_table }}
      <tr><th><td>
        <input type="submit" value="click"
          class="btn btn-primary mt-2">
      </td></th></tr>
    </table>
  </form>
</body>
</html>
```

Chapter 1 Chapter 2 Chapter 3 Chapter 4 Chapter 5

見ればわかるように、ほぼcreate.htmlと内容は同じです。用意されているフォームの送信先が、action="{% url 'edit' id %}" というように設定されていますね。これで、例えばID = 1の編集をする場合は、/hello/edit/1 というようにアドレスが設定されるようになります。

edit関数を作る

続いて、編集用のビュー関数を作りましょう。「hello」フォルダ内のviews.pyを開き、その中に「edit」というビュー関数を追記します。既に書いてあるスクリプトはそのままにして、誤って消したりしないよう注意してください。

リスト3-34

```
def edit(request, num):
  obj = Friend.objects.get(id=num)
  if (request.method == 'POST'):
    friend = FriendForm(request.POST, instance=obj)
    friend.save()
    return redirect(to='/hello')
  params = {
```

```
        'title': 'Hello',
        'id':num,
        'form': FriendForm(instance=obj),
    }
    return render(request, 'hello/edit.html', params)
```

これで必要なファイルやコードは一通りできましたね。helloアプリのトップページ(http://localhost:8000/hello/)にアクセスすると、テーブル表示されるレコードの右端に「Edit」が表示されるようになります。

このEditリンクをクリックすると、/editの指定のIDを編集するページに移動します。移動すると、フォームにレコードの値が設定された形で表示されます。そのまま値を書き換えて送信すれば、レコードの内容が更新されます。

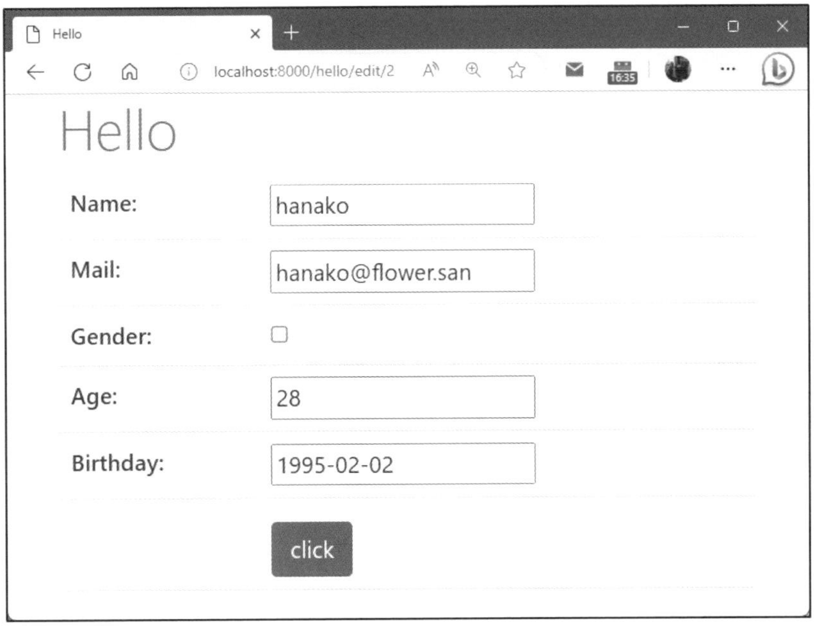

図3-40 トップページのEditリンクをクリックすると、そのレコードを編集する画面に移動する。レコードの内容はフォームに設定されている。

更新の仕組み

では、editメソッドで値をレコードとして保存している部分を見てみましょう。ここでは、以下のように関数が定義されていますね。

```
def edit(request, num):
```

urlpatternsに用意したURLでは、'edit/<int:num>'というように設定をしていましたから、アドレスのnumの値がそのまま引数numに渡されます。

このnumの値を使って、Friendインスタンスを取得します。

```
obj = Friend.objects.get(id=num)
```

インスタンスの取得は、getメソッドを使って行います。引数idに番号を指定すれば、そのID番号のインスタンスが取り出せましたね。

あとは、このFriendインスタンスを使ってFriendFormインスタンスを作成し、保存するだけです。

```
friend = FriendForm(request.POST, instance=obj)
friend.save()
```

instance引数に、getで取得したインスタンスを指定しています。フォームから送信された値(request.POST)は、create関数のときと同じように用意してあります。そしてインスタンスを作成し、saveを呼び出せば、取得したFriendインスタンスの内容が更新されレコードが保存されます。

更新の場合、あらかじめ「どのレコードを編集するのか」を指定し、そのレコードの値をフォームに表示するなどの下準備をしておかないといけませんが、保存そのものは新規作成の場合とほとんど変わりありません。

Deleteを作ろう

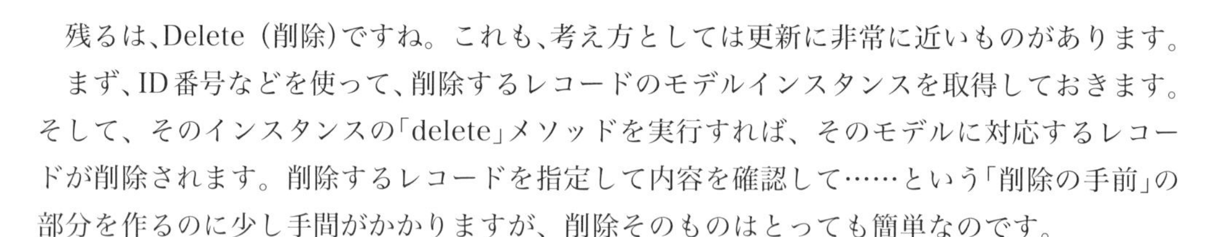

残るは、Delete（削除)ですね。これも、考え方としては更新に非常に近いものがあります。

まず、ID番号などを使って、削除するレコードのモデルインスタンスを取得しておきます。そして、そのインスタンスの「delete」メソッドを実行すれば、そのモデルに対応するレコードが削除されます。削除するレコードを指定して内容を確認して……という「削除の手前」の部分を作るのに少し手間がかかりますが、削除そのものはとっても簡単なのです。

urlpatternsの追記

では、これもサンプルを作成しましょう。まず最初に、URLから登録しておきましょう。「hello」フォルダ内のurls.pyを開き、urlpatterns変数を以下のように書き換えておきます。

リスト3-35

```
urlpatterns = [
```

```
    path('', views.index, name='index'),
    path('create', views.create, name='create'),
    path('edit/<int:num>', views.edit, name='edit'),
    path('delete/<int:num>', views.delete, name='delete'),
]
```

editと同様に、<int:num>をアドレスの中に埋め込んでおきます。これで、削除するIDをビュー関数に伝えることができますね。

index.htmlの修正

更新の場合と同様、DeleteもID番号を指定してページにアクセスしないといけません。そこで、index.htmlにリンクを用意しておくことにしましょう。

「templates」フォルダ内の「hello」フォルダ内にあるindex.htmlを開き、<body>の部分を以下のように修正してください。

リスト3-36

```
<body class="container">
    <h1 class="display-4 text-primary">
        {{title}}</h1>
    <table class="table">
        <tr>
            <th>data</th><th></th><th></th>
        </tr>
    {% for item in data %}
        <tr>
            <td>{{item}}</td>
            <td><a href="{% url 'edit' item.id %}">Edit</a></td>
            <td><a href="{% url 'delete' item.id %}">Delete</a></td>
        <tr>
    {% endfor %}
    </table>
</body>
```

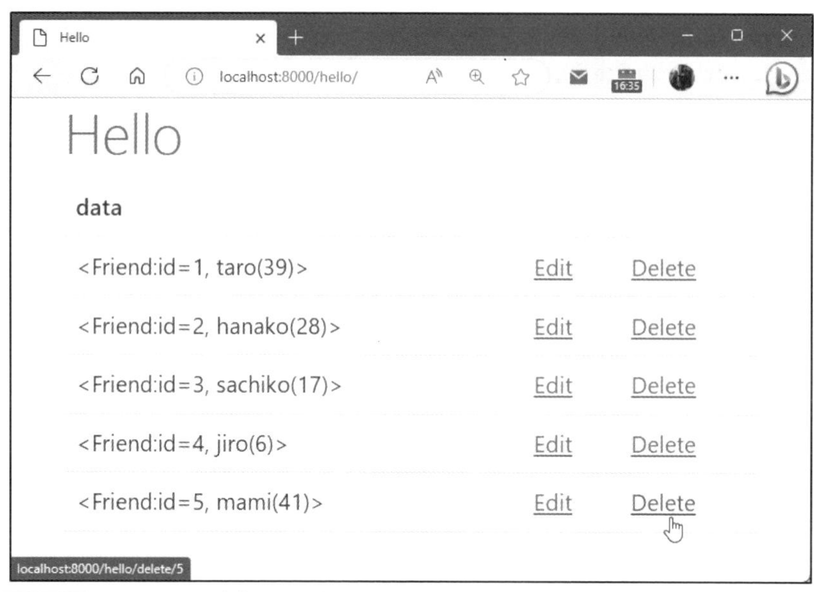

図3-41 index.htmlを修正し、各レコードにDeleteリンクを追加した。

ここでは、<a>タグのリンク先に、href="{% url 'delete' item.id %}" と値を指定してあります。その上にあるEditリンクと同様に、これで、/delete/番号という形でアドレスが作成されます。

delete.htmlを作成する

では、削除処理のページを作りましょう。まずはテンプレートからです。「templates」フォルダ内の「hello」フォルダの中に、新たに「delete.html」という名前でファイルを作成しましょう。そして以下のように内容を記述しておきます。

リスト3-37

```
{% load static %}
<!doctype html>
<html lang="ja">
<head>
  <meta charset="utf-8">
  <title>{{title}}</title>
  <link href="https://cdn.jsdelivr.net/npm/bootstrap/dist/css/bootstrap.css"
  rel="stylesheet" crossorigin="anonymous">
</head>
<body class="container">
  <h1 class="display-4 text-primary">
    {{title}}</h1>
  <p>※以下のレコードを削除します。</p>
```

```
  <table class="table">
    <tr><th>ID</th><td>{{obj.id}}</td></tr>
    <tr><th>Name</th><td>{{obj.name}}</td></tr>
    <tr><th>Gender</th><td>
    {% if obj.gender == False %}male{% endif %}
    {% if obj.gender == True %}female{% endif %}</td></tr>
    <tr><th>Email</th><td>{{obj.mail}}</td></tr>
    <tr><th>Age</th><td>{{obj.age}}</td></tr>
    <tr><th>Birth</th><td>{{obj.birthday}}</td></tr>
    <form action="{% url 'delete' id %}" method="post">
    {% csrf_token %}
    <tr><th></th><td>
      <input type="submit" value="click"
        class="btn btn-primary">
    </td></tr>
    </form>
  </table>
</body>
</html>
```

今回は、ビュー関数側から渡された変数objの値を表示し、その下に送信ボタンだけのフォームを用意しておきました。フォーム関係のタグだけを見ると、こうなっているのがわかるでしょう。

```
<form action="{% url 'delete' id %}" method="post">
  {% csrf_token %}
  <input type="submit" value="click">
</form>
```

見ればわかるように、{% csrf_token %}と<input type="submit">だけしかありません。何も送信していないフォームなのです。送信先のアドレスには、{% url 'delete' id %}が指定されていますから、idの値はちゃんと送られています。IDさえわかれば、どのレコードを削除すればいいかわかりますから、それ以外の情報は送る必要がないのです。

delete関数を作る

残るは、ビュー関数ですね。「hello」フォルダ内にあるviews.pyを開き、以下のdelete関数を追記しましょう(既に書いてあるスクリプトを消さないように注意してください)。

リスト3-38

```
def delete(request, num):
```

```
    friend = Friend.objects.get(id=num)
    if (request.method == 'POST'):
        friend.delete()
        return redirect(to='/hello')
    params = {
        'title': 'Hello',
        'id':num,
        'obj': friend,
    }
    return render(request, 'hello/delete.html', params)
```

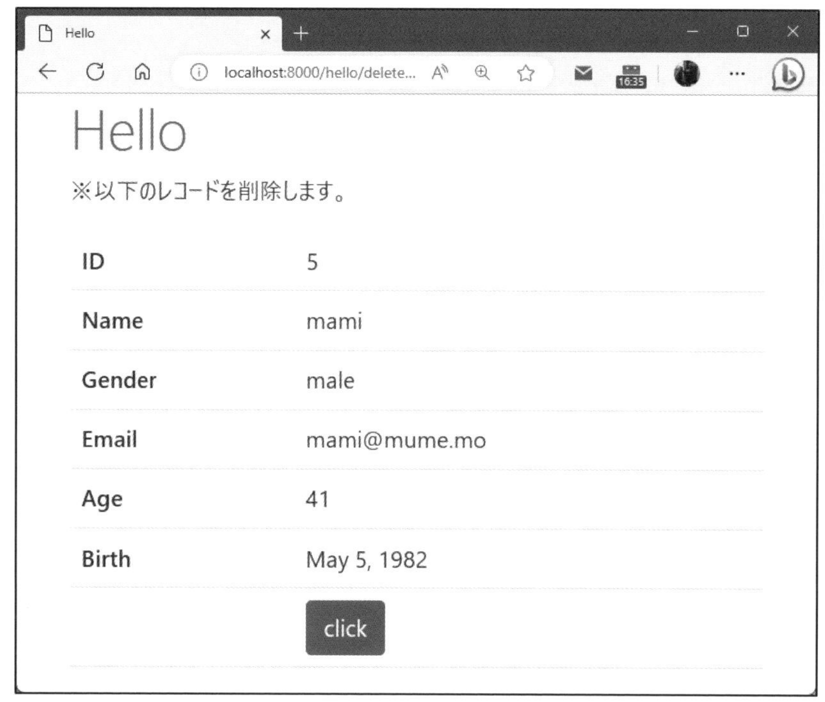

図3-42 レコード削除のページ。削除するレコードの内容が表示される。このまま送信すれば、このレコードが削除される。

修正ができたら、http://localhost:8000/hello/ にアクセスをして、削除したいレコードの「Delete」ボタンをクリックしてみましょう。そのレコードの内容が表示されます。これで内容を確認し、送信ボタンを押すと、そのレコードが削除されます。

ジェネリックビューについて

これでCRUDの基本はだいたい作成できました。実際にやってみると、レコードを取り出して表示したりする操作は意外と単純で決まりきったやり方になっていることがわかります。全部取り出すならモデルのobjects.allを呼び出すだけですし、特定のIDのレコードを取り出したければモデルのobjects.getでIDを指定するだけです。あとは取り出した値をテンプレートで表示していくだけ。

こういう「全部取り出す」「指定のIDだけ取り出す」といった単純な作業は、やることが決まっていますから、誰が作ってもだいたいビュー関数は同じになります。だったら、最初から「こういうことを自動でやってくれるビュー」といったものを用意してあれば、もっと作業が簡単になりますよね？

こうした考えから用意されたのが「ジェネリックビュー」と呼ばれるものです。これは、指定したモデルの全レコードを取り出したり、特定のIDのものだけを取り出すもっとも基本的な機能を持った既定のビュークラスです。このビュークラスを利用することで、面倒な処理を書くことなくレコードを取り出せるようになります。

ここでは、ジェネリックビューの代表的なものとして「ListView」と「DetailView」の2つのクラスを使ってみましょう。

ListViewについて

ListViewは、指定のモデルの全レコードを取り出すためのジェネリックビューです。これは、以下のような形で作成します。

●ListViewクラスの定義

```
from django.views.generic import ListView

class クラス名(ListView):
  model = モデル
```

実にシンプルですね。クラスには「model」という値を1つ用意しておくだけです。これにモデルのクラスを指定するだけで、そのモデルの全レコードが取り出されるようになります。

取り出されたレコードの値は、テンプレート側に「object_list」という名前の変数として渡されます。使用されるテンプレートは、「モデル_list.html」という名前のファイルになります。あらかじめこの名前のテンプレートファイルを用意しておき、その中でobject_listの値を順に取り出し表示するようにしておけばいいのです。

DetailViewについて

もう1つのDetailViewは、特定のレコードだけを取り出すためのジェネリックビューです。これは、以下のような形で作成します。

```
from django.views.generic import DetailView

class クラス名(DetailView):
  model = モデル
```

継承するクラスが違うだけで、基本的な使い方はListViewの場合とほとんど同じです。modelに利用するモデルのクラスを指定しておくだけで、そのモデルから値を取り出します。取り出されるレコードは、「pk」というパラメータでプライマリキーの値を渡すようになっています。

取り出された値は、objectという名前の変数としてテンプレートに渡されます。また利用されるテンプレートは、「モデル_detail.html」というファイル名のものになります。あらかじめこの名前のテンプレートを作成し、objectの値を利用する処理を用意しておけばいい、というわけですね。

Chapter 1 Chapter 2 Chapter 3 Chapter 4 Chapter 5

Friendをジェネリックビューで表示する

では、実際にジェネリックビューを使ってみましょう。ここでは、Friendモデルを使い、ListViewで全リストを、DetailViewで個々の詳細表示を行ってみることにします。

まず、ビュークラスから用意しましょう。「hello」フォルダ内のviews.pyファイルを開き、以下の文を追記してください。

リスト3-39
```
from django.views.generic import ListView
from django.views.generic import DetailView

class FriendList(ListView):
  model = Friend

class FriendDetail(DetailView):
  model = Friend
```

ここでは、FriendListとFriendDetailという2つのクラスを作成しています。それぞれListView, DetailViewを継承し、modelにFriendを設定しているだけの単純なものです。

これでビューは完成です。実に簡単ですね！

urlpatternsの登録

続いて、それぞれのビューにアクセスするためのURLを登録しておきましょう。「hello」フォルダ内のurls.pyを開いて、urlpatterns変数の部分を以下のように修正してください。

リスト3-40

```
from .views import FriendList
from .views import FriendDetail

urlpatterns = [
  ……略……,
  path('list', FriendList.as_view()),  #☆
  path('detail/<int:pk>', FriendDetail.as_view()),  #☆
]
```

urlpatternsの値は、既にあるものまで削除する必要はありません。☆マークの2文を追記すればいいだけです。合わせて、2つのimport文も記述しておいてください。

ここでは、まず'list'というURLにFriendList.as_view()を指定してあります。as_viewというのは、FriendListをビュークラスであるViewインスタンスとして取り出すためのメソッドです。要するに、「as_viewをつければ、ビューとしてpathに指定できる」と考えてください。

また、'detail'では、URLに<int:pk>というパラメータの指定が記述されています。これにより、/detail/番号 という形でアクセスすると、その番号がpkというパラメータとして渡されるようになります。DetailViewでは、pkパラメータの値をもとにレコードを取得する、というのを思い出しましょう。

friend_list.htmlの作成

これで準備は整いました。あとは、テンプレートを用意するだけです。では、FriendListクラスで使われるテンプレートから作成しましょう。これは、「templates」フォルダ内の「hello」フォルダの中に、「friend_list.html」という名前で作成をします。ファイルを用意したら、以下のように記述しておきましょう。

リスト3-41

```
{% load static %}
<!doctype html>
<html lang="ja">
```

Chapter 1
Chapter 2
Chapter 3
Chapter 4
Chapter 5

```
<head>
  <meta charset="utf-8">
  <title>{{title}}</title>
  <link href="https://cdn.jsdelivr.net/npm/bootstrap/dist/css/bootstrap.css"
  rel="stylesheet" crossorigin="anonymous">
</head>
<body class="container">
  <h1 class="display-4 text-primary">
    Friends List</h1>
  <table class="table">
    <tr>
      <th>id</th>
      <th>name</th>
      <th></th>
    </tr>
  {% for item in object_list %}
    <tr>
      <th>{{item.id}}</th>
      <td>{{item.name}}</td>
      <td><a href="/hello/detail/{{item.id}}">detail</a></td>
    <tr>
  {% endfor %}
  </table>
</body>
</html>
```

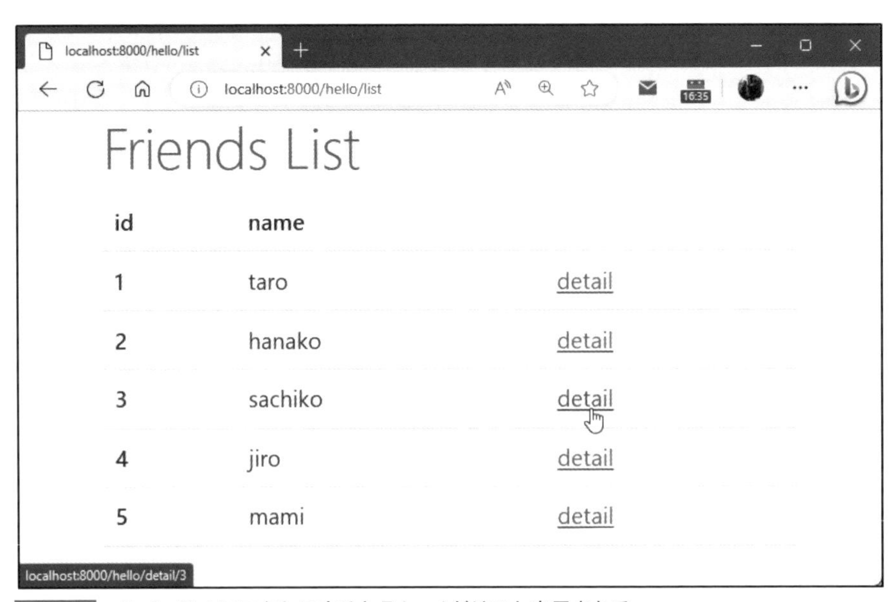

図3-43 /hello/listにアクセスするとFriendがリスト表示される。

ここでは、{% for item in object_list %}と繰り返しを用意してobject_listから順に値を取り出し、その内容をテーブルに出力しています。完成したら、http://localhost:8000/hello/list にアクセスして表示を確かめてみましょう。Friendのレコードがテーブルにまとめて表示されます。

friend_detail.htmlの作成

続いて、FriendDetailクラスで利用するテンプレートを作成しましょう。「templates」フォルダ内の「hello」フォルダ内に「friend_detail.html」という名前でファイルを用意します。そして以下のように記述をしましょう。

リスト3-42

```
{% load static %}
<!doctype html>
<html lang="ja">
<head>
  <meta charset="utf-8">
  <title>{{title}}</title>
  <link href="https://cdn.jsdelivr.net/npm/bootstrap/dist/css/bootstrap.css"
  rel="stylesheet" crossorigin="anonymous">
</head>
<body class="container">
  <h1 class="display-4 text-primary">
      Friends List</h1>
  <table class="table">
    <tr>
      <th>id</th>
      <th>{{object.id}}</th>
    </tr>
    <tr>
      <th>name</th>
      <td>{{object.name}}</td>
    </tr>
    <tr>
      <th>mail</th>
      <td>{{object.mail}}</td>
    </tr>
    <tr>
      <th>gender</th>
      <td>{{object.gender}}</td>
    </tr>
    <tr>
      <th>age</th>
```

```
        <td>{{object.age}}</td>
      </tr>
    </table>
  </body>
  </html>
```

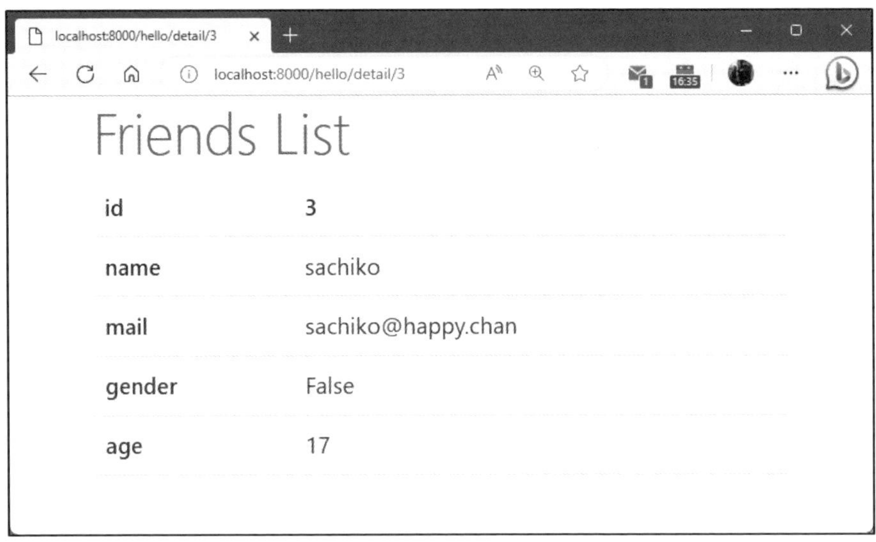

図3-44 /hello/listのリストから「detail」リンクをクリックすると、そのレコードの詳細表示画面になる。

/hello/listにアクセスして表示されるリストには、「detail」というリンクが用意されていました。これをクリックすると、/hello/detail/番号 というアドレスにアクセスし、指定のIDのレコード内容を表示します。ここでは、objectの中から値を取り出して表示しているだけです。

ジェネリックビューを使うと、ほとんどビューの部分を作成することなくレコードの表示が行えることがわかったでしょう。こういう「全レコードを取り出して表示する」といった処理はけっこう頻繁に行います。ただ表示するだけなら、ジェネリックビューを使えばこんなに簡単に表示ページを作れるのです。ぜひ、基本的な使い方ぐらいは覚えておきましょう。

CRUDより重要なものは？

ということで、CRUDの基本について説明をしました。「まだ、Readをやってないぞ」と思った人。Readは、レコードを取り出すことです。つまり、CRUDの説明の前にやった、allやgetを使った処理のことで、既にみなさんはできるようになっています。

これで「データベースアクセスの基本」といわれるCRUDができるようになりました。どうでしょう、データベースを使ったアプリが作れそうでしょうか？「全然、そうは思えない」って人もきっと多いことでしょう。それは、別にあなたが理解不足なわけではありません。

CRUDは、データベースアクセスの基本であって、「データベースを使ったアプリの基本機能」というわけではありません。データベースを使ったアプリを作ろうと思ったら、実はCRUDなんかよりはるかに重要なものがあるんです。それは「検索」です。

いかに的確に必要なレコードを取り出すか。これこそが、データベース利用アプリを作る上でもっとも重要なことなのです。では、続いて「検索」について説明をしていきましょう！

Section 3-5 検索をマスターしよう

ポイント

- ▶ filterを使ったフィルター処理の基本を覚えましょう。
- ▶ LIKEや数値の比較などさまざまなフィルター処理を使いましょう。
- ▶ ANDとORによる複数条件のフィルター処理について学びましょう。

検索とフィルター

さて、「検索」です。Djangoでは、モデルにはobjectsという属性があり、この中にManagerというクラスのインスタンスが入っていました。検索関係も、このManagerに用意されている機能を使います。それは「フィルター」という機能です。

フィルターは、たくさんあるデータの中から必要なものを絞り込むためのものです。このフィルターは、以下のようなメソッドとして用意されています。

```
変数 =《Model》.objects.filter( フィルターの内容 )
```

メソッド自体の使い方はとても単純です。問題は、フィルターの内容をどう設定すればいいかでしょう。この部分が、検索のテクニックともいえる部分なのです。これは、実際にいろいろと検索を行って身につけていくしかないでしょう。

ということで、さっそく検索を行うためのサンプルを作ってみましょう。

urlpatternsの修正

今回は、findというページを新たに用意することにします。まずはurlpatternsに追記をしておきましょう。「hello」フォルダ内のurls.pyを開き、変数urlpatternsの値を以下のように修正します。

リスト3-43

```
urlpatterns = [
  ……略……
  path('find', views.find, name='find'),  #☆
]
```

urlpatternsのリストの最後に、path('find', views.find, name='find') というように文が追加されていますね(☆の文)。これで、/hello/findにアクセスしたらviews.pyのfind関数が実行されるようになります。それ以外の、既に書かれているpath文は、そのまま残しておいて構いません。

FindFormを作る

では、findページを作りましょう。まずは、フォームからです。「hello」フォルダ内のforms.pyを開き、以下のスクリプトを追記してください。

リスト3-44

```
class FindForm(forms.Form):
  find = forms.CharField(label='Find', required=False, \
    widget=forms.TextInput(attrs={'class':'form-control'}))
```

非常にシンプルなFormクラスですね。findというCharFieldが1つ用意されているだけです。これで簡単な検索フォームを用意し、検索を行うことにしましょう。

find.htmlを作る

では、検索用のテンプレートを用意しましょう。「templates」フォルダ内の「hello」フォルダの中に、新たに「find.html」という名前でファイルを作成しましょう。そして以下のように内容を記述してください。

リスト3-45

```
{% load static %}
<!doctype html>
<html lang="ja">
<head>
  <meta charset="utf-8">
  <title>{{title}}</title>
  <link href="https://cdn.jsdelivr.net/npm/bootstrap/dist/css/bootstrap.css"
  rel="stylesheet" crossorigin="anonymous">
</head>
```

```
<body class="container">
  <h1 class="display-4 text-primary">
    {{title}}</h1>
  <p>{{message|safe}}</p>
  <form action="{% url 'find' %}" method="post">
  {% csrf_token %}
  {{ form.as_p }}
    <input type="submit" value="click"
      class="btn btn-primary">
  </form>
  <hr>
  <table class="table">
    <tr>
      <th>id</th>
      <th>name</th>
      <th>mail</th>
    </tr>
  {% for item in data %}
    <tr>
      <th>{{item.id}}</th>
      <td>{{item.name}}({{item.age}})</td>
      <td>{{item.mail}}</td>
    <tr>
  {% endfor %}
  </table>
</body>
</html>
```

Chapter 1
Chapter 2
Chapter 3
Chapter 4
Chapter 5

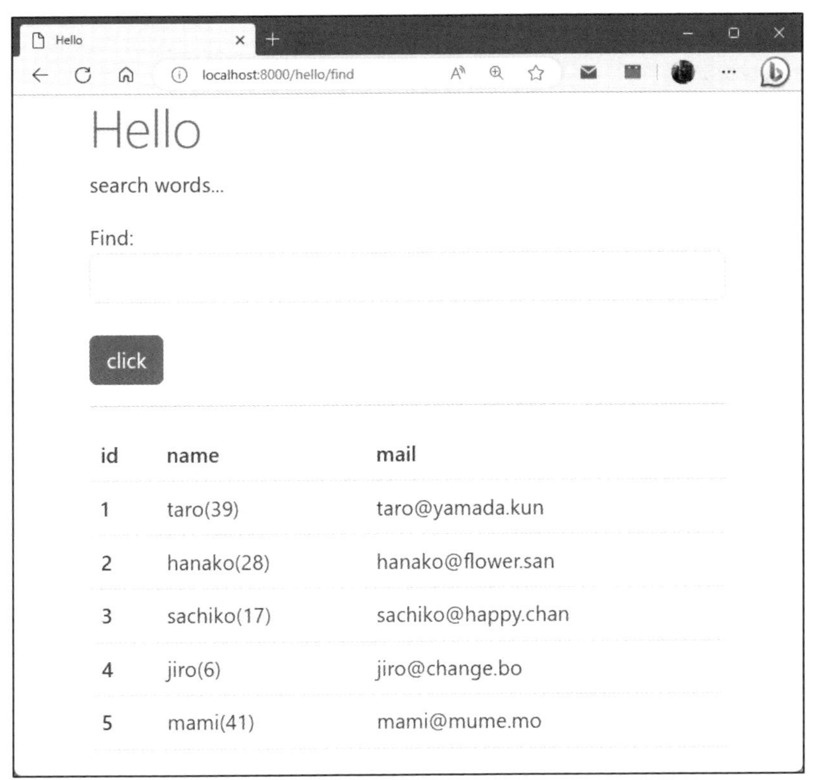

図3-45 find.htmlの表示。ただし、まだビュー関数がないので現時点では表示できない。これは完成した状態。

find関数を作る

続いて、ビュー関数です。「hello」フォルダ内のviews.pyを開き、以下のfind関数を追記しましょう(既に書かれている内容は消さないでください)。

リスト3-46

```
from .forms import FindForm   #この文を追記

def find(request):
  if (request.method == 'POST'):
    form = FindForm(request.POST)
    find = request.POST['find']
    data = Friend.objects.filter(name=find)
    msg = 'Result: ' + str(data.count())
  else:
    msg = 'search words...'
    form = FindForm()
    data =Friend.objects.all()
```

```
    params = {
        'title': 'Hello',
        'message': msg,
        'form':form,
        'data':data,
    }
    return render(request, 'hello/find.html', params)
```

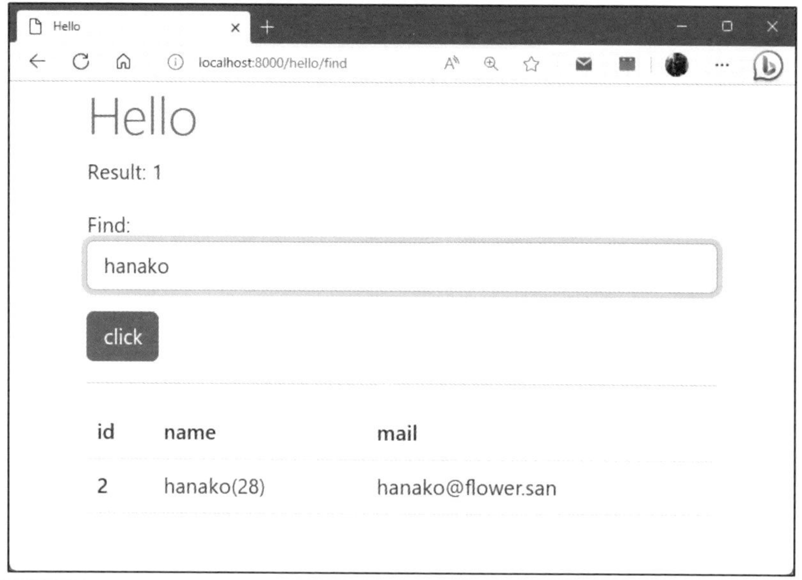

図3-46 入力フィールドに名前を書いて送信すると、その名前のレコードだけが表示される。

記述したら、http://localhost:8000/hello/find にアクセスしてみましょう。アクセスすると、フォームと全レコードを並べたテーブルが表示されます。このフォームに、検索したいレコードの名前を記入して送信すると、nameの値が入力したテキストと同じレコードだけを検索して表示します。

filterのもっともシンプルな使い方

ここでは、送信されたフォームの値を取り出し、nameからその値を探しています。この部分です。

```
find = request.POST['find']
data = Friend.objects.filter(name=find)
```

filterメソッドの引数には、「name=値」というように指定がされています。こんな具合に、検索する項目名の引数に値を指定することで、その項目から検索を行うことができます。例えば、ここではname=findとしていますね？ これで、「name項目の値がfindのレコード」だけを検索することができるのです。

こんな具合に、「項目名=値」という形でfilterの引数を指定すれば、それだけで指定のレコードを検索することができます。

LIKE検索ってなに？

filter(name=find)による検索は、nameの値が変数findと一致するものだけを検索します。これはたしかに便利なのですが、テキストの検索というのはもう少し柔軟性がないと使いにくいですね。例えば、「太郎」と検索したとき、「一太郎」も「山田太郎」も「太郎君」も検索できず、ただ「太郎」だけしか見つけられない、というのでは困ります。

こうした、より柔軟な検索が必要となったときに用いられるのが「LIKE（あいまい）検索」と呼ばれるものです。これは、検索テキストと完全一致するものだけを取り出すのではなく、検索テキストを含むものを取り出せるようにするためのものです。

これは、filterメソッドの「項目名＝値」の書き方に少し追記をするだけで利用できるようになります。以下に整理しましょう。

●値を含む検索

```
項目名__contains=値
```

●値で始まるものを検索

```
項目名__startswith=値
```

●値で終わるものを検索

```
項目名__endswith=値
```

例えば、name項目から、'太郎'を含むものを検索したければ、filterメソッドの引数に「name__contains='太郎'」と指定をすればいいわけです。これで、「一太郎」も「山田太郎」も「太郎君」も検索されるようになります。

__containsを試してみよう

では、実際に試してみましょう。先ほど記述したfind関数を修正してみます。「hello」フォルダ内にあるviews.pyを開き、そこにあるfind関数を以下のように修正してください。

リスト3-47

```
def find(request):
  if (request.method == 'POST'):
    form = FindForm(request.POST)
    find = request.POST['find']
    data = Friend.objects.filter(name__contains=find)  #☆
    msg = 'Result: ' + str(data.count())
  else:
    msg = 'search words...'
    form = FindForm()
    data =Friend.objects.all()
  params = {
    'title': 'Hello',
    'message': msg,
    'form':form,
    'data':data,
  }
  return render(request, 'hello/find.html', params)
```

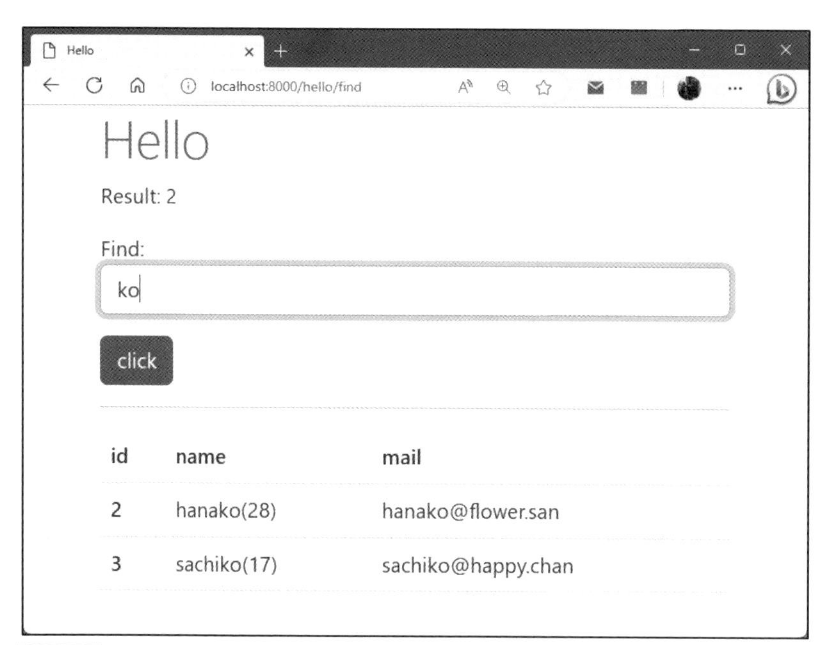

図3-47 LIKE検索を利用する。例えば、'ko'で検索すると、hanakoもsachikoも検索される。

☆の行が、修正された部分です。これで検索を実行すると、入力フィールドに書いたテキストをnameに含むものをすべて検索します。

ここでは__containsを使いましたが、name__startswithを使えば検索テキストで始まるものだけ、name__endswithならば検索テキストで終わるものだけを取り出すことができます。例えば、メールアドレスで「.comで終わるものだけ取り出したい」といったときは、

mail__endswith='.com' なんて具合にすればいいわけですね！

 大文字小文字を区別しない 

アルファベットのテキストを扱うとき、注意しないといけないのが「大文字と小文字」です。filterの検索では、大文字と小文字は別の文字として扱われます。例えば、'taro'を検索する場合、'Taro'や'TARO'は探し出せないのです。

こうした場合に用意されるのが、以下のようなものです。

●大文字小文字を区別しない検索

```
項目名__iexact=値
```

●大文字小文字を区別しないLIKE検索

```
項目名__icontains=値
項目名__istartswith=値
項目名__iendswith=値
```

__iexactは、完全一致の検索を行うものです。例えば、name__iexact='taro'とすれば、'taro'も'Taro'も'TARO'も探し出すことができます。

その後の3つは、大文字小文字を区別しないLIKE検索のためのものです。名前を見ればわかるように、それぞれ__のあとに「i」がついています。__containsならば、__icontainsとするだけで大文字小文字を区別しなくなるのです。

先ほどfind関数を修正しましたが、その☆の文を以下のように書き換えてみましょう。

リスト3-48

```
data = Friend.objects.filter(name__iexact=find)
```

書き換える際は、インデント(文の開始位置)に注意をしてください。インデントが正しくないとエラーになってしまいますから。書き換える文のすぐ上の文と同じ位置で始まるようにします。

これで、大文字小文字を区別せずに検索を行うようになります。試してみましょう。

Chapter 1 Chapter 2 Chapter 3 Chapter 4 Chapter 5

図3-48　検索すると、nameの値を大文字小文字を区別せずに検索する。

数値の比較

　数値を扱う検索の場合、重要なのは「数値の比較」です。例えば、「ageの値が20のものを検索」というならば、単純に「age=20」とすればよいでしょう。が、「ageが20以下のもの」というようになったときはどうすればいいのでしょう？

　こうした場合も、項目名のあとにテキストをつなげることで検索を行うことができます。数値関係の検索について以下にまとめておきましょう。

●値と等しい

```
項目名=値
```

●値よりも大きい

```
項目名__gt=値
```

●値と等しいか大きい

```
項目名__gte=値
```

●値よりも小さい

```
項目名__lt=値
```

●値と等しいか小さい

```
項目名__lte=値
```

これも実際に使ってみましょう。find関数の☆マークの文を以下のように書き換えてみてください。

リスト3-49

```
data = Friend.objects.filter(age__lte=int(find))
```

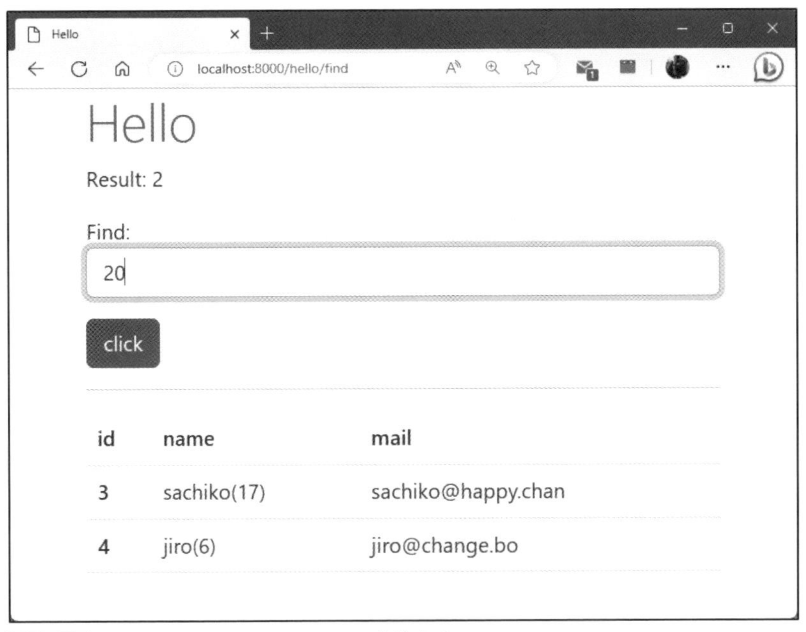

図3-49 入力した年齢以下のレコードを検索する。

入力フィールドに年齢を示す整数値を記入して送信すると、その年齢以下のレコードを検索し表示します。例えば、「20」と送信すれば、20歳以下のレコードを表示するわけですね。

ここでは、「age__lte=int(find)」というように実行をしていますね。フォームに用意してある入力フィールドはCharFieldで作成してあるので、送られてくる値はテキストであるため、intで整数にして比較してあります(ただし、これは省略してage__lte=findでもちゃんと動作してくれます。が、テキストを__lteで比較するのはなんとなく気持ちが悪いので整数に変換しています)。

○○歳以上○○歳以下はどうする？

「20歳以下」を検索することができました。では、「十代を検索」というのはどうでしょうか。

これは意外と難しいのです。なぜなら、これは同時に2つの条件を設定しなければいけないからです。

「十代を検索」というのは、年齢の値が10以上で、かつ20未満のものを探す、ということになります。両方の条件に合うものを探すわけで、そのためには同時に複数の条件を設定しなければいけません。

こうした「複数の条件を設定する」という場合、2種類のやり方があります。1つは「両方の条件に合うものを探す」というもの。もう1つは「どちらか1つでも合えば全部探す」というものです。

まずは、「両方の条件に合うものを探す」という場合から考えてみましょう。これは、実はとても簡単です。filterの引数に2つの条件を書けばいいんです。

```
変数 =《モデル》.objects.filter( 1つ目の条件 , 2つ目の条件 )
```

こうすれば、両方の条件を満たすものを検索することができます。

このように、複数の条件のすべてに合致するものだけを検索するやり方を「AND検索」といいます。ANDは、日本語では「論理積」と呼んだりします。「どちらも正しいもの」を探すやり方です。

Chapter 1 Chapter 2 Chapter 3 Chapter 4 Chapter 5

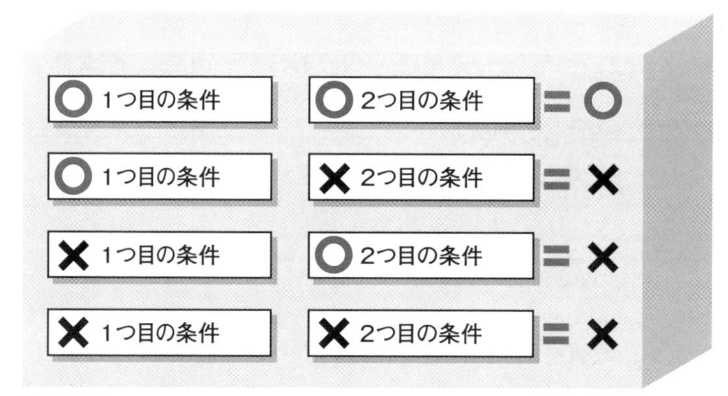

図3-50 AND検索は、2つの条件の両方に合うものだけを検索する。どちらか一方でも合わなければ検索しない。

○○以上○○以下を試してみる

では、実際にやってみましょう。「hello」フォルダ内のviews.pyを開き、find関数を以下のように書き換えてください。

リスト3-50
```
def find(request):
    if (request.method == 'POST'):
        form = FindForm(request.POST)
```

```
        find = request.POST['find']
        val = find.split()
        data = Friend.objects.filter(age__gte=val[0], age__lte=val[1])  #☆
        msg = 'search result: ' + str(data.count())
    else:
        msg = 'search words...'
        form = FindForm()
        data =Friend.objects.all()
    params = {
        'title': 'Hello',
        'message': msg,
        'form':form,
        'data':data,
    }
    return render(request, 'hello/find.html', params)
```


これは、「○○歳以上○○歳以下」を検索するサンプルです。入力フィールドに、検索する最小年齢と最大年齢を半角スペースで区切って書いてください。例えば、「10 19」とすれば、十代を検索します。

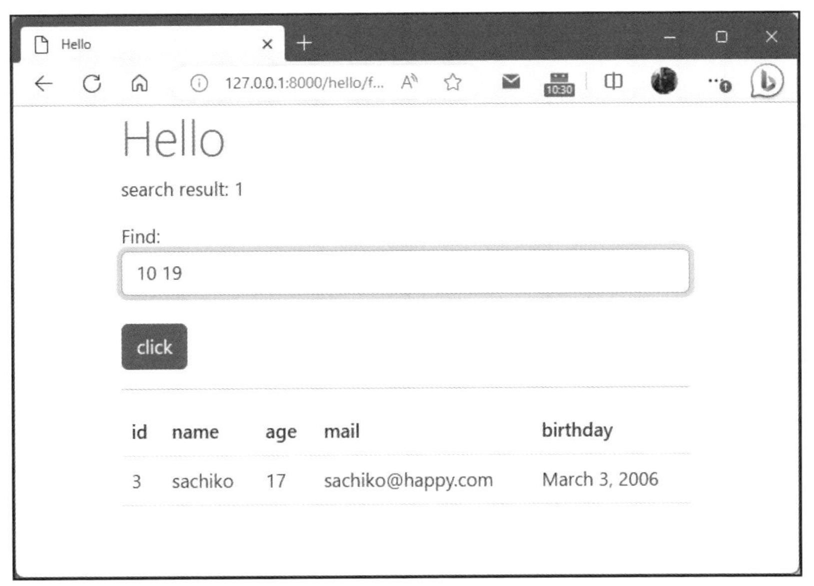

図3-51 「10 19」というように2つの整数をスペースで区切って書くと、年齢が十代のレコードを検索する。

2つの条件でフィルター処理する

では、コードを確認しましょう。ここでは、まず入力されたテキストを取り出し、それをスペースで分けます。

```
find = request.POST['find']
val = find.split()
```

「split」というメソッドは、テキストを決まった文字や記号で分割したリストを返します。引数を省略すると、半角スペースや改行でテキストを分割します。これで、例えば「10 20」と入力されたテキストは、[10, 20] というリストになります。

あとは、リストの値を使ってfilterメソッドを呼び出し、検索を行うだけです。

```
data = Friend.objects.filter(age__gte=val[0], age__lte=val[1])
```

この文ですね。1つ目の引数では「age__gte=val[0]」という条件を、2つ目は「age__lte=val[1]」という条件をそれぞれ実行しています。これで、val[0]以上val[1]以下のレコードが取り出されるわけです。

filterメソッドは、引数は2つだけでなく、いくつでも条件を記述することができます。つまり、3つでも4つでも条件を設定し、「すべての条件に合うもの」を検索できるのです。

別の書き方もある！

このやり方はとてもわかりやすいんですが、filterの引数内にいくつもの条件を記述するため、かなりわかりにくいコードになってしまいます。実際に試してみると、filterの引数が延々と続く文ができあがってしまうでしょう。もう少しわかりやすい書き方はないのか？と思う人もいるかもしれませんね。

実は、もっとわかりやすい書き方もあります。filterメソッドを複数書けばいいのです。つまり、こういうことです。

```
変数 =《モデル》.objects \
    .filter( 1つ目の条件 ) \
    .filter( 2つ目の条件 ) \
    .filter( 3つ目の条件 ) \
    .filter( 4つ目の条件 ) \
    ……略……
```

こんな具合にすれば、だいぶ条件もわかりやすくなりますね。条件の数が増えた場合もまったく同様なので、1つ1つの条件も整理できます。

先ほど書いたサンプル(find関数)の☆マークの部分を以下のように書き換えてみてください。

リスト3-51

```
data = Friend.objects \
  .filter(age__gte=val[0]) \
  .filter(age__lte=val[1])
```

これでも、まったく同じように検索できます。この例では、2つのfilterが連続して実行されているのがわかりますね。

AもBもどっちも検索したい！

もう1つの「どちらか一方でも合えば検索」というものも、けっこう必要となることは多いものです。例えば、「名前かメールアドレスのどちらかが'taro'のもの」を探す、となると、nameとmailの両方から検索をしないといけませんね。こういうときに必要となります。

これは、ちょっとわかりにくいのでしっかり書き方を頭に入れておきましょう。

```
変数 = 《モデル》.objects.filter( Q( 1つ目の条件 ) | Q( 2つ目の条件 ) )
```

なんだか不思議な書き方をしていますね。Qという関数の引数に条件を指定したものを「|」記号でつなげてfilterの引数に書いています。わかりにくいですが、「条件は、Qという関数の引数に書く」「それぞれの条件は、|記号でつなげて書く」というこの2点をしっかり理解すれば、書けるようになるはずですよ。

この書き方も、2つ以上の条件を設定できます。それぞれの条件を|記号でつなげていけばいいのです。

このように、「複数の条件のどれかが合えば検索する」というやり方を「OR検索」といいます。日本語でいうと「論理和」というものです。

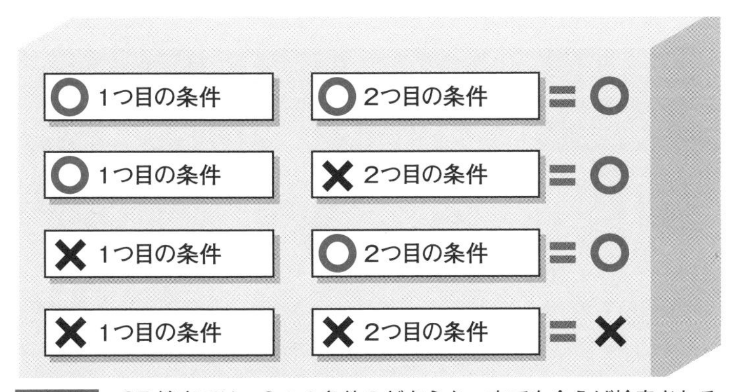

図3-52 OR検索では、2つの条件のどちらか一方でも合えば検索される。

nameとmailから検索する

では、これもやってみましょう。「hello」フォルダ内のviews.pyを開いて、先ほど修正したfind関数を以下のように書き換えてください。

リスト3-52

```
from django.db.models import Q #この文を冒頭に追記

def find(request):
    if (request.method == 'POST'):
        msg = 'search result:'
        form = FindForm(request.POST)
        find = request.POST['find']
        data = Friend.objects.filter\
            (Q(name__contains=find)|Q(mail__contains=find))  #☆
    else:
        msg = 'search words...'
        form = FindForm()
        data =Friend.objects.all()
    params = {
        'title': 'Hello',
        'message': msg,
        'form':form,
        'data':data,
    }
    return render(request, 'hello/find.html', params)
```

図3-53　nameかmailかのどちらかに検索テキストがあればすべて検索する。

最初にあるfrom django.db.models import Qは、スクリプトの最初のところに忘れず書いてくださいね。これがないと、Q関数でエラーになってしまいますから。

これで入力フィールドにテキストを書いて検索すると、nameかmailのどちらかにテキストが含まれているレコードを全部検索します。

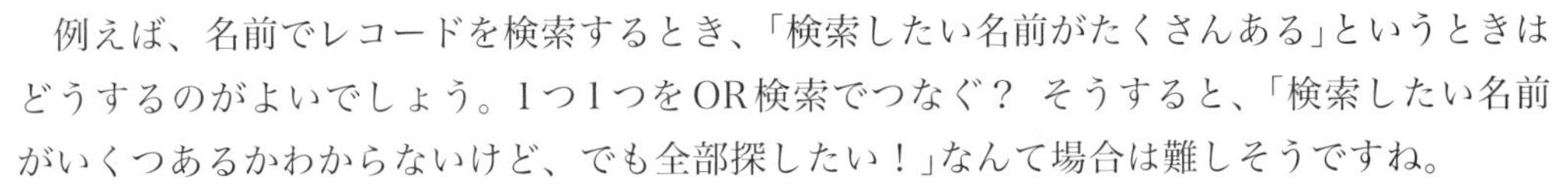

リストを使って検索

例えば、名前でレコードを検索するとき、「検索したい名前がたくさんある」というときはどうするのがよいでしょう。1つ1つをOR検索でつなぐ？　そうすると、「検索したい名前がいくつあるかわからないけど、でも全部探したい！」なんて場合は難しそうですね。

こういうとき、filterには「リストを使った検索」を行う機能があります。これは以下のように実行します。

```
変数 =《モデル》.objects.filter( 項目名__in=リスト )
```

これで、指定の項目にリストの中の値があれば検索するようになります。例えば、['太郎', '次郎', '三郎']とすれば、この3人のレコードを全部取り出すことができる、というわけです。

書いた名前を全部検索する！

では、実際にこれも試してみましょう。「hello」フォルダ内のviews.pyを開き、find関数を以下のように書き換えてください。

リスト3-53

```
from django.db.models import Q #この文を冒頭に追記

def find(request):
    if (request.method == 'POST'):
        msg = 'search result:'
        form = FindForm(request.POST)
        find = request.POST['find']
        list = find.split()
        data = Friend.objects.filter(name__in=list)   #☆
    else:
        msg = 'search words...'
        form = FindForm()
        data =Friend.objects.all()
    params = {
        'title': 'Hello',
        'message': msg,
        'form':form,
        'data':data,
    }
    return render(request, 'hello/find.html', params)
```

入力フィールドに、検索したい名前を半角スペースで区切って書いていきましょう。「taro jiro ichiro ……」みたいな感じですね。いくつ書いても構いません。すべて書いて送信すると、それらの名前のレコードがすべて表示されます。

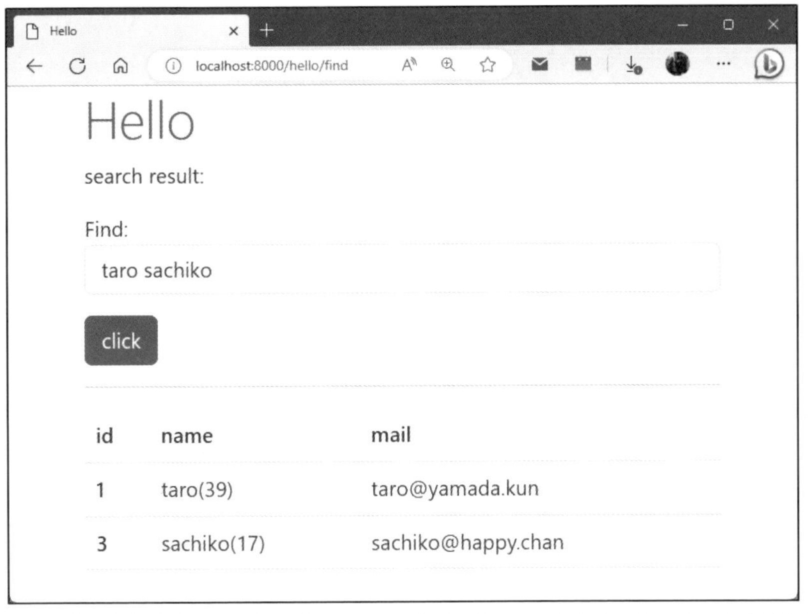

図3-54 名前をスペースで区切って記述していくと、それらの名前のレコードをすべて検索し表示する。

Chapter 1
Chapter 2
Chapter 3
Chapter 4
Chapter 5

リストでフィルター処理する

ではコードを見てみましょう。ここでは、まず入力された名前をリストに変換します。

```
find = request.POST['find']
list = find.split()
```

これは前にもやりましたね。splitで半角スペースでテキストを分割しリストを作ります。これをもとに検索を行えばいいのです。

```
data = Friend.objects.filter(name__in=list)
```

これで、nameからリストの名前を検索していきます。nameの名前が、リストのどれか1つにでも合えばすべて取り出されます。

この章のまとめ

この章は、データベースの基本的な機能をすべて詰め込んだので、これまたかなり濃厚な内容になってしまいました。これら説明したものをすべて覚えるのは至難の業でしょう。

Djangoを使ってそこそこ動くプログラムを作っていくためには、この章で説明したものをすべて覚えないとダメ！というわけではありません。重要なものをいくつか覚えておけば十分です。以下に整理しておきましょう。

allとgetは基本中の基本！

最初に使った、allメソッドとgetメソッド。この2つは、データベースを扱う上でのもっとも基本となるものです。「全部取り出す」「指定のIDを取り出す」の2つですね。これらの使い方だけはしっかり覚えておきましょう。

CRUDは「C」だけは覚えよう！

データベースアクセスの基本はCRUDですが、今すぐこれらすべてをマスターする必要はありません。とりあえず、「Create」(新規作成)だけできるようになっておきましょう。フォームを送信してレコードを保存するというのは、どんなWebアプリでも必ず必要となる機能ですから。

このCreateでは、forms.Formを使ったやり方と、ModelFormを使ったやり方について説明をしましたが、ModelFormのほうだけ覚えておけば十分ですよ。

filterの基本は覚えておこう

検索の基本は、filterメソッドです。とりあえず、「項目名=値」と引数に指定して検索するやり方だけはしっかり覚えておきましょう。これは、検索の基本です。それ以外のものは、「覚えられたら覚える」と考えておきましょう。__containsを使ったLIKE検索ぐらいは覚えておくとあとでいろいろ使えますね。

数字の比較に関するものもいろいろありましたが、これらは「覚えられたら覚える」ぐらいに考えておきましょう。今ここで全部暗記する必要はありません。

基本は「検索」と「新規作成」

データベースにはさまざまな機能がありますが、おそらくアプリを作るとき最初に必要となるのは「検索」と「新規作成」です。他はとりあえずなくともなんとかなるはずです。

検索は、機能がいろいろありすぎるので、一番の基本である「全部取り出す」「ID番号で取り出す」「同じ値のものを取り出す」の3つだけできるようになりましょう。このぐらいできるようになれば、データベースを使った簡単なプログラムぐらいは作れるようになるはずです。

Chapter

4

データベースを使いこなそう

データベース関連は、まだまだ多くの機能が盛り込まれています。ここではそれらの中から、重要なものとしてソートや集計、バリデーション、ページネーション、リレーションといったものについて説明しましょう。

Section 4-1
データベースを更に極める！

ポイント

- ▶ order_byによるレコードの並べ替えを使いましょう。
- ▶ aggregateによる集計の方法を覚えましょう。
- ▶ SQLのクエリを直接実行してみましょう。

レコードの並べ替え

この章では、モデル関連について更に突っ込んで説明していくことにします。といっても、ここで取り上げるものは「今すぐ全部覚えないとダメ！」というものではありません。Djangoに慣れてある程度使いこなせるようになったときに知っておきたいもの、と考えていいでしょう。

ということで、最初から全部覚えようと気負わずに、「どんなものがあるか、ざっと目を通しておく」ぐらいの気持ちで読み進めていきましょう。

並べ替えの基本

まずは、データベース関係の機能からです。最初に挙げるのは、レコードの「並べ替え」についてです。

allやfilterなどで多数のレコードを検索したとき、基本的にはレコードの作成順(ID番号順)に並んで表示されます。が、場合によっては他の基準で並べ替えて表示したい場合もあります。

レコードの並べ替えは、Managerクラスの「order_by」というメソッドで行えます。

```
《モデル》.objects.《allやfilterなど》.order_by( 項目名 )
```

order_byは、allやfilterなど複数レコードを取得するメソッドのあとに続けて記述します。

引数には、並べ替えの基準となる項目の名前を指定します。これは、複数を指定することもできます。例えば、('name', 'mail')と引数を指定すれば、まずname順で並べ替え、同じnameのものがあった場合はそれらをmail順に並べるようにできます。

年齢順に並べ替える

では、実際に並べ替えをやってみましょう。「hello」アプリケーションのindexページを書き換えて使うことにします。「hello」フォルダ内のviews.pyを開き、そこにあるindex関数を下のように書き換えてください。

リスト4-1

```
def index(request):
    data = Friend.objects.all().order_by('age')     #☆
    params = {
        'title': 'Hello',
        'message':'',
        'data': data,
    }
    return render(request, 'hello/index.html', params)
```

ここでは、order_by('age')とメソッドを追記してあります。これで、レコードをage順に並べ替えることができます。

ついでに、テンプレートも少し修正しておきましょう。「templates」フォルダ内の「hello」フォルダ内にあるindex.htmlを開き、<body>タグの部分を以下のように書き換えましょう。

リスト4-2

```
<body class="container">
    <h1 class="display-4 text-primary">
        {{title}}</h1>
    <p>{{message|safe}}</p>
    <table class="table">
        <tr>
            <th>id</th>
            <th>name</th>
            <th>age</th>
            <th>mail</th>
            <th>birthday</th>
        </tr>
    {% for item in data %}
        <tr>
            <td>{{item.id}}</td>
```

```
            <td>{{item.name}}</td>
            <td>{{item.age}}</td>
            <td>{{item.mail}}</td>
            <td>{{item.birthday}}</td>
        <tr>
    {% endfor %}
    </table>
</body>
```

今まで、オブジェクトをそのまま表示していたためちょっとわかりにくかったので、レコードの全値をテーブル表示する形に改めました。http://localhost:8000/hello/ にアクセスしてみましょう。レコードがageの小さいものから順に並べ替えられているのがよくわかります。

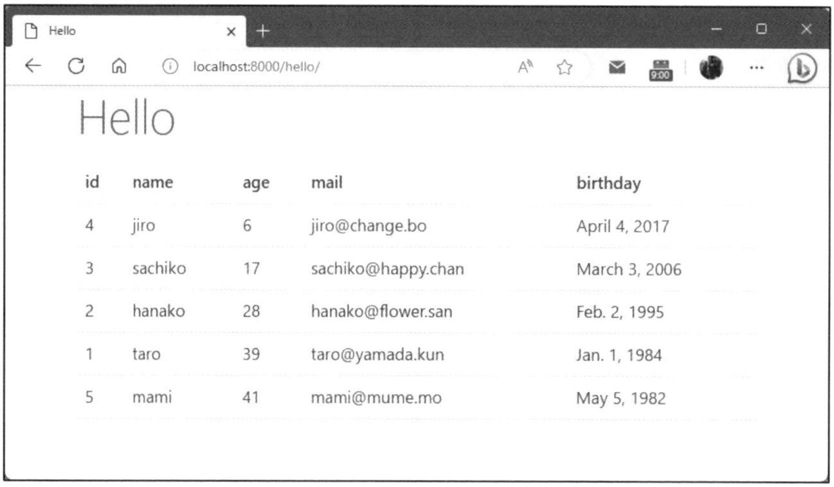

Hello

localhost:8000/hello/

Hello

id	name	age	mail	birthday
4	jiro	6	jiro@change.bo	April 4, 2017
3	sachiko	17	sachiko@happy.chan	March 3, 2006
2	hanako	28	hanako@flower.san	Feb. 2, 1995
1	taro	39	taro@yamada.kun	Jan. 1, 1984
5	mami	41	mami@mume.mo	May 5, 1982

図4-1　アクセスすると、ageの小さいものから順に並べ替えて表示される。

逆順はどうする？

order_byメソッドは非常にシンプルです。ただ項目名を指定するだけで自動的に並べ替えてくれます。あまりにシンプルすぎて、こういう疑問が湧くでしょう。「で、逆順にするにはどうするんだ？」と。

実は、order_byメソッドには、そんな機能はありません。常に昇順(ABC順、小さい順)で並べ替えます。では逆順にしたいときはどうするのか？ その場合は「並び順を逆にするメソッド」を使うのです。

```
《allやfilterなど》.order_by( 項目名 ).reverse()
```

このようにすると、指定した項目で逆順に並べることができます。最後の「reverse」というメソッドが、並び順を逆にするためのものです。

先ほど修正したindex関数を少し書き換えて、逆順にしてみましょう。

リスト4-3
```
def index(request):
    data = Friend.objects.all().order_by('age').reverse()    #☆
    params = {
        'title': 'Hello',
        'message':'',
        'data': data,
    }
    return render(request, 'hello/index.html', params)
```

Hello

localhost:8000/hello/

Hello

id	name	age	mail	birthday
5	mami	41	mami@mume.mo	May 5, 1982
1	taro	39	taro@yamada.kun	Jan. 1, 1984
2	hanako	28	hanako@flower.san	Feb. 2, 1995
3	sachiko	17	sachiko@happy.chan	March 3, 2006
4	jiro	6	jiro@change.bo	April 4, 2017

図4-2 アクセスすると、年齢(age)の大きいものから順に表示される。

修正したらhttp://localhost:8000/hello/ にアクセスして表示を確かめましょう。今度はageの大きいものから順に並べられるのがわかります。

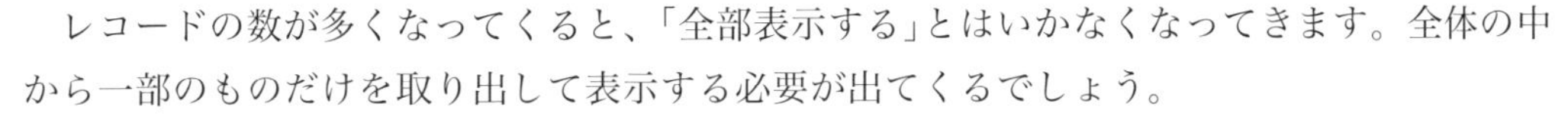

指定した範囲のレコードを取り出す

レコードの数が多くなってくると、「全部表示する」とはいかなくなってきます。全体の中から一部のものだけを取り出して表示する必要が出てくるでしょう。

allやfilterなどで取り出されるのは、QuerySetというクラスのインスタンスです。このQuerySetでは、一般的なリストと同じように、その後に[]記号を使って取り出す値を指定することができます。

```
《QuerySet》[ 開始位置 : 終了位置 ]
```

位置は、最初のレコードの前がゼロとなり、1つ目と2つ目の間が1，2つ目と3つ目の間が2……となります。この[]記号を使って取り出す値の位置を指定すれば、好きなように値が取り出せます。

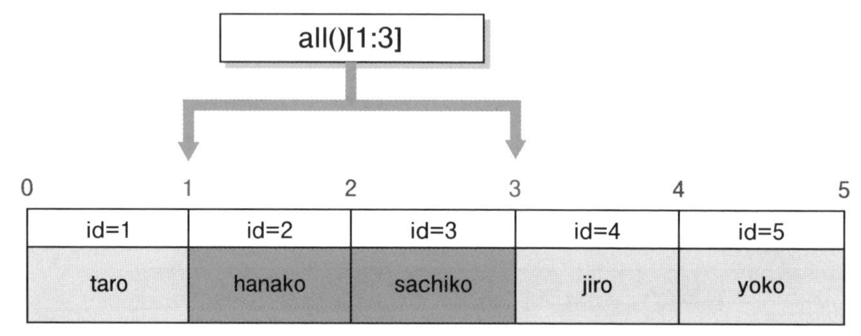

図4-3 []を使うことで、特定の範囲のレコードを取り出すことができる。

位置を指定して取り出してみる

では、これも試してみましょう。今回は、findページを利用することにします。「hello」フォルダ内のviews.pyを開き、find関数を以下のように書き換えてください。

リスト4-4

```
def find(request):
    if (request.method == 'POST'):
        msg = 'search result:'
        form = FindForm(request.POST)
        find = request.POST['find']
        list = find.split()
        data = Friend.objects.all()[int(list[0]):int(list[1])]    #☆
    else:
        msg = 'search words...'
        form = FindForm()
        data =Friend.objects.all()
    params = {
        'title': 'Hello',
        'message': msg,
        'form':form,
        'data':data,
    }
    return render(request, 'hello/find.html', params)
```

find.htmlを修正しよう

ついでに、テンプレートの表示も修正しておきましょう。「templates」フォルダ内の「hello」フォルダ内にあるfind.htmlを開き、<body>タグの部分を以下のように書き換えてください。

リスト4-5

```
<body class="container">
  <h1 class="display-4 text-primary">
    {{title}}</h1>
  <p>{{message|safe}}</p>
  <form action="{% url 'find' %}" method="post">
  {% csrf_token %}
  {{ form.as_p }}
  <tr><th></th><td>
    <input type="submit" value="click"
      class="btn btn-primary mt-2"></td></tr>
  </form>
  <hr>
  <table class="table">
    <tr>
      <th>id</th>
      <th>name</th>
      <th>age</th>
      <th>mail</th>
      <th>birthday</th>
    </tr>
  {% for item in data %}
    <tr>
      <td>{{item.id}}</td>
      <td>{{item.name}}</td>
      <td>{{item.age}}</td>
      <td>{{item.mail}}</td>
      <td>{{item.birthday}}</td>
    <tr>
  {% endfor %}
  </table>
</body>
```

修正したら、http://localhost:8000/hello/find にアクセスをしましょう。そして、入力フィールドに「2 5」というように、開始位置と終了位置を半角スペースで区切って記述し、送信します。これで、指定した範囲のレコードだけが表示されるようになります。

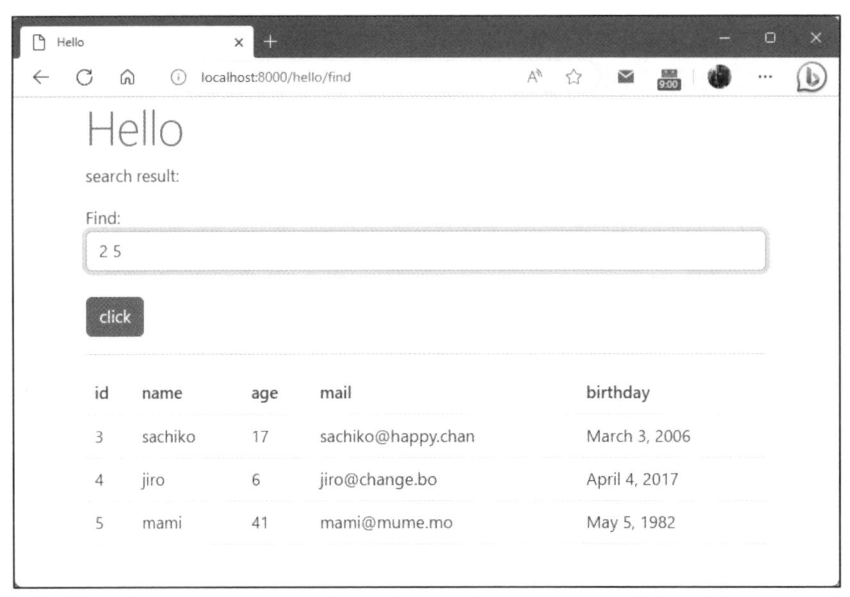

図4-4 入力フィールドに「2 5」とすると、id=3～5のレコードが表示される。テーブルの状態によって、取り出されるIDなどは変わることもある。

レコード検索の流れ

ここでは、ifでPOST送信されたかどうかをチェックし、送信された場合には、テキストを分割してリストにします。これは既におなじみの処理ですね。

```
find = request.POST['find']
list = find.split()
```

そして、送られた値をもとにallで得た中から指定範囲のレコードだけを取り出します。

```
data = Friend.objects.all()[int(list[0]):int(list[1])]
```

送信されたlist[0]からlist[1]までの範囲に絞り込んでいるのがわかるでしょう。ただし、この[]で指定する値は整数値でなければいけないので、int(list[0])というように整数に変換して利用しています。テキスト値のままではエラーになるので注意しましょう。

レコード集計とaggregate

多量の数値データなどを扱う場合、保存してある値を取り出すだけでなく、必要なレコードの値を集計処理することもよくあります。こういうときは、必要なレコードをallやfilterで取り出し、そこから値を順に取り出して集計し計算する、というのが一般的でしょう。

が、例えば「合計」や「平均」などの一般的な集計ならば、もっと簡単な方法があります。集計用の関数を使い、「aggregate」というメソッドで集計を行わせるのです。これは、以下のように利用します。

```
変数 = 《モデル》.objects.aggregate( 関数 )
```

引数には、django.db.modelsに用意されている集計用の関数を記述します。これには以下のようなものがあります。

Count(項目名)	指定した項目のレコード数を返します。
Sum(項目名)	指定した項目の合計を計算します。
Avg(項目名)	指定した項目の平均を計算します。
Min(項目名)	指定した項目から最小値を返します。
Max(項目名)	指定した項目から最大値を返します。

これらの関数を、aggregateの引数に指定して呼び出すことで、簡単な集計を行うことができるのです。

ageの集計をしてみる

では、実際に試してみましょう。今回も、indexページを修正して使うことにします。「hello」フォルダ内のviews.pyを開き、index関数を以下のように書き直してください。

リスト4-6
```
from django.db.models import Count,Sum,Avg,Min,Max

def index(request):
  data = Friend.objects.all()
  re1 = Friend.objects.aggregate(Count('age'))     #☆
  re2 = Friend.objects.aggregate(Sum('age'))     #☆
  re3 = Friend.objects.aggregate(Avg('age'))     #☆
  re4 = Friend.objects.aggregate(Min('age'))     #☆
  re5 = Friend.objects.aggregate(Max('age'))     #☆
  msg = 'count:' + str(re1['age__count']) \
    + '<br>Sum:' + str(re2['age__sum']) \
    + '<br>Average:' + str(re3['age__avg']) \
```

```
    + '<br>Min:' + str(re4['age__min']) \
    + '<br>Max:' + str(re5['age__max'])
  params = {
    'title': 'Hello',
    'message':msg,
    'data': data,
  }
  return render(request, 'hello/index.html', params)
```

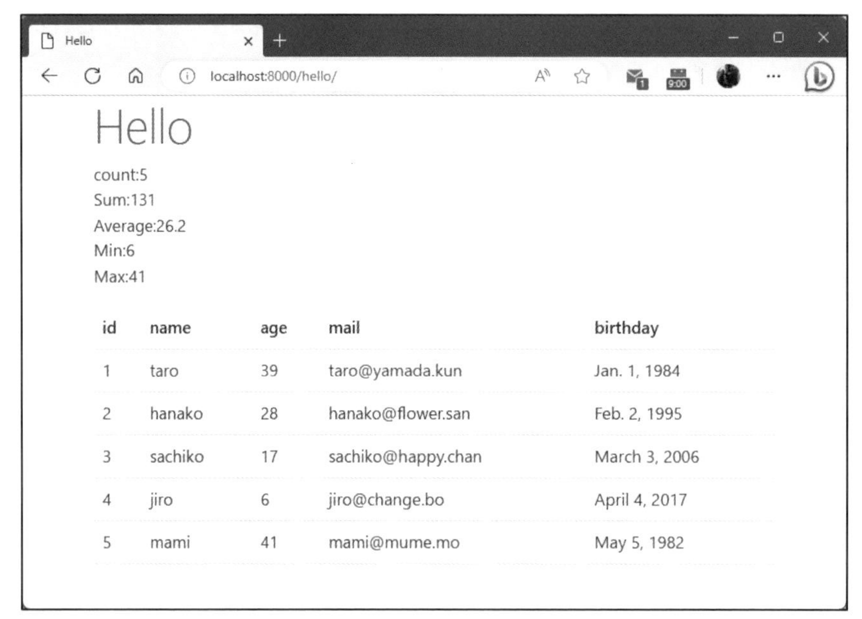

図4-5 ageのレコード数、合計、平均、最大値、最小値といったものを表示する。

今回は、集計用の関数を利用するため、最初のfrom django.db.models import Count,Sum,Avg,Min,Maxという文を必ず追記しておいてください。

http://localhost:8000/hello/ にアクセスすると、ageのレコード数、合計、平均、最小値、最大値を表示します。こうした集計処理が非常に簡単に行えることがわかりますね。

ここでの集計処理を行っている部分を見てみましょう。こんな具合に計算しています。

```
re1 = Friend.objects.aggregate(Count('age'))
re2 = Friend.objects.aggregate(Sum('age'))
re3 = Friend.objects.aggregate(Avg('age'))
re4 = Friend.objects.aggregate(Min('age'))
re5 = Friend.objects.aggregate(Max('age'))
```

aggregateメソッドの引数に、Count、Sum、Avg、Min、Maxといった関数を指定しています。これで値が取り出せます。ただし！ 得られるのは整数値ではありません。辞書の形になっているため、そこから値を取り出す必要があります。

```
msg = 'count:' + str(re1['age__count']) \
   + '<br>Sum:' + str(re2['age__sum']) \
   + '<br>Average:' + str(re3['age__avg']) \
   + '<br>Min:' + str(re4['age__min']) \
   + '<br>Max:' + str(re5['age__max'])
```

re1['age__count']というようにして値を取り出していますね。Count('age')による値は、'age__count'という値として保管されています。得られる値は、以下のような名前になっているのです。

```
'項目名__関数名'
```

項目名と、使用した関数名を半角アンダースコア2文字でつないだ名前になります。なお、得られる値は整数値なので、ここではテキストに変換して利用しています。

SQLを直接実行する

Djangoでは、filterを使ってたいていの検索は行えるようになっています。が、本格的なアプリ開発で、非常に複雑な検索を行う必要があるような場合、filterを組み合わせてそれを実現するのはかなり大変かもしれません。

そういうときは、「SQLのクエリを直接実行する」という技が用意されています。SQLデータベースは、SQLのクエリ(要するにコマンド)でデータベースとやり取りしますから、Djangoの中から直接SQLクエリを実行できれば、どんなアクセスも思いのままというわけです。

これには、Managerクラスに用意されている「raw」というメソッドを使います。Managerというのは、モデルのobjectsに設定されているオブジェクトでした。

```
変数 =《モデル》.objects.raw( クエリ文 )
```

このように、引数にSQLクエリのテキストを指定して実行することで、それを実行した結果を受け取ることができます。

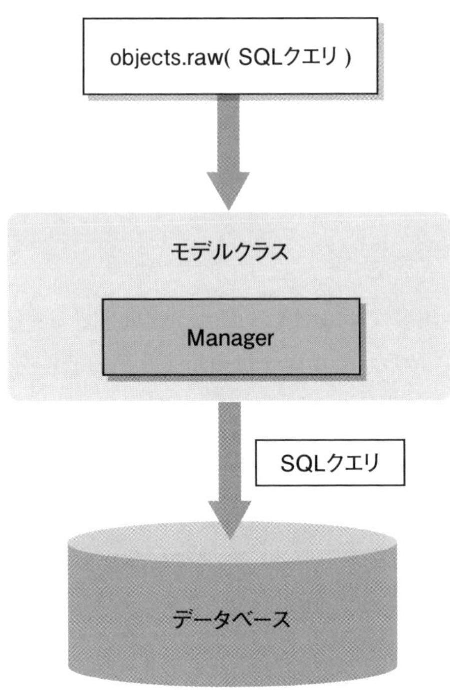

図4-6　SQLクエリを引数にしてrawメソッドを呼び出すと、そのSQLクエリがそのままSQLデータベースに送られて実行される。

findを修正しよう

これは、SQLクエリがどういうものかわからないと使えません。そこで、実際にSQLクエリを実行できるサンプルを作ってみましょう。

これは、findページを利用することにします。「hello」フォルダ内のviews.pyを開き、find関数を以下のように書き換えてください。

リスト4-7

```
def find(request):
    if (request.method == 'POST'):
        msg = request.POST['find']
        form = FindForm(request.POST)
        sql = 'select * from hello_friend'
        if (msg != ''):
            sql += ' where ' + msg
        data = Friend.objects.raw(sql)
        msg = sql
    else:
        msg = 'search words...'
```

```
        form = FindForm()
        data =Friend.objects.all()
    params = {
        'title': 'Hello',
        'message': msg,
        'form':form,
        'data':data,
    }
    return render(request, 'hello/find.html', params)
```

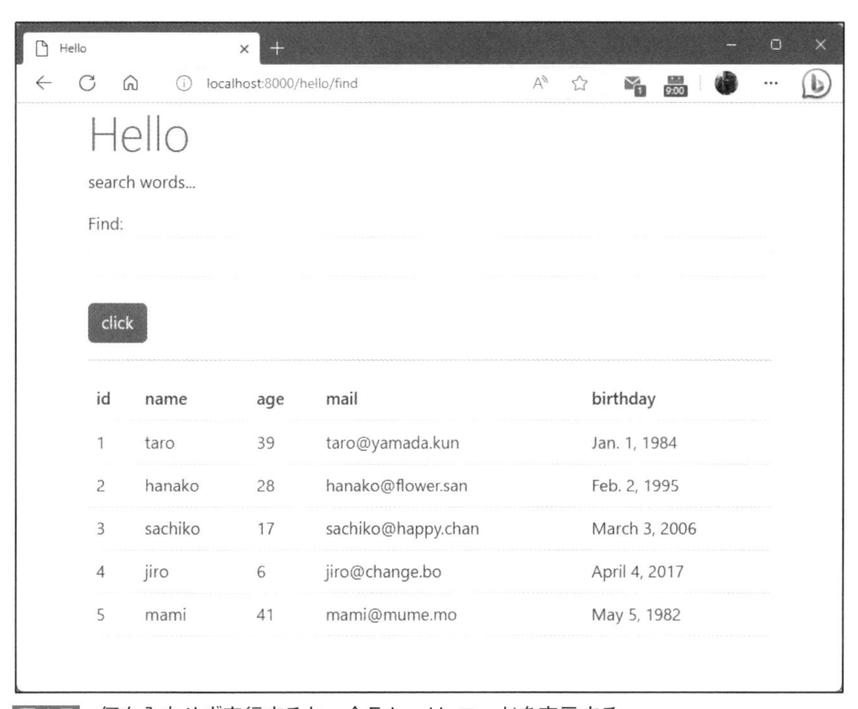

図4-7 何も入力せず実行すると、全Friendレコードを表示する。

修正したら、実際に http://localhost:8000/hello/find にアクセスしてみましょう。とりあえず、何も入力せずに実行すると、全レコードが表示されます。データベースアクセスそのものはちゃんと動いているのが確認できますね。

SQL文実行の流れ

では、ここでどうやってSQLクエリを実行しているのか見てみましょう。まず、ifを使ってPOST送信されているのをチェックし、変数sqlにアクセスするSQLクエリ文を用意します。

```
sql = 'select * from hello_friend'
```

これがその文です。この文の意味についてはあとで説明するとして、これで全レコードを取り出す処理ができたと考えてください。

フォームからなにかテキストが送信されてきた場合は、このSQLクエリのあとに更に文を追加します。

```
if (msg != ''):
    sql += ' where ' + msg
```

先ほどのテキストのあとに、'where ○○'という形でテキストを追加します。これもあとで説明しますが、これで検索の条件などを設定できるようにしているのです。

```
data = Friend.objects.raw(sql)
```

最後に、完成した変数sqlを引数にしてrawメソッドを呼び出せばそのSQLクエリが実行されるというわけです。

SQLクエリを実行しよう

では、具体的にどういう文を書けばいいんでしょうか。SQLクエリがどんなものか知らないと、これはまったく使えません。そこで、SQLクエリの基本について簡単に説明しておきましょう。

ただし！ SQLは、これだけでも非常に奥の深い世界ですから、「ここにあるものを覚えたら完璧！」なんて思わないでください。ここで紹介するのは、ごくごく基本的なSQLクエリの使い方だけです。これらを実際に使ってみて、「データベースアクセスって、やりだすとなかなかおもしろいな」と思ったなら、別途SQLについて勉強してみましょう。

テーブル名は「hello_friend」

さて、まずは先ほど使ったSQLクエリについて改めて説明しておきましょう。ここでは、何もテキストを入力していない場合も、変数sqlに以下のようなテキストを設定していました。

```
select * from hello_friend
```

hello_friendは、テーブルの名前です。ここまで、「Friendのテーブル名はfriendsだ」と説明してきました。adminによる管理ツールでも、friendsと表示されていましたね。

ところが、実際にデータベースに作成されているテーブル名は、「hello_friend」なのです。

Djangoでは、マイグレーションを使ってテーブルの生成を行う場合、以下のような形でテーブルの名前が設定されます。

```
アプリ名_モデル名
```

ここでは、「hello」というアプリに「Friend」モデルを作成して利用をしています。ということは、データベースに実際に保存されているテーブルは「hello_friend」というものになるのです。

select文が検索の基本

ここで実行しているのは、「select」文と呼ばれるもので、SQLクエリでレコードを検索する際の基本となるものです。これは以下のような形をしています。

```
select 項目名 from テーブル名
```

selectのあとには、値を取り出す項目の指定を用意します。全部の項目を取り出すなら、「*」という記号を指定します。つまり、hello_friendテーブルのレコードを全部取り出すなら、こうなるわけですね。

```
select * from hello_friend
```

whereで条件を指定する

では、作成したフィールドになにか書いて実行してみましょう。例として、「id = 1」とフィールドに書いて実行してみてください。ID番号が1番のレコードが表示されます。

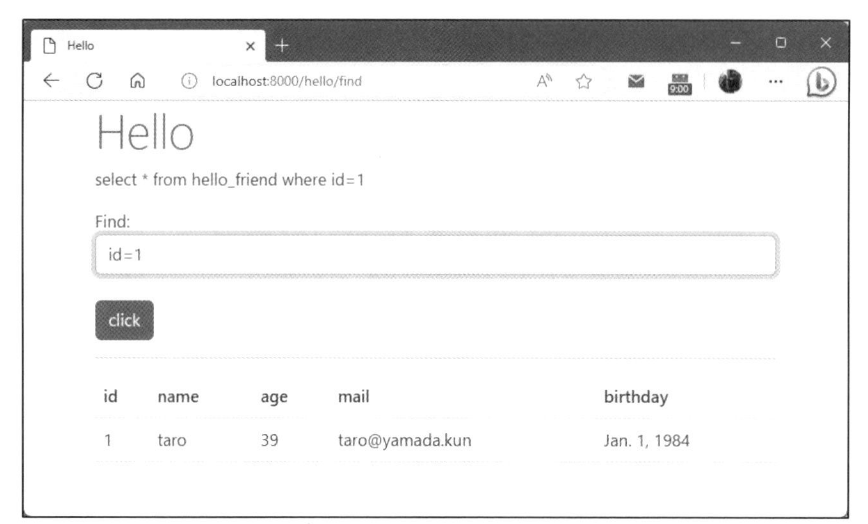

図4-8 「id=1」と実行すると、ID番号が1番のレコードが表示される。

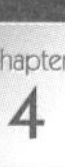

なにかのテキストを記入すると、「where」というものが追加されます。これは以下のように利用します。

```
select 項目 from テーブル where
```

whereのあとに、検索の条件を指定します。これによって、その条件に合うレコードだけを探して取り出すことができるのです。Djangoのfilterに相当するものをイメージすればいいでしょう。

ここでは、「id=1」と入力していましたね。これで、ID番号が1のレコードを検索していた、というわけです。

基本的な検索条件

では、検索条件はどのように記述すればいいのでしょうか。基本的な条件の式について簡単にまとめておきましょう。

●完全一致

```
項目名 = 値
```

指定した値と完全に一致するものだけを検索するには、イコール記号を使います。先ほど「id=1」というように入力しましたが、これは「idの値が1である」という条件を設定していたんですね。

●LIKE（あいまい）検索

```
項目名 like 値
```

テキストの「LIKE検索」は、「like」という記号を使います。ただし、ただlikeを指定しただけでは検索できません。テキストの前後に「%」という記号を付けて、「ここにはどんなテキストも指定できる」ということを指定します。

例えば、「mail like '%.jp'」とすれば、メールアドレスがjpで終わるレコードをすべて検索します('%.jp' というように、%.jp の前後には「'」記号がついています。間違えないように！)。jpも、co.jpも、ne.jpもすべて検索できます。ただし、例えばjp.orgのようにjpのあとにテキストがあるものは検索されません。

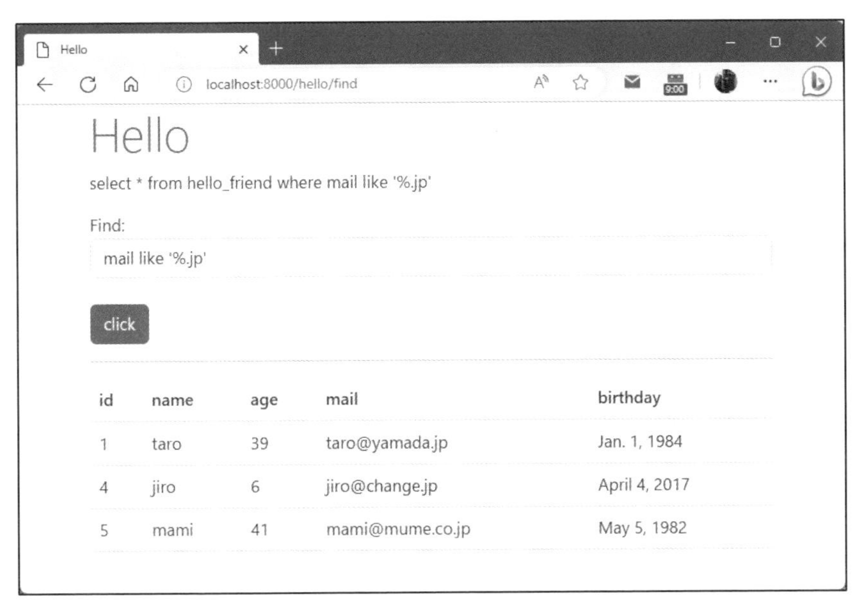

図4-9 mail like '%.jp'とすると、jpで終わるものを検索できる。

●数字の比較

```
項目名 < 値
項目名 <= 値
項目名 > 値
項目名 >= 値
```

数字の値は、<>=といった記号を使って値を比較することができます。例えば、「age <= 20」とすれば、ageの値が20以下のものを検索できます。

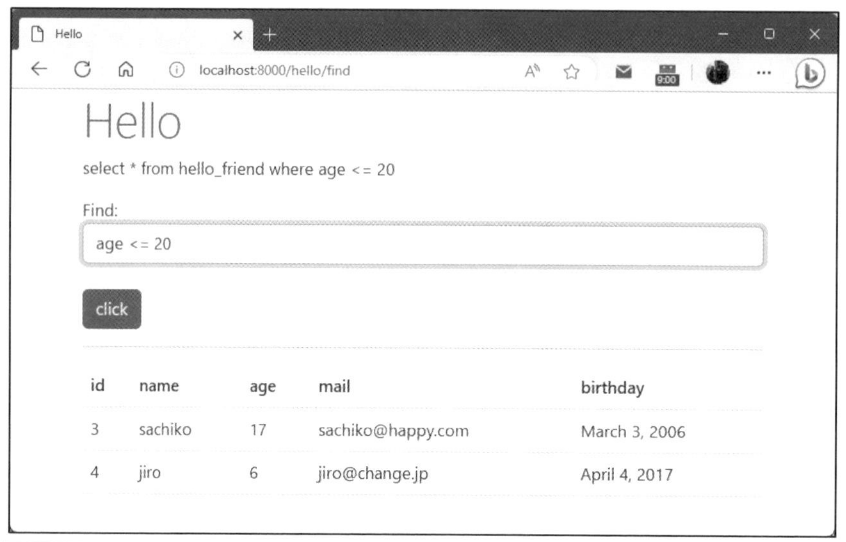

図4-10 age <= 20で、ageの値が20以下のものを検索できる。

●AND/OR検索

```
式1 and 式2
式1 or 式2
```

2つの条件を設定して検索するような場合、いわゆる「AND検索」「OR検索」というものは、そのまま「and」「or」といった記号を使って式をつなげて書きます。

例えば、「age > 10 and age < 30」とすると、ageの値が10より大きく30より小さいものだけを検索します。

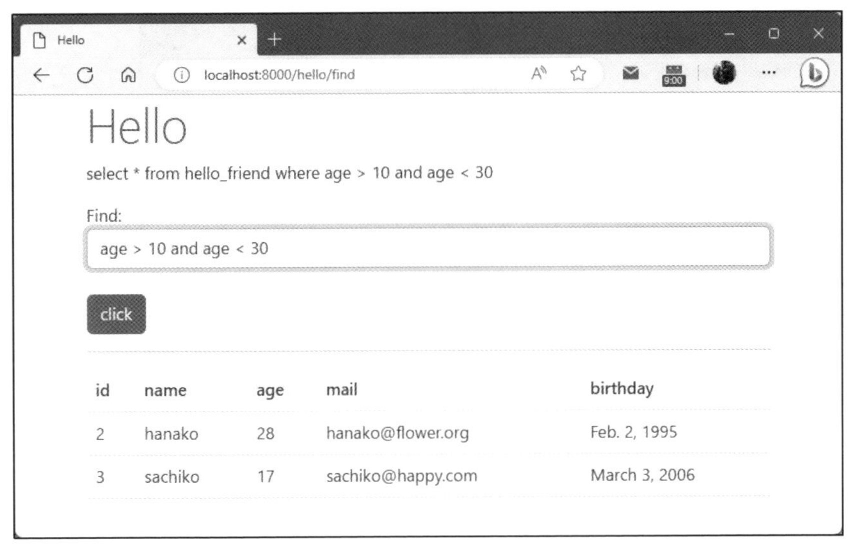

図4-11 age > 10 and age < 30で、ageの値が10より大きく30より小さいものを検索する。

並べ替えと範囲指定

検索条件の他にもSQLにはさまざまなものが用意されています。ここでは比較的多用される「並べ替え」と「範囲の指定」に関するものを紹介しておきましょう。まずは、並べ替えから。

●並べ替え

```
where ○○ order by 項目名
where ○○ order by 項目名 desc
```

並べ替えは、whereによる検索のあとに「order by」というものをつけて行います。「order by age」とすれば、age順に並べ替えます。また、その後に「desc」をつけると、逆順に並べることができます。

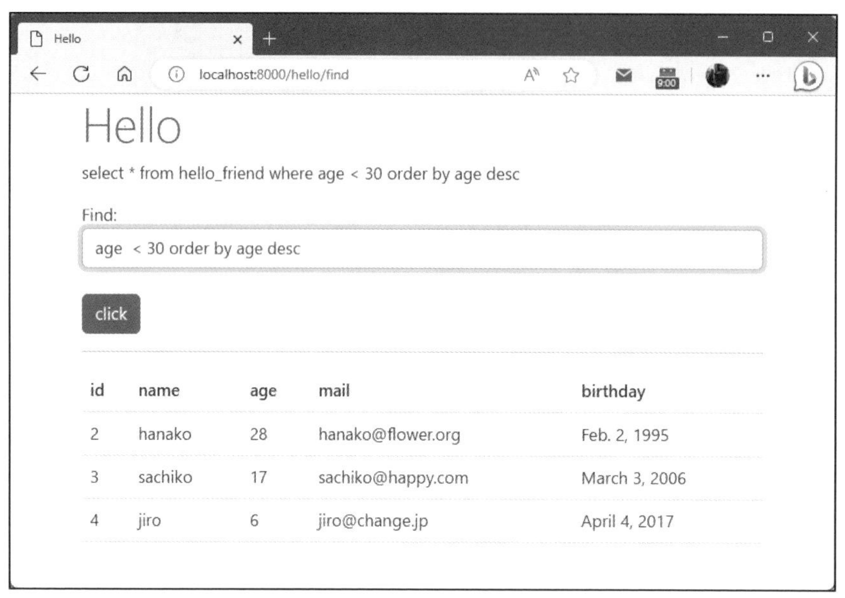

図4-12 age ＜30 order by age descとすると、ageが30より小さいものをageの大きいものから順に並べ替える。

●範囲の指定

```
where ○○ limit 個数 offset 開始位置
```

取り出すレコードの位置と個数を設定するものです。「limit」は、その後に指定した数だけレコードを取り出します。またoffsetは、その後に指定した位置からレコードを取り出します。

例えば、「limit 3 offset 2」とすると、最初から2つ移動した位置(つまり3番目)から3個のレコードを取り出します。

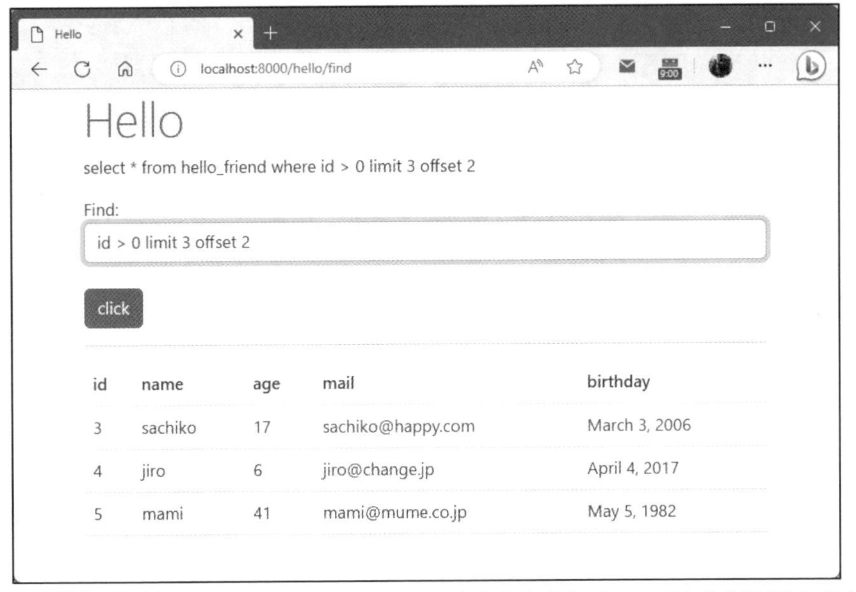

図4-13 id > 0 limit 3 offset 2とすると、最初から3番目のレコードから3個を取り出す。

SQLは非常手段？

以上、SQLクエリの基本的な使い方をまとめました。が、これだけ説明しておいていうのもなんですが、SQLクエリは、なるべく使わないようにしてください。

理由はいくつかありますが、その最大のものは「Pythonのスクリプトの中に、Python以外のコードが含まれてしまう」という点です。Pythonのスクリプトは、Pythonだけでできていたほうがメンテナンス性もよくなります。Pythonのスクリプトなのに、それ以外の要素が書かれているというのは非常にスクリプトの見通しを悪くします。

また、SQLクエリは「方言」があるのです。すなわち、データベースによって微妙に仕様が違っているのです。このため、SQLクエリを直接実行するようにプログラムを作っていると、データベースを変更した途端に「動かない！」となることもあります。

そもそも、「SQLのようなややこしいものを使わないで、Pythonですっきりとデータベースアクセスが行える」というのが、モデル利用の利点だったはずで、SQLクエリの利用はモデルの基本的な設計思想に反するやり方といえるでしょう。

ですから、これは「どうしても他のやり方がないときの非常手段」と考えておきましょう。

Section 4-2 バリデーションを使いこなそう

ポイント

- ▶ フォームとモデルのバリデーションの基本を覚えましょう。
- ▶ さまざまなバリデーションルールについて学びましょう。
- ▶ エラーメッセージの扱い方を理解しましょう。

バリデーションってなに？

モデルを作成したり編集する場合、考えなければいけないのが「値のチェック」です。モデルは、データベースにデータを保存します。そのデータに問題があった場合、知らずに保存するとエラーになったり、あるいは保存したデータが原因で思わぬトラブルが発生したりするでしょう。

モデルを使わない、一般的なフォームでも事情は同じです。フォームに記入する値が正しい形で入力されているかどうかをきっちり調べておかないとあとでエラーにつながってしまいます。

こうした「値のチェック」のために用意されている機能が「バリデーション」と呼ばれるものです。

バリデーションは、フォームなどの入力項目に条件を設定し、その条件を満たしているかどうかを確認する機能です。条件を満たしていれば、そのままレコードを保存したり、フォームの内容をもとに処理を実行したりします。満たしていない場合は、再度フォームページに移動してフォームを再表示すればいいのです。

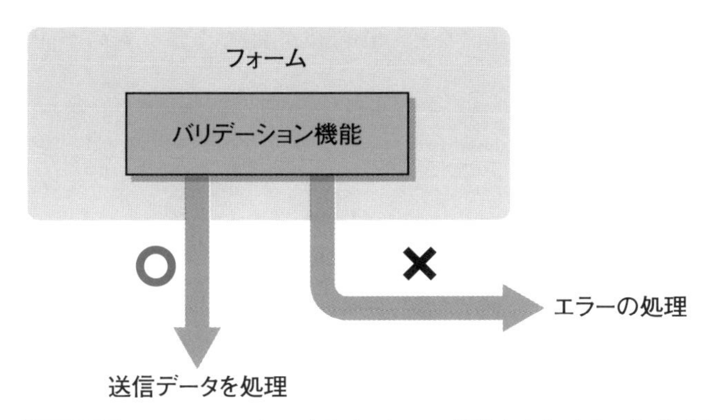

図4-14 フォームには、バリデーション機能をもたせることができる。これを利用して値をチェックし、問題ない場合に限り処理を行うようにする。

Chapter 1
Chapter 2
Chapter 3
Chapter 4
Chapter 5

forms.Formのバリデーション

まずは、モデルを使わない、一般的なフォームでのバリデーションについて見てみましょう。

Djangoでは、フォームはforms.Formというクラスの派生クラスとして作成をしました。そこでは、CharFieldなど各種のフィールドクラスを使ってフォームの項目を作成していましたね。

先に、Friendのレコード作成を行うために「HelloForm」を作成しました。これがどんなものだったか見てみましょう。

リスト4-8

```
class HelloForm(forms.Form):
    name = forms.CharField(label='Name', \
        widget=forms.TextInput(attrs={'class':'form-control'}))
    mail = forms.EmailField(label='Email', \
        widget=forms.EmailInput(attrs={'class':'form-control'}))
    gender = forms.BooleanField(label='Gender', required=False, \
        widget=forms.CheckboxInput(attrs={'class':'form-check'}))
    age = forms.IntegerField(label='Age', \
        widget=forms.NumberInput(attrs={'class':'form-control'}))
    birthday = forms.DateField(label='Birth', \
        widget=forms.DateInput(attrs={'class':'form-control'}))
```

こんな感じのものでしたね。先に作成したHelloFormではwidgetでclass属性を設定したウィジェットを追加していましたのでちょっと複雑そうに見えますが、今回のポイントはそこではありません。引数をよく見ると、その引数に、label以外にこういうものが設定されているのがわかります。

```
required=False
```

これはなにか？というと、実はこれが「バリデーションの設定」なのです。実は、気がつかなかっただけで、既にバリデーションは使っていたのですね。

このrequiredは、「必須項目」として設定するためのバリデーション機能です。その値をFalseに設定することで、必須項目ではないようにします。

なぜ、そんなことをする必要があるのか？ それは、Djangoでは、forms.Formにフィールドの項目を用意すると、自動的にrequiredがTrueに設定されるためです。つまり、何もしないとすべての項目が必須項目扱いとなるんですね。そこで、「これは必須項目にはしたくない」というものに、required=Falseを用意しておいた、というわけです。

このようにform.Formのバリデーションは、フィールドのインスタンスを作成する際に、必要なバリデーションの設定を引数として用意しておくだけです。実に簡単ですね！

バリデーションをチェックする

このバリデーションは、どうやってチェックするんでしょう。モデル用のフォーム(models.Form)の場合なら、saveするときにチェックを自動的に行うなど想像ができますが、一般的なフォームの場合、送られたフォームの値を自分で取り出して利用するでしょう。となると、バリデーションはいつどうやって行うんでしょうか。

答えは、「自分でやる」です。つまり、自分で送られた値のチェックを行い、その結果に応じて処理をするようにスクリプトを組んでやらないといけないんです。といっても、これはそれほど難しいものではありません。

```
if (《Form》.is_valid()):
    ……正常時の処理……
else:
    ……エラー時の処理……
```

こんな具合に、forms.Formの「is_valid」というメソッドを使ってバリデーションチェックを行います。このメソッドは、フォームに入力された値のチェックを行い、1つでもエラーがあった場合にはFalseを、まったくなかった場合はTrueをそれぞれ返します。この値をチェックして、Falseならばエラー時の処理を行えばいいのです。

バリデーションを使ってみる

では、実際にバリデーションを利用してみることにしましょう。今回は、新たにcheckというページを作ってバリデーションを試すことにします。

まず、テンプレートを用意しましょう。「templates」フォルダ内の「hello」フォルダの中に、新たに「check.html」という名前でファイルを作成しましょう。そして以下のようにソースコードを記述してください。

リスト4-9

```
{% load static %}
<!doctype html>
<html lang="ja">
<head>
  <meta charset="utf-8">
  <title>{{title}}</title>
  <link href="https://cdn.jsdelivr.net/npm/bootstrap/dist/css/bootstrap.css"
  rel="stylesheet" crossorigin="anonymous">
  </head>
<body class="container">
  <h1 class="display-4 text-primary">
    {{title}}</h1>
  <p>{{message|safe}}</p>
  <form action="{% url 'check' %}" method="post">
    {% csrf_token %}
    {{ form.as_table }}
    <input type="submit" value="click"
        class="btn btn-primary mt-2">
  </form>
</body>
</html>
```

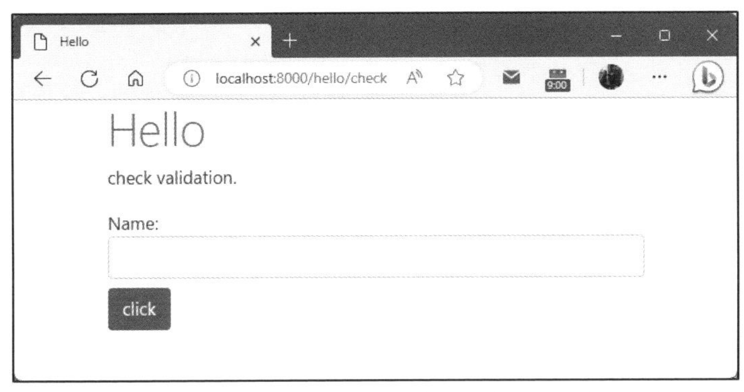

図4-15　用意されたフォームの完成した状態。まだ現段階ではビュー関数がないので表示はされない。

urlpatternsの追記

作成したら、URLの登録を行っておきましょう。「hello」フォルダ内のurls.pyを開き、urlpatternsの値に以下の文を追加してください。

リスト4-10

```
path('check', views.check, name='check'),
```

urlpatternsの設定は、もう今まで何度となくやってきたので書き方はわかりますね？ 最後の]記号の手前あたりを改行して追記するとよいでしょう。

CheckFormの作成

続いて、フォームを用意します。ここでは、CheckFormというクラスとして作成しておくことにします。
「hello」フォルダ内のforms.pyを開き、以下のスクリプトを追記してください。

リスト4-11

```
class CheckForm(forms.Form):
    str = forms.CharField(label='Name',\
        widget=forms.TextInput(attrs={'class':'form-control'}))
```

これは、「とりあえず動くかどうかチェック」というものなので、1つのフィールドを用意しておくだけにしてあります。これから、このクラスをいろいろと書き換えてバリデーションを検証していくことになります。

check関数を作る

では、ビュー関数を用意しましょう。「hello」フォルダ内のviews.pyを開き、以下のcheck関数を追記してください。

リスト4-12

```
from .forms import CheckForm     #☆

def check(request):
    params = {
        'title': 'Hello',
        'message':'check validation.',
        'form': CheckForm(),
```

```
    }
    if (request.method == 'POST'):
        form = CheckForm(request.POST)
        params['form'] = form
        if (form.is_valid()):
            params['message'] = 'OK!'
        else:
            params['message'] = 'no good.'
    return render(request, 'hello/check.html', params)
```

ここでは、CheckFormクラスを利用するので、最初の行にあるimport文を追記しておくのを忘れないようにしてください。

POST送信された場合、以下のようにしてバリデーションのチェックをしています。

```
if (form.is_valid()):
```

これでエラーがあれば、params['message'] = 'OK!' を実行します。そうでなければ、params['message'] = 'no good.' を実行します。バリデーションの結果に応じて、params['message'] のメッセージを設定しているわけです。

CheckFormでバリデーションチェック

では、実際にフォームを送信してバリデーションをチェックしてみましょう。CheckFormには、CharFieldが1つだけ用意されています。引数には、label以外には何もありません。ということは、requiredというバリデーションのみ設定されていることになりますね。

では、何も入力しないで送信してみましょう。すると、フォームのところにエラーメッセージが表示されるはずです(Webブラウザの種類によって表示は変わります)。

これは、Webブラウザに組み込まれているバリデーション機能です。HTML5では、フォームの入力フィールドに簡単なチェック機能が組み込まれており、未入力だとこのようにブラウザのチェック機能が働くようになっているのです。

ブラウザによる機能ですから、ブラウザによって表示のスタイルやメッセージは違います。また、バージョンの古いブラウザなどでは、(まだこの機能が実装されてないため)動作しないこともあります。

入力フィールドの上を見ると、「check validation:」とテキストが表示されているのがわかりますね。初期状態のメッセージのままになっています。つまり、このフォームは送信されていないのです。何も書いてない状態で送信ボタンを押すと、ブラウザの機能により送信そのものがキャンセルされ、エラーメッセージが表示されるのです。

図4-16　未入力だと表示されるエラー。これはブラウザに組み込まれている機能だ。

Djangoでのバリデーションチェック

では、入力フィールドに半角スペースを1つだけ書いて送信してみましょう。今度は、先ほどのエラーは表示されず、フォームが送信されます。そして、「This field is required.」といったメッセージが表示されます。

これは、Django側でのバリデーションチェックの結果です。フィールドの上には「no good」とテキストが表示されています。これはcheck関数で、is_validメソッドの結果がFalseだった場合に表示されるメッセージでしたね。つまり、フォームが送信され、is_validでバリデーションのチェックが実行され、エラーになったのです。

バリデーションのチェックは、こんな具合に「Webブラウザ側のチェック機能」と「Djangoでのチェック機能」の2つが組み合わせられて動いてることがわかります。

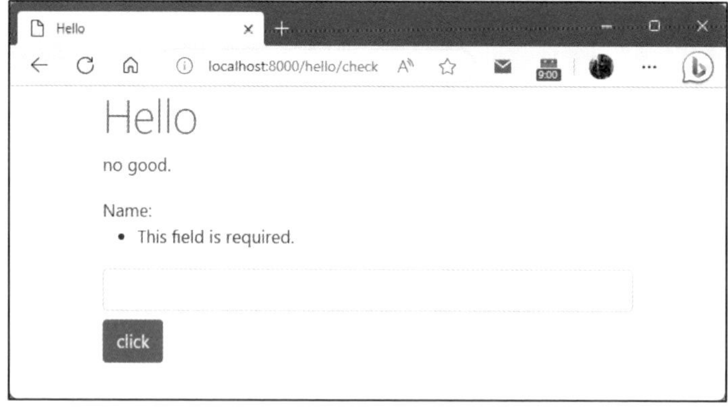

図4-17　半角スペースを書いて送信すると、サーバー側でバリデーションチェックを行い、結果を表示する。

どんなバリデーションがある？

Djangoのバリデーション機能がちゃんと動いていることはこれでわかりました。Formにフィールドを用意し、バリデーションの設定を用意すれば、Django側ではis_validだけでチェックが行えます。

問題は、「どんなバリデーションが使えるのか」でしょう。これがわからないと設定のしようがありません。また、バリデーションは、入力する値の種類によっても用意されるものが違ってきます。どういうフィールドではどんなバリデーションが使えるのかがわかっていないといけません。

では、Djangoに用意されているforms.Formのフィールド用バリデーションについて簡単にまとめておきましょう。

CharFieldのバリデーション

もっとも基本となる、テキスト入力フィールド「CharField」に用意されているバリデーションです。これには以下のようなものがあります。

`required`

既に触れましたが、必須項目とするものでしたね。Trueならば必須項目、Falseならばそうではないようにします。

`min_length, max_length`

入力するテキストの最小文字数、最大文字数を指定するものです。これらはいずれも整数値で指定します。

`empty_value`

空の入力を許可するかどうかを指定します。requiredと似ていますが、requiredでは、例えば半角スペース1個だけの入力などはエラーになりますが、empty_valueではOKです。

これらのバリデーションは、CharFieldだけでなく、その他のテキスト入力を行うためのフィールド(EmailFieldやURLFieldなど)でも同じように使えます。

min_length/max_lengthを試す

実際にこれらをフォームに設定して動作を確認してみましょう。先ほど作ったCheckFormを修正してみます。「hello」フォルダを開き、forms.pyを開いて、そこにあるCheckFormクラスのスクリプトを以下のように修正しましょう。

リスト4-13

```
class CheckForm(forms.Form):
    empty = forms.CharField(label='Empty', empty_value=True, \
        widget=forms.TextInput(attrs={'class':'form-control'}))
    min = forms.CharField(label='Min', min_length=10, \
        widget=forms.TextInput(attrs={'class':'form-control'}))
    max = forms.CharField(label='Max', max_length=10, \
        widget=forms.TextInput(attrs={'class':'form-control'}))
```

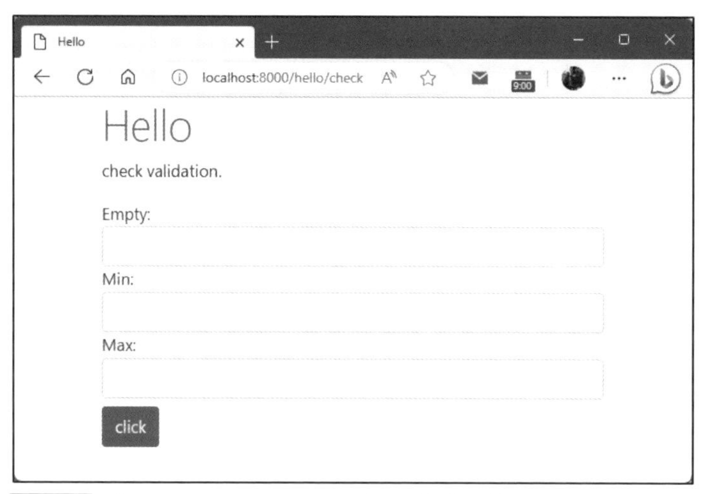

図4-18 修正したフォーム。3つの項目を用意してある。

今回は、3つのCharFieldを用意してみました。それぞれにempty_value、min_length、max_lengthを設定してあります。実際に http://localhost:8000/hello/check にアクセスをして、入力を確かめてみましょう。

emptyフィールドは、半角スペースのみの入力を許可します(エラーになりません)。minは、10文字以上を入力する必要があります。またmaxは10文字以下の入力のみ受け付けます。いろいろとテキストを記入して、実際にエラーとして判断されるか確認してみましょう。

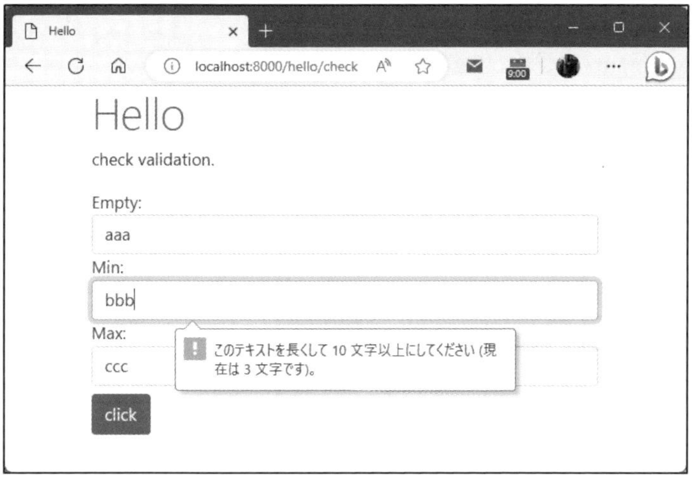

図4-19 送信すると、ブラウザ側で設定されるエラーメッセージが表示される。

IntegerField/FloatFieldのバリデーション

続いて、数値を扱うIntegerFieldについて見てみましょう。数字関係のフィールドは他にもあります。forms.FloatFieldという実数を入力するフィールドも使いますね。

これら数値関係のフィールドは、用意されているバリデーションのルールも同じです。まとめて説明しておきましょう。

```
required
```

必須項目とするものでしたね。Trueならば必須項目、Falseならばそうではないようにします。これもIntegerFieldで利用できます。

```
min_value, max_value
```

入力する数値の最小値、最大値を指定するものです。これらはいずれも整数値で指定します。

これも実際に使ってましょう。「hello」フォルダ内のforms.pyを開き、CheckFormクラスを以下のように書き換えてください。

リスト4-14

```
class CheckForm(forms.Form):
  required = forms.IntegerField(label='Required', \
    widget=forms.NumberInput(attrs={'class':'form-control'}))
```

```
min = forms.IntegerField(label='Min', min_value=100, \
  widget=forms.NumberInput(attrs={'class':'form-control'}))
max = forms.IntegerField(label='Max', max_value=1000, \
  widget=forms.NumberInput(attrs={'class':'form-control'}))
```

今回は、min_value=100、max_value=1000をそれぞれ指定してあります。どちらもWebブラウザ側のチェック機能が働くようになっているのがわかるでしょう。

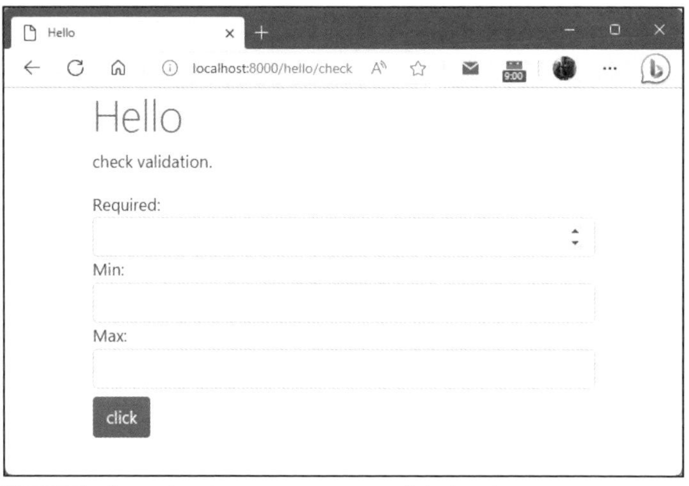

図4-20　今回用意したフィールド。3つの整数を入力するフィールドがある。

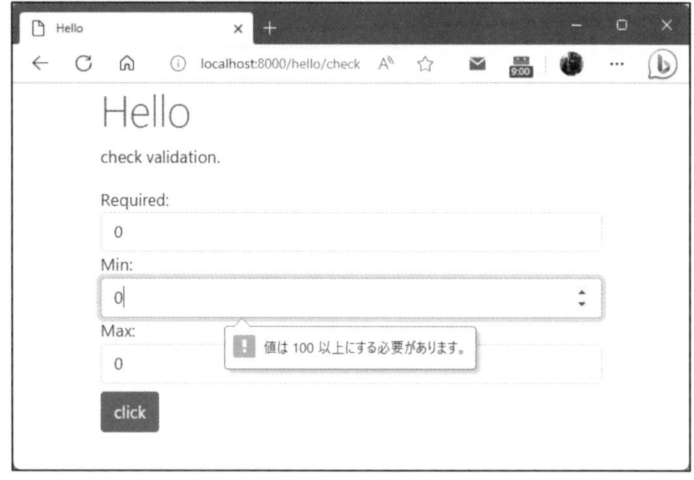

図4-21　入力すると、Webブラウザのチェック機能が働く。

日時関連のバリデーション

DateField、TimeField、DateTimeFieldといった日時関連のフィールドには、requiredの他に、フォーマットに関するバリデーションが設定されています。日時の形式に合わない値が入力されるとエラーになります。

この日時のフォーマットは、「input_formats」という引数で指定することができます。これは以下のような形で指定します。

```
input_formats=[ フォーマット1, フォーマット2, ……]
```

input_formatsは、リストの形で値を指定します。リストには、フォーマット形式を表すテキストを必要なだけ用意します。

フォーマットの書き方

フォーマットは、日時の各値を表す記号を組み合わせて作成します。用意されている記号には以下のようなものがあります。

%y	年を表す数字
%m	月を表す数字
%d	日を表す数字
%H	時を表す数字
%M	分を表す数字
%S	秒を表す数字

これらを使って、入力するテキストの形式を作っていきます。例えば、'%y/%m/%d' とすれば、2018/1/2 のような形式のフォーマットになります。

では、これも実際に試してみましょう。「hello」フォルダ内のforms.pyを開き、CheckFormクラスを以下のように修正します。

リスト4-15

```
class CheckForm(forms.Form):
    date = forms.DateField(label='Date', input_formats=['%d'], \
        widget=forms.DateInput(attrs={'class':'form-control'}))
    time = forms.TimeField(label='Time', \
        widget=forms.TimeInput(attrs={'class':'form-control'}))
```

```
datetime = forms.DateTimeField(label='DateTime', \
  widget=forms.DateTimeInput(attrs={'class':'form-control'}))
```

最初のフィールドには、input_formats=['%d']という形でフォーマットを設定しています。これで、日付を表す整数(1〜31の間の数)が入力できるようになります。その他の2つは、正しい形式でなければエラーになります。Timeならば「時：分」という形式、日付ならば「日-月-年」という形式で記述します。

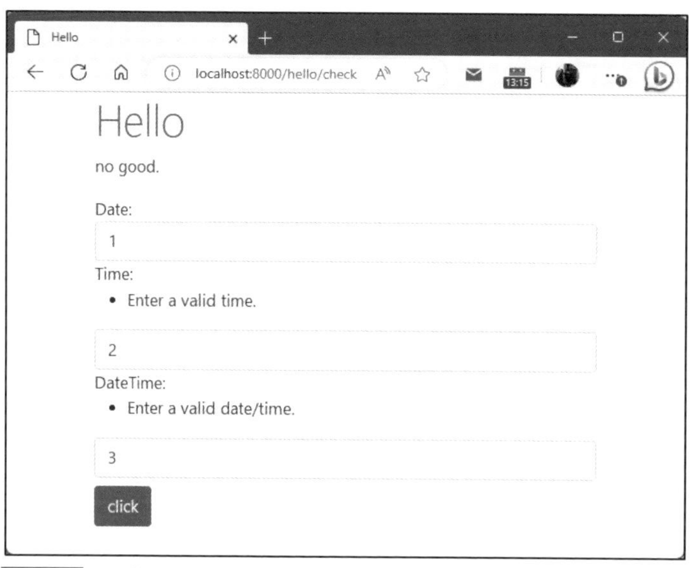

図4-22 1番目は、1〜31の整数だけでOK。他は正しい形式で記入しないとエラーになる。

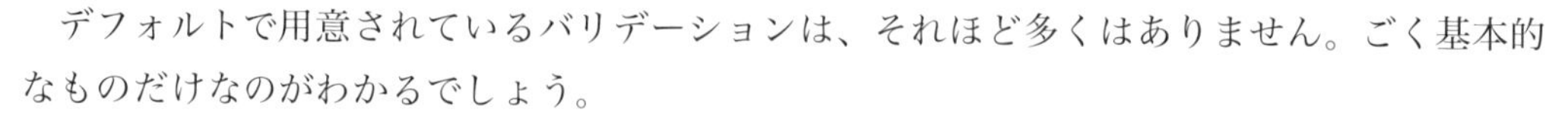

バリデーションを追加する

デフォルトで用意されているバリデーションは、それほど多くはありません。ごく基本的なものだけなのがわかるでしょう。

もう少し、独自に「こういうときにバリデーションエラーになってほしい」という処理を追加したいこともあります。このような場合は、Formクラスにメソッドを追加します。こんな感じです。

```
class クラス名(forms.Form):
  ……項目の用意……

  def clean(self):
    変数 = super().clean()
```

……値の処理……

「clean」というメソッドは、用意された値の検証を行う際に呼び出されます。このメソッドでは、最初にsuper().clean()というものを呼び出して、基底クラス(継承するもとになっているクラス)のcleanを呼び出します。戻り値には、チェック済みの値が返されます。

ここで、super().clean()で得られた値から値を取り出し、チェックを行えばいいのです。そこでもし、「こういう場合はエラーにしよう」となったらどうすればいいんでしょうか。

これは、「エラーを発生させればいい」のです！

raise ValidationErrorの働き

エラーは、わざと発生させることができるんです。Djangoにはエラーのクラスがあって、そのインスタンスを作って「raise」というキーワードでエラーを送り出せば、エラーを発生させることができます。

バリデーションのエラーは、「ValidationError」というクラスとして用意されています。これは、こんな具合に発生させることができます。

```
raise ValidationError( エラーメッセージ )
```

値をチェックし、必要に応じてValidationErrorを発生させれば、独自のバリデーション処理ができるというわけです。

「NO」でエラー発生！

では、これもやってみましょう。「hello」フォルダ内にあるforms.pyを開き、CheckFormクラスを以下のように書き換えてみてください。

リスト4-16

```
from django import forms     #☆

class CheckForm(forms.Form):
  str = forms.CharField(label='String', \
    widget=forms.TextInput(attrs={'class':'form-control'}))

  def clean(self):
    cleaned_data = super().clean()
    str = cleaned_data['str']
    if (str.lower().startswith('no')):
      raise forms.ValidationError('You input "NO"!')
```

最初にある☆マークのimport文が追加されているか、忘れずに確認しましょう。もし書いてなかった場合は追記してください。これで、CheckFormに独自のチェック機能が追加されました。

では、http://localhost:8000/hello/check にアクセスして動作を確かめましょう。ここでは、「no」で始まるテキストが入力されると、エラーになります。

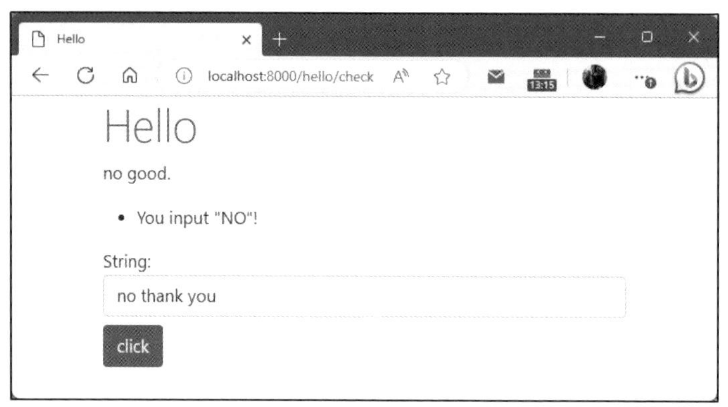

図4-23 「no」で始まるテキストを入力すると、「You input "NO"!」というエラーメッセージが表示される。

ModelFormでのバリデーションは？

forms.Formを使った一般的なフォームのバリデーションは、だいぶわかってきました。けれど、Djangoにはもう1つ、別のフォームがあります。そう、モデルの作成や更新などに用いられる、ModelFormです。これは、どうやってバリデーションの設定を行うのでしょうか。

試しに、Friendモデルの作成や更新に使ったFriendFormクラスがどうなっていたか確認してみましょう。

リスト4-17

```
class FriendForm(forms.ModelForm):
  class Meta:
    model = Friend
    fields = ['name','mail','gender','age','birthday']
```

クラスの中にMetaクラスというものがあり、そこに使用するモデルに関する設定情報が書かれています。forms.Formのように、1つ1つの項目などの情報はありません。これでは、バリデーションの設定なんてできそうにありませんね。

もしそう考えたとしたら、勘違いをしているのです。モデルの場合、バリデーションの情報はフォームではなく、モデル本体に用意されるのです。

Friendモデルがどのようになっていたか、確認してみましょう。

リスト4-18

```
class Friend(models.Model):
  name = models.CharField(max_length=100)
  mail = models.EmailField(max_length=200)
  gender = models.BooleanField()
  age = models.IntegerField(default=0)
  birthday = models.DateField()
```

この他、__str__メソッドがありましたが省略してあります。どうですか？ 先ほどのforms.Formにあったものとほとんど同じようなものが用意されていることに気がつきますね。モデルの場合は、フォームではなく、モデル自身にバリデーションを用意するのです。

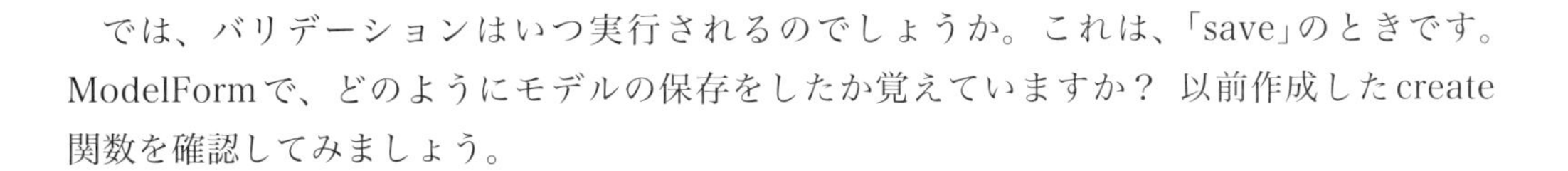

チェックのタイミング

では、バリデーションはいつ実行されるのでしょうか。これは、「save」のときです。ModelFormで、どのようにモデルの保存をしたか覚えていますか？ 以前作成したcreate関数を確認してみましょう。

リスト4-19

```
def create(request):
  if (request.method == 'POST'):
    obj = Friend()
    friend = FriendForm(request.POST, instance=obj)
    friend.save()
    return redirect(to='/hello')
  params = {
    'title': 'Hello',
    'form': FriendForm(),
  }
  return render(request, 'hello/create.html', params)
```

このようになっていました。POST送信されたら、Friendインスタンスとrequest.POSTを引数に指定してFriendFormインスタンスを作っています。そして、このFriendFormのsaveメソッドを呼び出して保存を行っていたのでした。

FriendFormは、ModelFormを継承して作った派生クラスです。このModelFormにあるsaveでは、保存の命令がされると、用意されているフォームの項目と、モデルインスタンスの項目をそれぞれバリデーションチェックし、双方に問題がなければモデルにフォームの値を設定して保存を実行しています。

つまり、モデルの保存や更新では、「バリデーションをいつ実行するか」なんてことは考えなくていいのです。普通にインスタンスを作って保存しようとすれば、必ずどこかのタイミングでDjangoがバリデーションチェックをやってくれるようになっているのです。

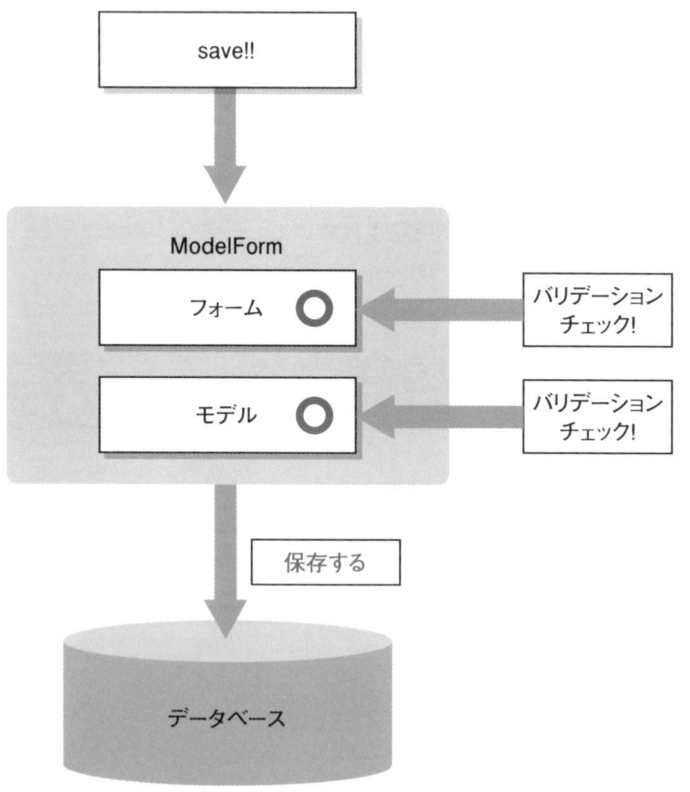

図4-24　ModelFormでは、saveメソッドが呼び出されると、フォームとモデルの両方のバリデーションをチェックし、問題なければ保存を行う。

checkでFriendモデルを利用する

では、save以外に、自分でチェックを行わせることはできるんでしょうか。これは、もちろん可能です。forms.Formと同様、「is_valid」メソッドを使ってチェックできるんです。

では、これも実際に試してみましょう。「hello」フォルダ内のviews.pyを開き、先ほど使ったcheck関数を以下のように書き換えてください。

リスト4-20

```
def check(request):
    params = {
        'title': 'Hello',
        'message':'check validation.',
        'form': FriendForm(),
    }
    if (request.method == 'POST'):
        obj = Friend()
        form = FriendForm(request.POST, instance=obj)
        params['form'] = form
        if (form.is_valid()):
            params['message'] = 'OK!'
        else:
            params['message'] = 'no good.'
    return render(request, 'hello/check.html', params)
```

今回はModelFormベースのFriendFormを利用するので、Bootstrapのclassが用意されていません。そこでcheck.htmlの表示も少し手を入れておきましょう。<body>タグ部分を以下のように修正してください。

リスト4-21

```
<body class="container">
    <h1 class="display-4 text-primary">
        {{title}}</h1>
    <p>{{message|safe}}</p>
    <form action="{% url 'check' %}" method="post">
        {% csrf_token %}
        <table class="table">
        {{ form.as_table }}
        <tr><th></th><td>
            <input type="submit" value="click"
                class="btn btn-primary mt-2">
        </td></tr>
        </table>
    </form>
</body>
```

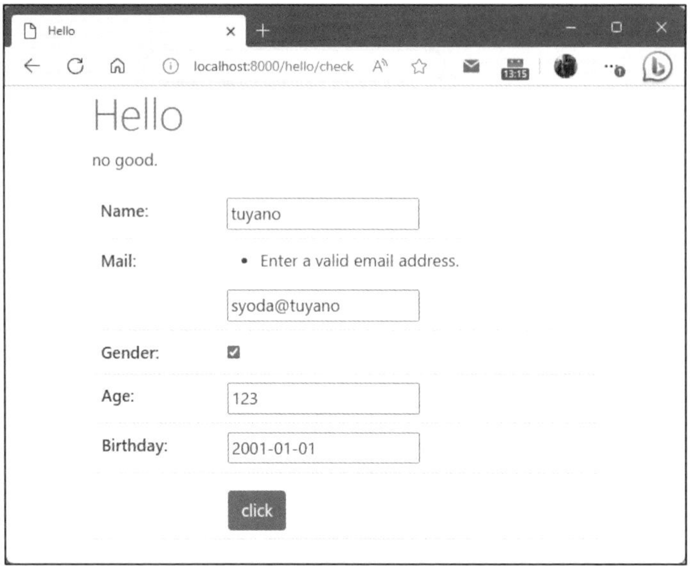

図4-25 フォームを送信すると、問題がなければ「OK!」と表示される。問題があれば「no good.」と表示されエラーメッセージが現れる。

修正できたら、実際にhttp://localhost:8000/hello/checkにアクセスして表示を確かめてみましょう。フォームすべてに正しい値が入力されていれば、送信すると「OK!」と表示されます。が、入力に問題があると「no good.」と表示されます。

ここでは、POST送信されたらFriendFormを作成し、if (form.is_valid()): でバリデーションチェックを行っています。チェックをしているだけで保存はしていないので、送信しても新しいレコードは追加されません。が、値が正しければ「OK!」、問題があれば「no good」と表示されるメッセージが変わるので、正しく送信されたかどうかは確認できるでしょう。

モデルのバリデーション設定は？

では、モデルで利用できるバリデーションにはどのようなものがあるんでしょうか。「forms.Formと同じだろう」と思った人。これが困ったことに、違うのです。

では、どのような点が違うのでしょうか。それは、バリデーションルールです。Friendモデルクラスでは、こんなバリデーションが設定されていました。

```
name = models.CharField(max_length=100)
mail = models.EmailField(max_length=200)
```

それぞれにmax_lengthという引数が用意されています。これで最大文字数を設定していたのですね。「なんだ、forms.Formと同じじゃないか」と思うかもしれません。

が、同じなのはこれぐらいです。requireも、min_lengthも、min_value/max_valueも、モデルでは動きません。基本的に、「forms.FormとModelFormのバリデーションは違う」と考えたほうがよいでしょう。

バリデーションルールの組み込み

では、どうやってバリデーションのルールを設定すればいいのか。例として、Friendのageに、最小値・最大値のルールを設定してみましょう。

「hello」フォルダ内のmodels.pyを開き、以下のようにFriendクラスを修正してください（なお、__str__メソッドは省略してあります）。ここではバリデーション関係のクラスをいくつも使っているので、import文もちゃんと用意できているかよく確認し、用意してないimportは必ず追記しておきましょう。

リスト4-22

```
from django.db import models
from django.core.validators import MinValueValidator, MaxValueValidator

class Friend(models.Model):
  name = models.CharField(max_length=100)
  mail = models.EmailField(max_length=200)
  gender = models.BooleanField()
  age = models.IntegerField(validators=[ \
    MinValueValidator(0), \
    MaxValueValidator(150)])
  birthday = models.DateField()

  def __str__(self):以降省略
```

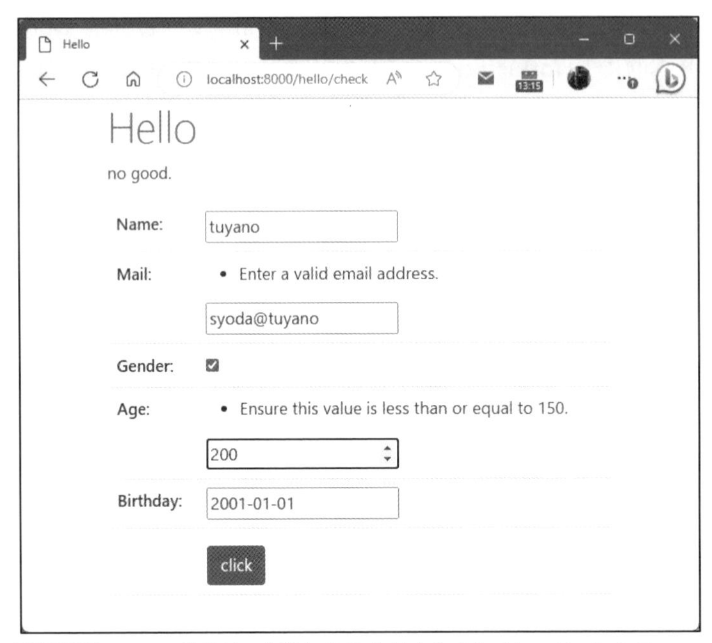

図4-26 ageの値がゼロ未満か150より大きくなるとエラーになる。

ここでは、ageの値をチェックし、ゼロより小さいか150より大きい値が入力されるとエラーになります。

ageに代入しているIntegerFieldインスタンスの引数を見てください。こうなっているのがわかるでしょう。

```
IntegerField( validators=[……バリデータ……] )
```

validatorsという引数に、リストが設定されています。このリストには、「バリデータ」と呼ばれるクラスのインスタンスが用意されています。バリデータは、バリデーションルールを実装するクラスです。

ここでは、MinValueValidatorとMaxValueValidatorという2つのバリデータを用意しています。これで、最小値と最大値を設定していたのですね。

モデルで使えるバリデータ

では、モデルにはどのようなバリデータが用意されているのでしょうか。主なバリデータについてまとめていきましょう。

MinValueValidator/MaxValueValidator

先ほど利用しましたね。これは数値を扱う項目で利用されるもので、それぞれ入力可能な最小値と最大値を指定するものです。これにより、MinValueValidatorで設定した値より小さいもの、あるいはMaxValueValidatorの値より大きいものは入力できなくなります。

これらは、インスタンスを作成する際、引数に数値を指定します。

```
MinValueValidator( 値 )
MaxValueValidator( 値 )
```

このような形ですね。こうして作成したインスタンスを、validatorsのリストに追加します。これは、既に先ほど使いましたから、利用例は改めて挙げなくともよいでしょう。

MinLengthValidator/MaxLengthValidator

テキストを扱う項目で利用するものです。それぞれ入力するテキストの最小文字数・最大文字数を指定します。インスタンス作成の際、整数値を引数に指定します。

```
MinLengthValidator( 値 )
MaxLengthValidator( 値 )
```

このような形でインスタンスを作成し、利用します。では、これも利用例を見てみましょう。

「hello」フォルダ内のmodels.pyを開き、Friendクラスを以下のように修正してみます。なお、先に書いてあったfrom django.core.validators ～で始まるimport文は、☆マークのように修正しておいてください。先のリストと同様、__str__メソッド以降は省略してあります。

リスト4-23

```
from django.core.validators import MinLengthValidator   #☆

class Friend(models.Model):
  name = models.CharField(max_length=100, \
    validators=[MinLengthValidator(10)])
  mail = models.EmailField(max_length=200, \
    validators=[MinLengthValidator(10)])
  gender = models.BooleanField()
  age = models.IntegerField()
  birthday = models.DateField()
```

```
    def __str__(self):以降省略
```

nameとmailには、既にmax_lengthで最大文字数が設定されているので、MinLengthValidatorで最小文字数を10文字に指定しました。http://localhost:8000/hello/checkからアクセスして、10文字以内だとエラーになることを確認しましょう。

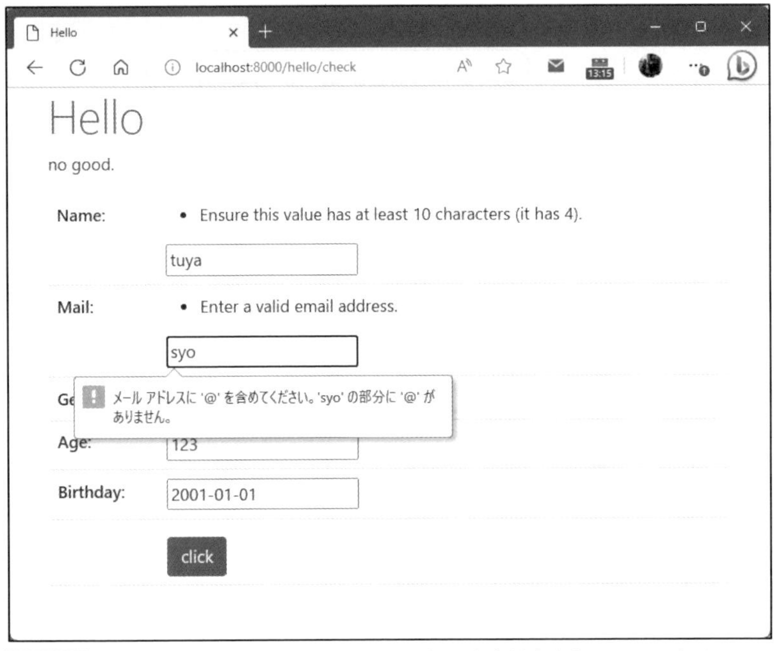

図4-27 nameとmailに入力するテキストが10文字以内だとエラーになる。

EmailValidator/URLValidator

モデルでは、EmailFieldやURLFieldなどを使い、メールアドレスやURLの入力を行うことができます。これらは標準でメールアドレスやURLの形式のテキストしか受け付けなくなっているため、特にバリデーションなどを考える必要はありません。

が、一般的なCharFieldなどを使ってメールアドレスやURLを入力させる場合、書かれた値がメールアドレスやURLの形式になっているかチェックする必要があります。こうした際に用いられるのが、EmailValidatorやURLValidatorといったインスタンスです。これらは、インスタンスを作成してvalidatorsのリストに追加するだけです。引数などはありません。

では、利用例を挙げておきましょう。やはりmodels.pyのFriendクラスを修正してください。先のリストと同様、from django.core.validators ～で始まる文を☆のように修正しておきます。また例によって__str__メソッド以降は省略してあります。

リスト4-24

```
from django.core.validators import URLValidator  #☆

class Friend(models.Model):
  name = models.CharField(max_length=100, \
    validators=[URLValidator()])
  mail = models.EmailField(max_length=200)
  gender = models.BooleanField()
  age = models.IntegerField()
  birthday = models.DateField()

    def __str__(self):以降省略
```

ここでは、nameにURLValidatorを追加してみました。URL以外のテキストを入力するとエラーになります。

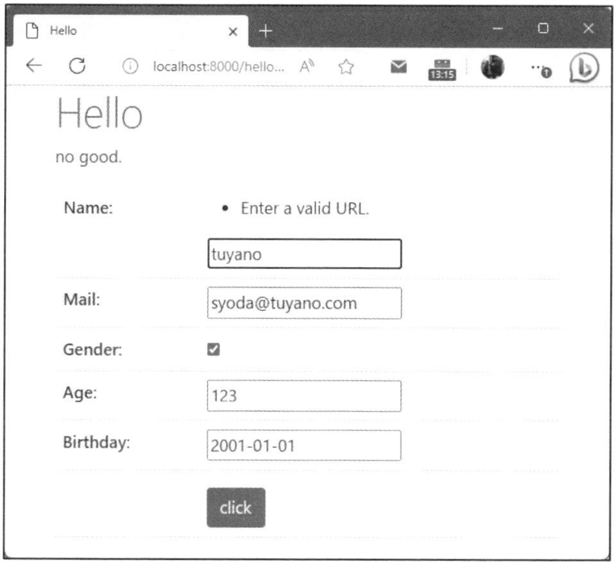

図4-28 nameにURL以外の値を入力するとエラーが発生するようになった。

ProhibitNullCharactersValidator

これは、null文字を禁止するためのものです。制御文字として多用されています。テキストでは、終端を表す文字として使われたりします。このProhibitNullCharactersValidatorインスタンスをvalidatorsに追加することで、null文字が使えなくなります。

RegexValidator

これは、正規表現パターンを使って、パターンに合致する値かどうかをチェックするためのものです。引数には、正規表現パターンを指定します。

正規表現というのは、テキストをパターンで検索するための技術で、Pythonに限らずさまざまな言語で用いられています。このRegexValidatorを利用する場合は、インスタンス作成時に、引数として正規表現パターンを指定します。

これも利用例を挙げておきましょう。例によって、from django.core.validators ～で始まる文は☆のように修正しておきます。また__str__メソッド以降は省略しています。

リスト4-25

```
from django.core.validators import RegexValidator  #☆

class Friend(models.Model):
    name = models.CharField(max_length=100, \
      validators=[RegexValidator(r'^[a-z]*$')])
    mail = models.EmailField(max_length=200)
    gender = models.BooleanField()
    age = models.IntegerField()
    birthday = models.DateField()

    def __str__(self): 以降省略
```

nameにRegexValidatorを設定し、a～zの小文字だけを入力許可するようにしてあります。大文字や数字などを入力するとエラーになります。ここでは引数に r'^[a-z]*$' という値を用意していますが、これが小文字のアルファベットだけを表すパターンです。

RegexValidatorは、正規表現の使い方がわかっていないとなにをやっているのかわからないでしょう。正規表現は、パイソンに限らず多くのプログラミング言語でサポートされている機能です。テキスト処理では必須のものといえますので、余裕があればぜひ調べてみてください。

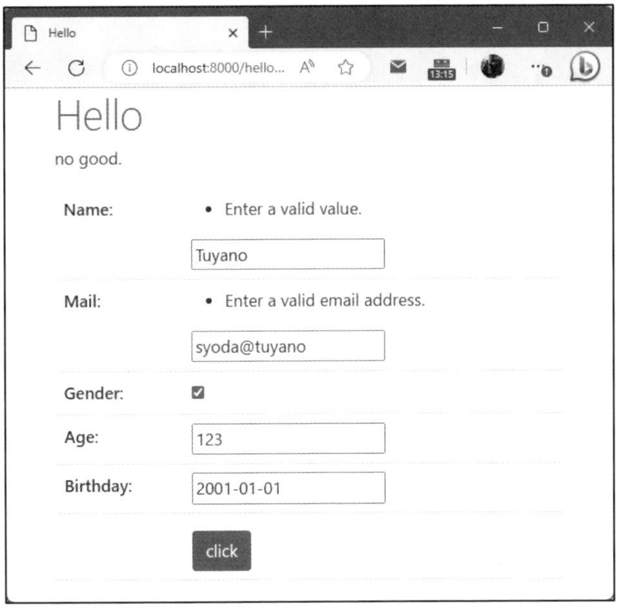

図4-29　nameに小文字のa～zの入力を設定する。大文字が入っているとエラーになる。

バリデータ関数を作る

主なバリデーションについて簡単にまとめましたが、それにしても感じるのは「バリデータの少なさ」でしょう。もっと基本的なものが一通り揃っていれば便利なんですが、Djangoのビルトイン(組み込み)バリデータはそれほど豊富ではないのです。自分が望むバリデータがなかったなら、自分でバリデーションの処理を作成するしかありません。

forms.Formでは、cleanメソッドを上書きして処理を組み込んだりしましたね。このcleanメソッドを使ったやり方は、モデルの場合も利用できます。モデルクラスにcleanメソッドを用意して、必要に応じてraise ValidationErrorを実行していましたね。

今度は、もう少し別のやり方をしてみましょう。それは、バリデーション処理を関数として用意しておき、それをバリデータとして組み込む、というやり方です。

ここでは、「バリデータ関数」と呼びましょう。このバリデータ関数は、以下のような形で定義します。

```
def 関数名 ( value ):
    ……処理……
```

引数には、valueというものが用意されていますね。このvalueに、チェックする値が保管されます。この値を調べて、何か問題があれば、先にやった「raise ValidationError」を使ってエラーを発生させればいいのです。

数字バリデータ関数を作る

サンプルとして、「数字だけ入力を許可する」というバリデータ関数を作ってみましょう。「hello」フォルダ内のmodels.pyを開き、以下のように内容を書き換えてください。

リスト4-26

```
import re
from django.db import models
from django.core.validators import ValidationError

def number_only(value):
  if (re.match(r'^[0-9]*$', value) == None):
    raise ValidationError(
      '%(value)s is not Number!', \
      params={'value': value},
    )

class Friend(models.Model):
  name = models.CharField(max_length=100, \
    validators=[number_only])
  mail = models.EmailField(max_length=200)
  gender = models.BooleanField()
  age = models.IntegerField()
  birthday = models.DateField()

  def __str__(self):
    return '<Friend:id=' + str(self.id) + ', ' + \
      self.name + '(' + str(self.age) + ')>'
```

記述したら、http://localhost:8000/hello/check にアクセスして試してみましょう。nameフィールドには、半角数字しか入力できなくなります。それ以外のものを書くと、'○○ is not Number!' とエラーが表示されます。

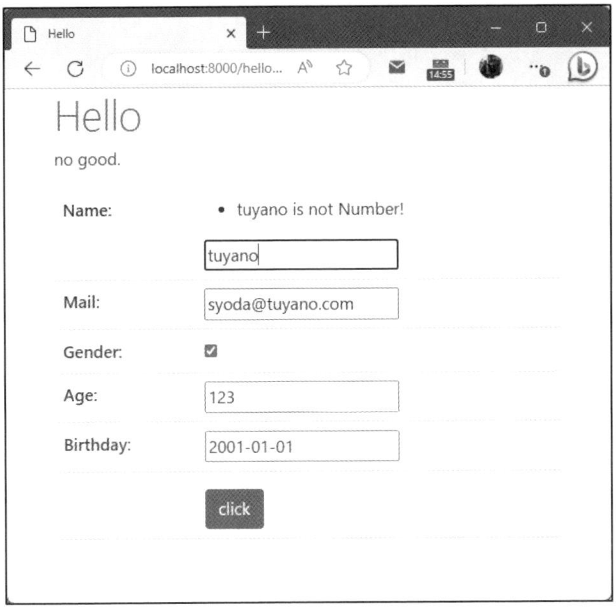

図4-30　nameには、0～9の数字しか入力できなくなる。

number_only関数の仕組み

では、行っている処理の内容を見てみましょう。ここでは、number_only関数の中でこんな具合に値をチェックしています。

```
if (re.match(r'^[0-9]*$', value) == None):
```

reというのが、Pythonの正規表現モジュールです。この中にある「match」という関数は、引数に指定したテキストとパターンがマッチするか(つまり、パターンに当てはまるテキストがあるか)を調べるものです。これで、指定のパターンとマッチする(=当てはまる)場合は、その情報をまとめたオブジェクトが得られます。マッチしない場合は、Noneが返されます。

matchの戻り値がNoneだった場合は、テキストがパターンに当てはまらないわけで、ValidationErrorを作ってraiseしエラーを発生させていた、というわけです。

では、このnumber_only関数をどうやってバリデーションとして設定しているのでしょうか。nameフィールドの作成部分を見てみましょう。

```
name = models.CharField(max_length=100, validators=[number_only])
```

validatorsのリストに、ただ「number_only」と関数名を書いているだけです。これで、

number_only関数がバリデーションに組み込まれたのですね。

よく使いそうなバリデータ関数を1つのファイルにまとめておけば、必要に応じてそれをimportしてモデルに組み込み使えるようになります。

 フォームとエラーメッセージを個別に表示 

ここまでは、基本的にforms.FormクラスやModelFormを使ってフォームを自動生成させてきました。これらのクラスを利用することで、エラー時のメッセージ表示なども自動で行ってくれるからです。これらのインスタンスを変数に用意しておき、{{form}}などとやって変数を書き出せばフォームを自動生成してくれるんですから、こんなに楽なことはありません。

が、フォームをカスタマイズしたい場合には、個々のフィールドやエラーメッセージを個別に表示する必要があります。こうした場合は、どうすればいいのでしょうか。

実は、ModelFormでフォームのインスタンスを用意しておけば、そこから個々のフィールドやエラーメッセージを取り出して表示させることができるんです。実際に試してみましょう。「templates」フォルダ内の「hello」フォルダ内にあるcheck.htmlを開き、<body>部分を以下のように修正してみてください。

リスト4-27

```
<body class="container">
  <h1 class="display-4 text-primary">
    {{title}}</h1>
  <p>{{message|safe}}</p>
  <ol class="list-group">
  {% for item in form %}
  <li class="list-group-item py-2">
    {{ item.name }} ({{ item.value }})
    :{{ item.errors.as_text }}</li>
  {% endfor %}
  </ol>
  <table class="table mt-4">
    <form action="{% url 'check' %}" method="post">
    {% csrf_token %}
    <tr><th>名前</th><td>{{ form.name }}</td></tr>
    <tr><th>メール</th><td>{{ form.mail }}</td></tr>
    <tr><th>性別</th><td>{{ form.gender }}</td></tr>
    <tr><th>年齢</th><td>{{ form.age }}</td></tr>
    <tr><th>誕生日</th><td>{{ form.birthday }}</td></tr>
    <tr><td></td><td>
```

```
      <input type="submit" value="click"
        class="btn btn-primary">
    </td></tr>
    </form>
  </table>
</body>
```

修正したら、http://localhost:8000/hello/check にアクセスして試してみましょう。フォームは各項目名が日本語に変わっています。また送信するとエラー内容がフォームの上にまとめて表示されるようになります。

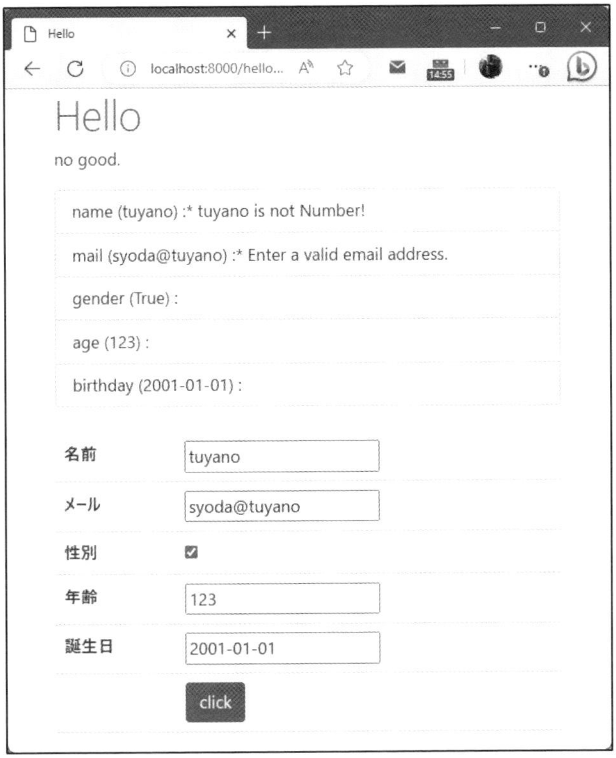

図4-31　カスタマイズしたフォーム。各項目名が日本語になり、エラーメッセージは上にまとめて表示される。

フォームの項目生成

まず、フォームの表示から見てみましょう。ここでは、ビュー関数側から変数formにModelFormインスタンスを受け取っています。このformから必要な項目を取り出して出力しているんですね。例えば、nameフィールドはこうなっています。

```
{ form.name }}
```

これで、nameの入力フィールドのタグが出力されます。こんな具合に、フォーム内の個々の値を書き出せば、その項目の入力タグを書き出せます。

エラーメッセージの出力

エラーメッセージは、大きく2通りの取り出し方があります。まず、フォーム全体のエラーメッセージをまるごと取り出すには、formの「errors」という属性を使います。

```
{{form.errors}}
```

例えば、このようにすれば、発生したエラーをすべてまとめて出力できます。これは簡単ですね！

もう1つの方法は、1つ1つのフォームの項目を取り出し、そこからerrorsの値を取り出す、というやり方です。先のサンプルを見ると、こんな具合に処理を行っています。

```
{% for item in form %}
    ……個々の処理……
{% endfor %}
```

formから変数itemに、順に値を取り出しています。こうすることで、フォームにある個々の項目のオブジェクトを順に取り出していけるのです。

取り出したオブジェクトからは、その項目名、入力された値、発生したエラーメッセージを以下のように取り出しています。

```
<li class="……">{{ item.name }} ({{ item.value }}):{{ item.errors.as_text }}</
li>
```

それぞれname、value、errorsとして取り出せるのがわかりますね。またerrorsは、その後に「as_text」というのをつけることで、テキストとして値を取り出せます。forを使って、こうして必要な値を書き出していけばいいのです。

フォームクラスは、このように内部に個々のフィールドに関するオブジェクトを持っていて、それらを利用することでフォームの表示などを自分なりにカスタマイズしていくことができます。{{form}}で書き出すフォームに物足りなくなったら、自分でカスタマイズに挑戦してみるとおもしろいですよ！

ModelFormはカスタマイズできる？

最後に、ModelFormを利用する際の「表示のカスタマイズ」についても触れておきましょう。

先にHelloFormクラス(forms.Formを継承)を使ったときは、widget引数にforms.TextInputなどを設定することで表示するフォームのコントロールをカスタマイズできました。これにより、Bootstrapのクラスをコントロールに設定しデザインしていたのですね。

ところが、FriendFormクラス(forms.ModelFormを継承)の場合は、modelとfieldsにモデルとフィールドを指定するだけなので、それぞれの項目にウィジェットを設定することができません。このため、Bootstrapのクラスを使わず、DjangoのModelFormで生成される標準の出力をそのまま使ってきました。このため、「ModelForm継承クラスではウィジェットのカスタマイズはできないのか」と思っていた人も多いことでしょう。

が、実はそうではありません。ModelForm継承クラスでも、ウィジェットをカスタマイズすることは可能です。ただ、やり方がForm継承クラスとは違うのです。

実際にFriendFormにウィジェットを設定して使う例を作成してみましょう。forms.pyを開き、FriendFormクラスを以下のように修正してください。

リスト4-28

```
class FriendForm(forms.ModelForm):
    class Meta:
        model = Friend
        fields = ['name','mail','gender','age','birthday']
        widgets = {
            'name': forms.TextInput(attrs={'class':'form-control'}),
            'mail': forms.EmailInput(attrs={'class':'form-control'}),
            'age': forms.NumberInput(attrs={'class':'form-control'}),
            'birthday': forms.DateInput(attrs={'class':'form-control'}),
        }
```

ここでは、FriendForm内のMetaクラスにwidgetsという変数を用意しています。この中で、フィールド名をキーにしてウィジェットのインスタンスを設定しています。使っているウィジェットは、forms内にあるもので、先にHelloFormクラスなどで利用したのと同じものです。ModelForm継承クラスでは、このようにwidgetsという変数にウィジェットの設定をまとめておくのです。

では、これを使って表示を行うようにテンプレートを修正しましょう。「templates」フォルダ内の「hello」フォルダ内にあるcheck.htmlの<body>部分を以下のように書き換えてください。

リスト4-29

```
<body class="container">
  <h1 class="display-4 text-primary">
    {{title}}</h1>
  <p>{{message|safe}}</p>
  <ol class="list-group mb-4">
  {% for item in form %}
  <li class="list-group-item py-2">
    {{ item.name }} ({{ item.value }})
    :{{ item.errors.as_text }}</li>
  {% endfor %}
  </ol>
  <form action="{% url 'check' %}" method="post">
    {% csrf_token %}
    <div class="form-group">名前{{ form.name }}</div>
    <div class="form-group">メール{{ form.mail }}</div>
    <div class="form-group">性別</th><td>{{ form.gender }}</div>
    <div class="form-group">年齢</th><td>{{ form.age }}</div>
    <div class="form-group">誕生日</th><td>{{ form.birthday }}</div>
    <div class="form-group">
      <input type="submit" value="click"
        class="btn btn-primary">
    </div>
  </form>
</body>
```

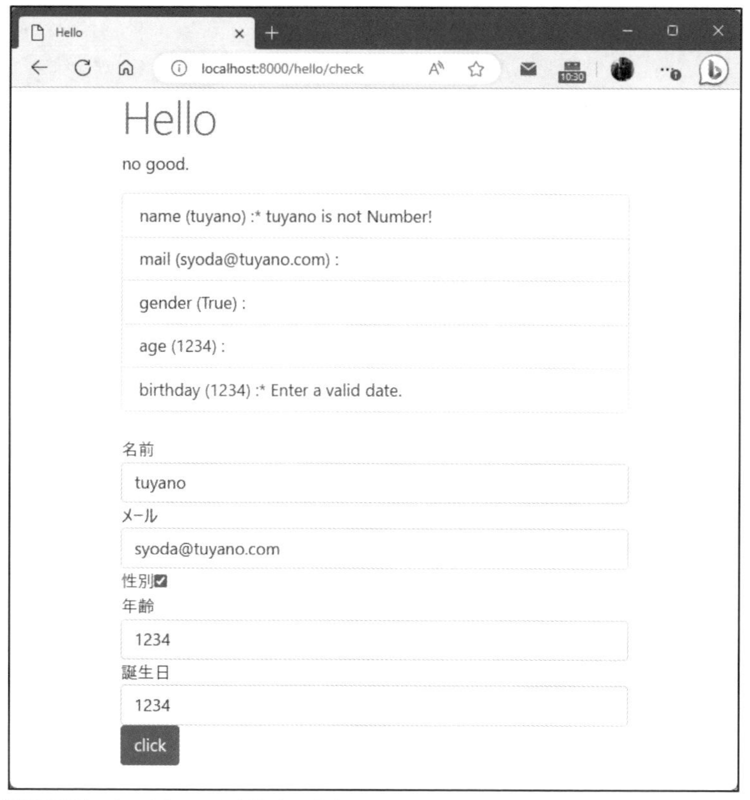

図4-32　ウィジェットを設定したところ。

これは、先にリスト4-27で作成したものを書き直した例です。ちゃんとBootstrapのクラスを使ったデザインで表示されていることがわかりますね。このやり方の重要な点は、「モデルには何も影響がない」ということです。

モデルであるFriendには、表示されるフォームに関する情報は一切ありません。モデルは、ただデータの構造を定義するだけです。そしてフォームクラスであるFriendFormで、モデルをどのような形でフォームとして扱うかを設定しているのです。この2つのクラスの働きをよく理解して使いこなせるようになりましょう。

Section 4-3 ページネーション

ポイント
- ▶ ページネーションの考え方を理解しましょう。
- ▶ Paginatorの基本的な使い方を覚えましょう。
- ▶ ページ移動の方法について考えましょう。

ページネーションってなに？

データベースを使って多量のデータを扱うようになると、それらのデータをどう整理し表示するかを考える必要が出てきます。そうなってくると重要になる機能が「ページネーション」というものです。

ページネーションというのは、「ページ分け」のための機能のことです。テーブルに保管されているレコードを一定数ごとに分け(これが「ページ」です)、それを順に取り出して表示していく方式のことです。レコードをページ分けすることで、たくさんのレコードがあっても、ページに延々とデータが書き出されていくのを防げます。

多量のデータを扱うサイトというと、Amazonや楽天などのオンラインショップが思い浮かびますが、これらのサイトでは、「1 2 3……」といったページ番号が表示されていて、それらをクリックしてページを移動するようになっています。Googleの検索なども同じシステムです。多量のデータを扱うサイトは、ほぼすべて「ページ分け」を利用しています。

「ページネーション」は、実はここで取り上げる機能の中でもっとも重要なものかもしれません。本格的なWebアプリでは、「データ数が10個以下」なんてことはまずありません。必ず、大量のデータを保存し利用することになります。そうしたWebアプリでは、レコードの表示は「ページネーションを使うのが基本、使わないほうがむしろレアケース」と考えるべきです。それぐらいページネーションはごく普通に使われるものなのです。

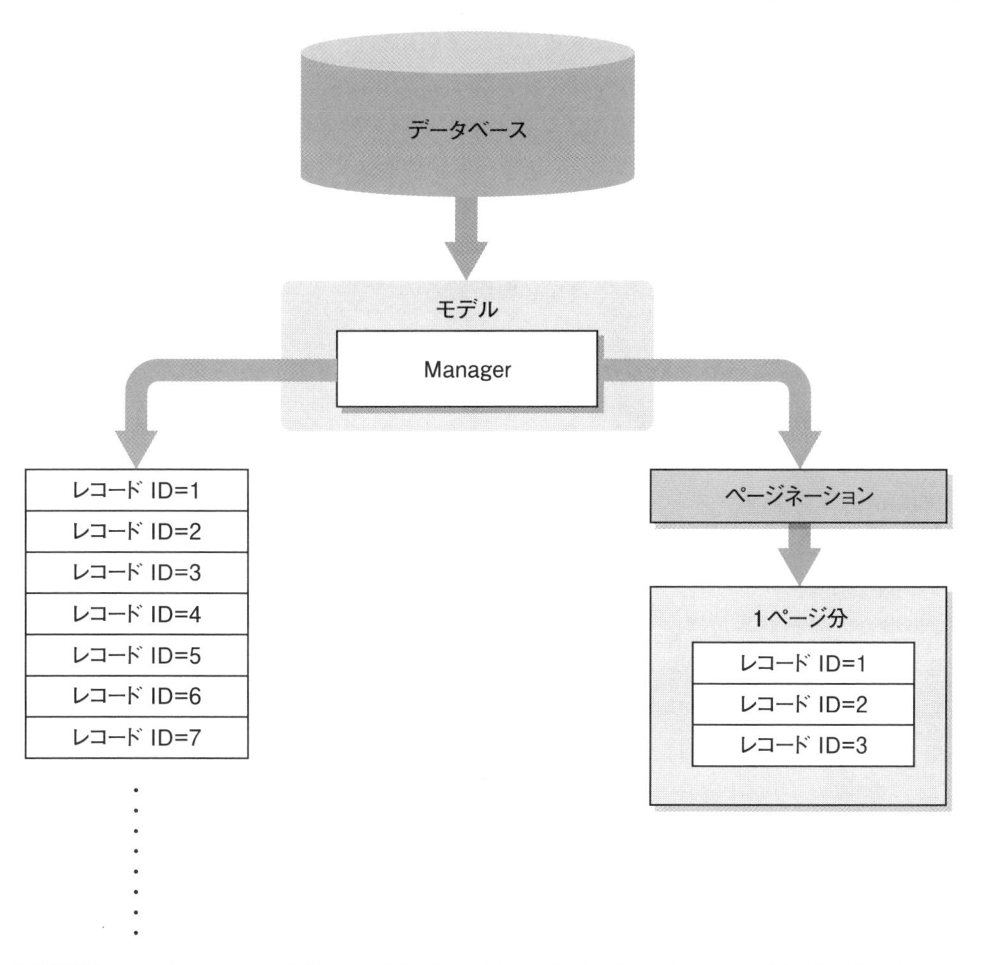

図4-33　ページネーションを使うと、データベースから1ページ分のレコードだけを取り出し表示する。

Paginatorクラスの使い方

このページネーションは、Djangoでは「Paginator」というクラスとして用意されています。このクラスを使うことで、簡単にページ分けしてレコードを取り出すことができるようになります。

では、使い方の基本をまとめておきましょう。

●インスタンスの作成

```
変数 = Paginator( コレクション , レコード数 )
```

Paginatorのインスタンスを作成するには、まず「レコード全体をまとめたコレクション」と「1ページあたりのレコード数」の2つを引数として用意する必要があります。

最初の「コレクション」というのは、リストやセット、辞書などのように多数の値をまとめて保管できるもののことです。では、「レコード全体をまとめたコレクション」というのは？これは、わかりやすくいえば、allやfilterメソッドで得られるオブジェクト(QuerySetというものでした)と考えていいでしょう。ページネーションを利用する場合は、あらかじめレコードをQuerySetとして用意しておく必要があるのです。

●指定ページのレコードを取り出す

```
変数 =《Paginator》.get_page( 番号 )
```

Paginatorインスタンスから、特定のページのレコードを取り出すには、「get_page」というメソッドを使います。引数にページ番号の整数を指定すれば、そのページのレコードをまとめて取り出せます。

この場合のページ番号は、インデックス番号と違い「1」から始まります。また、指定のページ番号のレコードが見つからなかった場合は、最後のページのレコードを返します。

このget_pageで得られるのは、「Page」というクラスのインスタンスです。これはコレクション(リストなどのように多数の値を管理できるオブジェクト)になっていて、ここからforなどを使い、リストやセットと同じ感覚でレコードを取り出して処理することができます。

Friendをページごとに表示する

では、実際にPaginatorを使ってみましょう。今回は、「hello」アプリケーションのindexページを書き換えて使うことにしましょう。このページは、Friendのレコードを一覧表示するものでしたね。これをページ分けして表示させることにしましょう。

まず、「ページ番号をどうやって指定するか」を考えておく必要があります。ここでは、urlpatternsを修正して、アドレスにページ番号を指定してアクセスできるようにしておきましょう。

「hello」フォルダ内のurls.pyを開き、urlpatterns変数に書いたindexページのための記述(path('', views.index, name='index'), というもの)の下あたりに以下の文を追記してください。

リスト4-30

```
path('<int:num>', views.index, name='index'),
```

これで、/hello/1というようにページ番号をつけてアクセスできるようになります。なお、既に書かれているpath('', views.index, name='index'), は削除しないでください。

あとは、ビュー関数を修正するだけです。「hello」フォルダ内のviews.pyを開き、index関数を以下のように書き換えましょう。

リスト4-31

```
from django.core.paginator import Paginator

def index(request, num=1):
    data = Friend.objects.all()
    page = Paginator(data, 3)
    params = {
        'title': 'Hello',
        'message':'',
        'data': page.get_page(num),
    }
    return render(request, 'hello/index.html', params)
```

テンプレート側は、修正の必要はありません。それまで使っていたものをそのまま利用します。

indexを修正したら、http://localhost:8000/hello/1にアクセスをしてみてください。最初から3項目が表示されます。/hello/2とすると、次の3項目が表示されます。なお、ページ番号をつけず、単に/helloとアクセスすると最初のページになります。

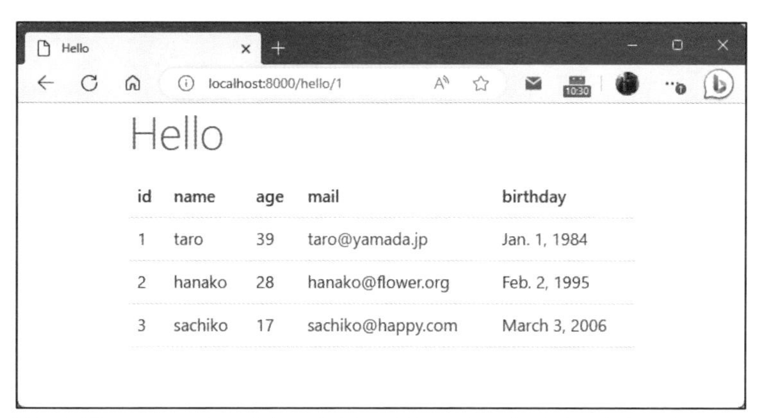

図4-34 /hello/1にアクセスすると、最初のページの3項目を表示する。/hello/2とすれば2ページ目、/hello/3なら3ページ目……と表示していく。

ページ表示はどうやってる？

では、処理の流れを見てみましょう。といっても、見ればわかるようにやっていることは非常にシンプルです。

まず最初に、Paginatorをimportしておく必要があります。

```
from django.core.paginator import Paginator
```

この部分ですね。これでPaginatorクラスが利用できるようになります。

index関数では、最初に表示するレコード全体を以下のように取得しています。

```
data = Friend.objects.all()
```

これで、変数dataにはallで取得したQuerySetオブジェクトが代入されます。これを引数にして、Paginatorインスタンスを作ります。

```
page = Paginator(data, 3)
```

第2引数は3にして、1ページあたり3つのレコードを表示するようにしました。あとは、作成したPaginatorから指定のページのレコードを取り出すだけです。

テンプレートに値を渡す変数paramsの中で、以下のようにPageインスタンスを取り出し、変数に設定しています。

```
'data': page.get_page(num),
```

引数で渡されるnumを使って、指定ページのPageを取得します。このdataに渡されたオブジェクトが、そのままテンプレート側でテーブルに整形されて表示されていくわけです。

ページの移動はどうする？

ページ分けして表示はこれでできるようになりました。が、いちいちアドレスに/hello/1などと入力して指定のページに移動するのは効率が悪すぎます。もっとスマートに移動できるようにしたいですね。

Paginatorには、ページに関する各種の情報が用意されているので、それを利用することでページを移動するリンクを簡単に作成することができます。

では、実際にサンプルを考えてみましょう。「templates」フォルダ内の「hello」フォルダ内にあるindex.htmlを開き、<body>タグの部分を以下のように修正しましょう。

リスト4-32

```
<body class="container">
  <h1 class="display-4 text-primary">
    {{title}}</h1>
  <p>{{message|safe}}</p>
  <table class="table">
    <tr>
      <th>id</th>
      <th>name</th>
      <th>age</th>
      <th>mail</th>
      <th>birthday</th>
    </tr>
  {% for item in data %}
    <tr>
      <td>{{item.id}}</td>
      <td>{{item.name}}</td>
      <td>{{item.age}}</td>
      <td>{{item.mail}}</td>
      <td>{{item.birthday}}</td>
    <tr>
  {% endfor %}
  </table>
  <ul class="pagination justify-content-center">
    {% if data.has_previous %}
    <li class="page-item">
      <a class="page-link" href="{% url 'index' %}">
        &laquo; first</a>
    </li>
    <li class="page-item">
      <a class="page-link"
      href="{% url 'index' %}{{data.previous_page_number}}">
        &laquo; prev</a>
    </li>
    {% else %}
    <li class="page-item">
      <a class="page-link">
        &laquo; first</a>
    </li>
    <li class="page-item">
      <a class="page-link">
        &laquo; prev</a>
    </li>
```

```
      {% endif %}
      <li class="page-item">
        <a class="page-link">
          {{data.number}}/{{data.paginator.num_pages}}</a>
      </li>
      {% if data.has_next %}
      <li class="page-item">
        <a class="page-link"
          href="{% url 'index' %}{{data.next_page_number }}">
            next &raquo;</a>
      </li>
      <li class="page-item">
        <a class="page-link"
          href="{% url 'index' %}{{data.paginator.num_pages}}">
            last &raquo;</a>
      </li>
      {% else %}
      <li class="page-item">
        <a class="page-link">
          next &raquo;</a>
      </li>
      <li class="page-item">
        <a class="page-link">
          last &raquo;</a>
      </li>
      {% endif %}
    </ul>
  </body>
```

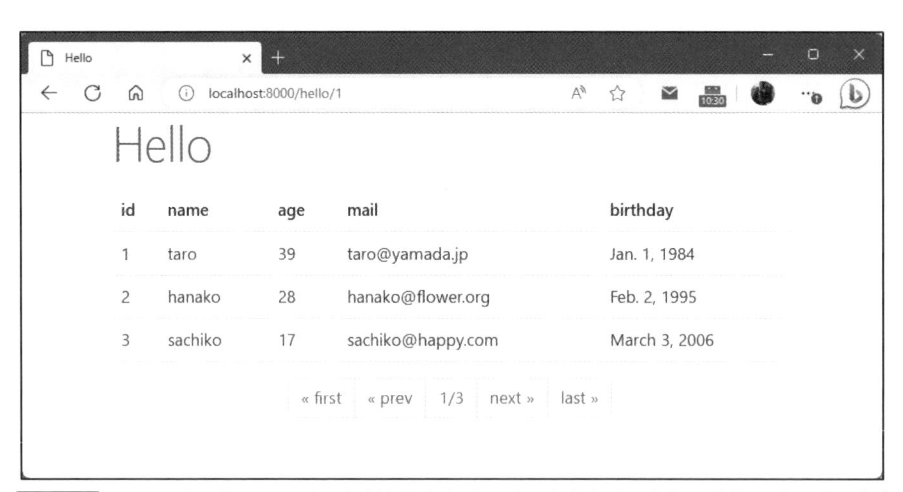

図4-35 レコード一覧の下にリンクが表示される。リンクをクリックして前後のページに移動できる。

修正したら再度アクセスしてみてください。レコードの一覧をまとめたテーブルの下に移動のためのリンクが表示されます。

このリンクは、最初のページでは前に戻るリンクは動作しなくなり、最後のページでも次に進むリンクは動作しなくなります。またリンクの中央には、全体のページ数と現在のページ数が表示されます。

 ページ移動リンクの仕組み 

では、どのようにリンクを作成しているのか、用意されているタグの仕組みを見ていくことにしましょう。

前のページに移動

まず、前のページに移動するリンクは「first」「prev」の2つを用意してあります。これらは、以下のような形で書かれています。

```
{% if data.has_previous %}
    ……ここにリンクを用意……
{% else %}
    ……リンクのない表示を用意……
{% endif %}
```

ここでは、dataの「has_previous」というメソッドを呼び出しています。これは、前のページがあるかどうかをチェックするものです。前にページがあればTrue、いちばん前のページでもう前にページがなければFalseになります。

これで前にページがあるかチェックし、Trueならば「first」「prev」のリンクを表示させているわけですね。そしてもしページがなければ、<a>タグのhref属性をカットした形で出力させていた、というわけです。こうすればページの移動はできなくなりますから。

では、これらの移動用リンクはどのように作成しているのでしょうか。

```
<a class="page-link" href="{% url 'index' %}">
<a class="page-link" href="{% url 'index' %}{{data.previous_page_number}}">
```

トップページは、ページ番号をつけず、ただ/helloだけでアクセスできます。ということは、リンクのアドレスは{% url 'index' %}でOKですね。

前のページは、{% url 'index' %}のあとに、{{data.previous_page_number}}というものをつけて作成しています。「previous_page_number」というのは、dataのメソッドで、前

のページ番号を返すものです。これで、/hello/番号 といったアドレスを生成していたのです。

現在のページ表示

前に戻るリンクと次に進むリンクの間には、[1/3]というように、現在のページ番号が表示されています。これは、以下のような形で作成しています。

```
{{data.number}}/{{data.paginator.num_pages}}
```

現在のページは、dataの「number」という属性で得ることができます。また、アクセスして取得したレコードが全部で何ページ分あるかは、data.paginatorの「num_pages」という属性で得ることができます。data.paginatorというのは、dataに収められているPaginatorインスタンスです。dataは、Paginatorのget_pageメソッドで取り出したセットですが、その中にもちゃんと使ったPaginatorインスタンスが収めてあるのです。

次のページへの移動

残りは、次のページに移動するためのリンクですね。これは、「next」「last」という2つのリンクを用意してあります。

これも、次のページがあるかどうかをチェックして、その結果を見てリンクを表示させています。

```
{% if data.has_next %}
        ……ここにリンクを用意……
{% else %}
        ……リンクのない表示を用意……
{% endif %}
```

dataの「has_next」は、次のページがあるかどうかを示すメソッドです。これがTrueならば、まだ次のページが残っており、Falseならばもうない(いちばん最後のページ)というわけです。

そして、ここで表示しているリンクの<a>タグは、このようになっています。

```
<a class="page-link" href="{% url 'index' %}{{data.next_page_number }}">
<a class="page-link" href="{% url 'index' %}{{data.paginator.num_pages}}">
```

次のページに移動するリンクでは、dataの「next_page_number」というメソッドを使っています。これは、previous_page_numberと対になるもので、次のページ番号を返します。

また、最後のページへの移動には「num_pages」」が使われています。先ほど、num_pagesでページ数が得られると説明しました。これで、最後のページ番号をつけたリンクが作成されるというわけです。

ページネーションは表示の基本！

ここでは、allで取得したレコードをPaginatorで処理しましたが、検索で多用されるfilterの戻り値でも、同様にPaginatorでページ分け処理できます。本格的なWebアプリでは、データはページネーションして表示するのが基本です(よほど保存しておくレコードの数が少ない場合を除いては)。実際にWebアプリを作るようになったら、必ずこのページネーションのお世話になると考えてください。

ですから、このページネーションについては、「今すぐ覚える必要はない」とは考えず、今すぐ覚えておきましょう。たいして使い方も難しくはありませんから、きっとすぐに使えるようになりますよ。

Section 4-4 リレーションとForeignKey

ポイント

- リレーションの仕組みと考え方について学びましょう。
- ForeignKeyの役割と使い方を理解しましょう。
- 関連する他モデルのレコードの扱い方を覚えましょう。

テーブルの連携とは？

ある程度、本格的なWebアプリを作るようになってくると、「1つのWebアプリに1つのテーブルだけ」といったことでは済まなくなります。いくつものテーブルが組み合わせられて動くようなことになるでしょう。

そうなったとき、考えないといけないのが「テーブルどうしの連携」です。テーブルというのは、全部ばらばらで動いているとは限りません。密接に関連付けられて動いている場合も多いのです。

例えば、簡単な掲示板のようなものを考えてみましょう。これには、投稿するメッセージを管理するテーブルと、利用者を管理するテーブルがある、とします。そうすると、それぞれのメッセージは、「誰が投稿したか」という情報を利用者テーブルから持ってきて使うことになるでしょう。つまり、メッセージのテーブルにある1つ1つのレコードには、「これを投稿した利用者のレコード」が関連付けられていなければなりません。

こんな具合に、「このテーブルのレコードには、こっちのテーブルのレコードを関連付けておかないといけない」ということがあるのです。これが、「テーブルの連携」です。

Djangoでは、こうした関連付けを「リレーション」と呼びます。リレーションは、本格Webアプリを作るようになると必ず必要となってくるものです。これは、実際の使い方はそれほど難しくはありません。

ただ、リレーションの考え方を理解し、それを自分のアプリに当てはめて使えるようになるのがけっこう大変でしょう。慣れない内は、「自分のアプリでは、どのテーブルがどれに当てはまるんだ？」と混乱するかもしれません。

これは、実際に何度も自分で作って感覚的に覚えていくしかありません。ここでの説明だけで完璧にわからなくとも、「何度も繰り返し作っていけばいずれわかるようになる」ぐらいに考えておきましょう。

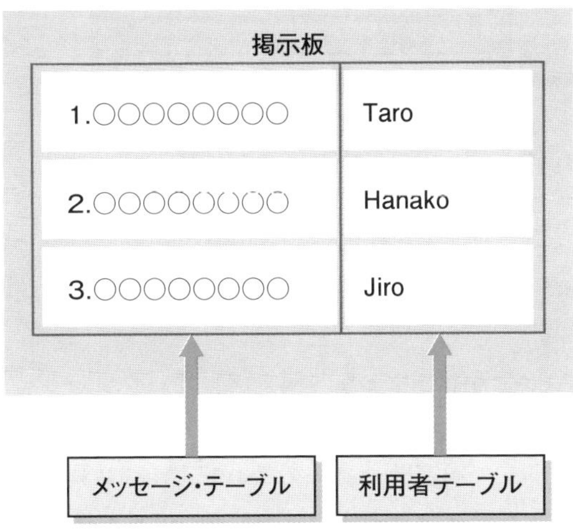

図4-36　掲示板アプリを考えた場合、メッセージのテーブルと利用者のテーブルが関連付けられて動いている。

リレーションの種類

リレーションは、2つのテーブルのレコードがどのような形で結びついているかによって大きく4つの種類に分けて考えることができます。これらについて簡単にまとめておきましょう。

●1対1対応

テーブルAのレコード1つに対して、テーブルBのレコード1つが対応している、というような関連付けです。

例えば、住宅会社のデータベースを考えてみましょう。販売した住宅のテーブルと、顧客のテーブルがあったとします。ある住宅は、それを購入した顧客と1対1で結びついていますね(家を何軒も持ってる人もいるでしょうがここでは無視しましょう)。

こんな具合に、2つのテーブルのレコードが1つずつ結びついているような関係が、1対1対応です。

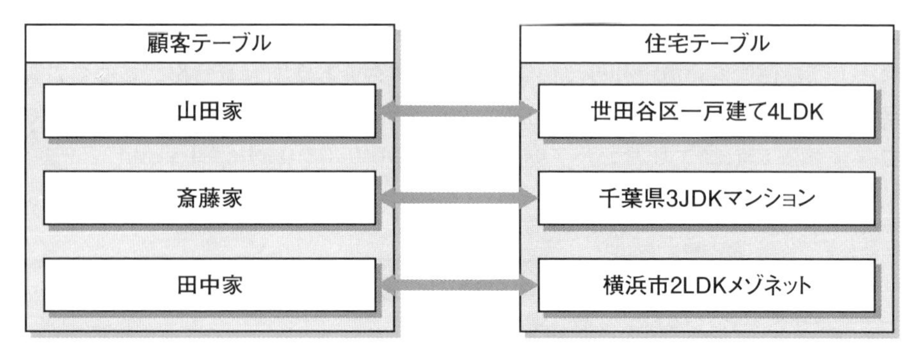

図4-37 住宅販売テーブルと顧客テーブル。それぞれの顧客と、住んでいる住宅は1対1になっている。

●1対多対応

テーブルAのレコード1つに対して、テーブルBのレコード1つが対応している、というような関連付けです。

これは、おそらくもっとも一般的に見られる関係でしょう。例えば、オークションサイトの顧客と出品データのテーブルを考えてみてください。顧客には、落札したいくつもの商品データが関連付けられているはずです。つまり、顧客テーブルのレコード1つに対して、出品テーブルの複数のレコードが関連付けられる形になりますね。これが、1対多対応です。

●多対1対応

この「1対多」対応は、逆から見れば、「多対1」の対応にもなっています。オークションサイトの例でいえば、複数の落札データに対し、1つの顧客が対応している形になります。

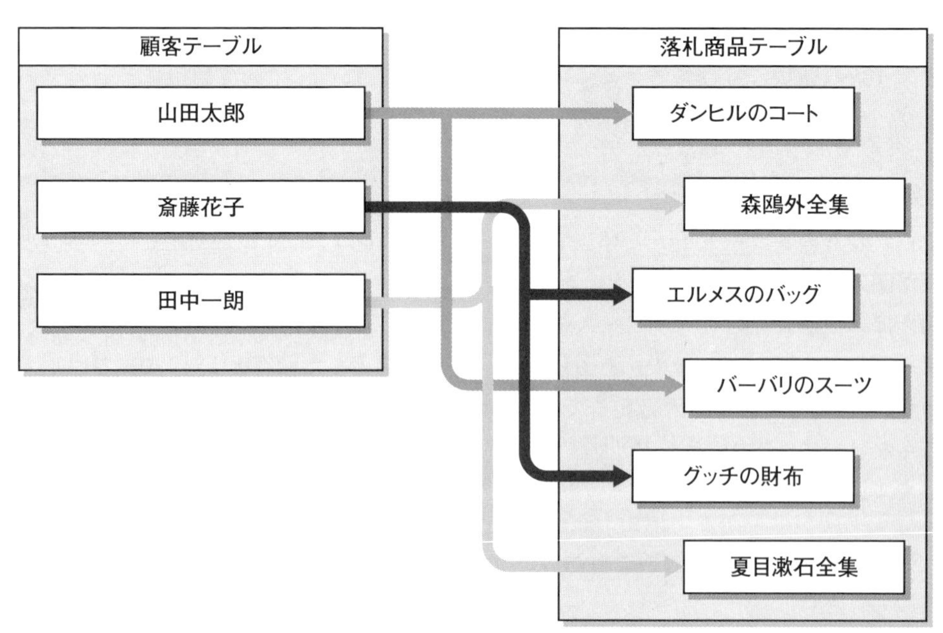

図4-38 オークションサイトのデータベースでは、顧客1人につき、複数の落札データが関連付けられる。

●多対多対応

テーブルAの複数のレコードに対して、テーブルBの複数のレコードが対応している、というような関連付けです。

例えば、オンラインショップのデータベースを考えてみましょう。オンラインショップでは、ある商品をたくさんの顧客に販売します。つまり、ある顧客は複数の商品を購入しているし、ある商品は複数の顧客に販売しているわけですね。

こういう、お互いに相手の複数レコードに関連付けられるようなものが多対多の関係です。

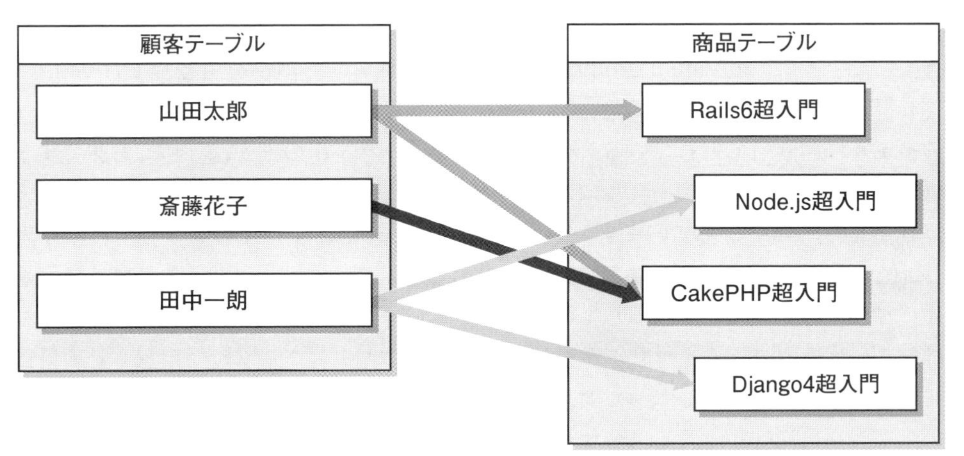

図4-39　オンラインショップのデータベースでは、顧客と商品がそれぞれ複数の相手と関連付けられる。

リレーションの設定方法

では、これらのリレーションをどのように設定すればいいのでしょうか。

リレーションの設定は、モデルで行います。モデルの中に、関連付ける相手のモデルに関する項目を用意することで、両者の関連がわかるようになるのです。

1対多／多対1の関連付け

まず、もっとも一般的で使うことの多い「1対多」「多対1」の関連付けについてです。これは、以下のような形で設定します。

●主モデル(「1」側)

```
class A(models.Model):
    ……項目……
```

●従モデル(「多」側)

```
class B(models.Model):
    項目 = models.ForeignKey( モデル名 )
    ……項目……
```

関連付けを考えるとき、「どちらが主で、どちらが従か」ということを頭に入れて考えるようにしましょう。1対多対応では、「1」側が主テーブル、「多」側が従テーブルとなります(テーブルの主従はちょっとわかりにくいので、このあとに説明します)。

1対多の「1」の側には、特に何の仕掛けもありません。ポイントは、「多」側のモデルにあります。モデルに、models.ForeignKeyという値を保管する項目を用意しておくのです。

この「ForeignKey」というのは、「外部キー」のためのクラスです。外部キーというのは、このモデルに割り当てられているテーブル以外のテーブル用のキー、という意味です。

以前、「データベースのテーブルには、プライマリキーというものが自動的に組み込まれる」という話をしたのを覚えていますか？ プライマリキーは、すべてのレコードに割り当てられる、値の重複していないID番号のようなものです。データベースは、このプライマリキーを使って個々のレコードを識別しているんです。

外部キーは、このプライマリキーを保管するためのキー（テーブルに用意する項目)です。つまり、あるテーブルのレコードに関連する別のテーブルのレコードのプライマリキーを、この外部キーに保管しておくのですね。

まぁ、内部の仕組みのようなものはそれほど深く理解しておく必要はありません。肝心なのは、「models.ForeignKey外部キーの項目を用意すれば、引数に指定したモデルと関連付けができる」という点です。これさえわかっていれば、関連付けは割と簡単に作れるのです。

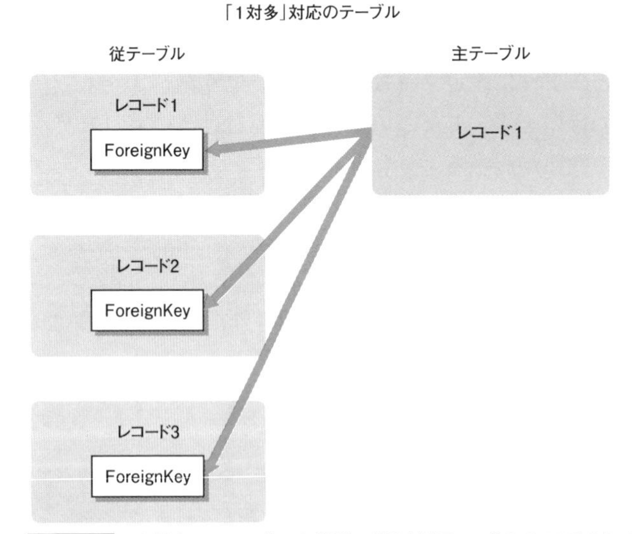

図4-40 1対多のテーブルの構造。「多」側テーブルのモデルにForeignKeyの項目を用意し、「1」側テーブルのモデルを保管する。

コラム テーブルの「主従」って？ Column

1対多の説明で、「主テーブル」と「従テーブル」という言葉が出てきました。これは、「どっちのテーブルが主体となって関連付けがされるか」を表しています。関連付けをするとき、「どちらがより重要か」ということですね。

わかりやすくいえば、これは「絶対にないと困る」のが主テーブルです。例えば、掲示板の「利用者テーブル」と「投稿テーブル」を考えてみましょう。利用者テーブルのレコードには、それぞれの利用者のデータが用意されています。投稿テーブルのレコードには、投稿したメッセージのデータが入っています。

これらは「対等な関係」ではない、ということはわかりますか？ 利用者テーブルのレコードは、必ずしも関連する投稿テーブルのレコードがあるとは限りません。全然、投稿しないユーザーだっていますから。「利用者には、投稿がある場合もあるし、ない場合もある」ということです。

が、投稿テーブルのレコードは、必ず関連する利用者テーブルのレコードがあります。誰かが投稿した以上、その投稿した利用者の情報が必ずあるはずです。「この投稿は、投稿した人間はいない」ということはあってはならないのです。

ということは、利用者のテーブルが「主」テーブルになり、投稿テーブルが「従」テーブルになる、というわけです。この「どちらのテーブルが主体となるか」はとても重要な概念なので、ここでしっかりと理解しておきましょう。

1対1の関連付け

続いて、1対1の関連付けです。これも、主テーブルには特に必要なものはなく、従テーブル側 に関連付けのための項目を用意します。

●主モデル

```
class A(models.Model):
    ……項目……
```

●従モデル

```
class B(models.Model):
    項目 = models.OneToOneField( モデル名 )
    ……項目……
```

従テーブルのモデルには、models.OneToOneFieldというクラスの項目が用意されています。これが、1対1の関連付けに必要となるものです。1対多のForeignKeyに相当するものと考えておけばいいでしょう。

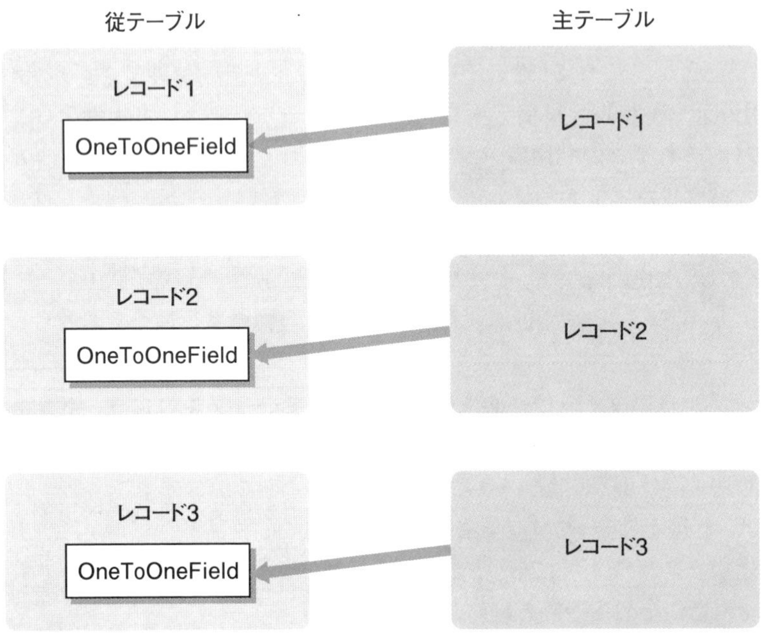

図4-41 1対1のテーブル構造。従テーブル側にOneToOneFieldの項目を用意し、そこに主テーブルを設定する。

多対多の関連付け

多対多の関連付けも、基本的には同じような形です。従テーブル側のモデルに、主テーブルのモデルを保管する項目を用意しておきます。

●主モデル

```
class A(models.Model):
    ……項目……
```

●従モデル

```
class B(models.Model):
    項目 = models.ManyToManyField( モデル名 )
    ……項目……
```

ここでの「ManyToManyField」が、そのためのクラスです。これに主テーブルのモデルを引数に指定して項目として用意しておきます。

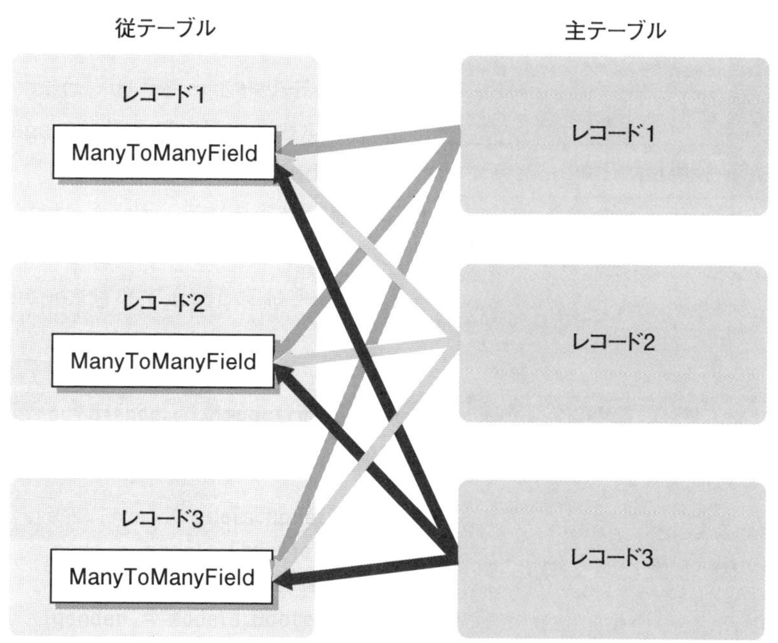

図4-42 多対多のテーブル構造。従テーブル側に、ManyToManyField項目を用意し、そこに主テーブルを設定する。

メッセージテーブルを設計しよう

各リレーションの設定がわかったところで、実際にリレーションを使ってみましょう。ここでは、もっとも一般的な例として、簡単なメッセージ投稿のシステムを考えてみます。

既に、Friendでは利用者のテーブルは用意されています。あとは、投稿メッセージのテーブルを作成し、両者の関連付けを行えばいいわけです。ではこの場合、どういう関連付けになるでしょうか。

1人の利用者は、いくつもメッセージを投稿することができます。ということは？ そう、「1対多」の関係となるわけですね。投稿者が主テーブル、メッセージが従テーブルということになります。

メッセージテーブルを設計する

では、メッセージのテーブルはどのように作っておけばいいでしょうか。ここでは、以下のような項目を用意することにします。

タイトル	タイトルのテキスト
コンテンツ	これが投稿するメッセージ
投稿日時	投稿した日時

たった3つだけのシンプルなテーブルですね。これに加えて、メッセージは従テーブルですから、関連する主テーブルのレコードを設定しておく項目も用意すればいいでしょう。

Messageモデルを作ろう

では、モデルを作りましょう。「hello」フォルダ内のmodels.pyを開いてください。そして、以下のスクリプトを追記しましょう(既に書いてあるスクリプトを削除しないように注意してください)。

リスト4-33

```
class Message(models.Model):
    friend = models.ForeignKey(Friend, on_delete=models.CASCADE)
    title = models.CharField(max_length=100)
    content = models.CharField(max_length=300)
    pub_date = models.DateTimeField(auto_now_add=True)

    def __str__(self):
        return '<Message:id=' + str(self.id) + ', ' + \
            self.title + '(' + str(self.pub_date) + ')>'

    class Meta:
        ordering = ('pub_date',)
```

Messageモデルのポイント

ここでは、「Message」という名前のクラスを定義しています。項目としては、それぞれ以下のようなものを用意していますね。

friend	ForeignKeyの項目です。これで、関連するFriendの情報を設定します。on_deleteは削除のための設定で「models.CASCADEを指定する」と覚えてしまってOKです。
title	タイトルのテキストを保管するためのものです。max_lengthで最大文字数を100にしてあります。
content	コンテンツを保管するためのものです。これが、メッセージの本体ですね。max_lengthで最大300文字に設定してあります。
pub_date	投稿した日時を保管します。auto_now_addというのは、自動的に値を設定するためのものです。

この他、__str__メソッドでテキストの表示を用意してあります。また、「Meta」というクラスも用意していますね。これは前にModelFormクラスを作るときに使いました。クラスの基本的な設定などを行うのに使うものでした。ここでは、orderingという値を用意しています。これは、並び順の情報を設定するもので、pub_date順に並べるように設定をしています。

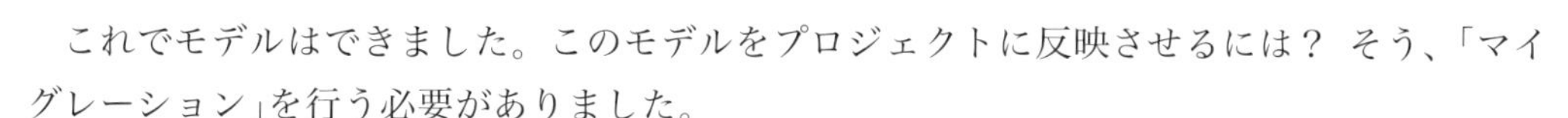

マイグレーションしよう

これでモデルはできました。このモデルをプロジェクトに反映させるには？ そう、「マイグレーション」を行う必要がありました。

マイグレーションは、2段階の操作になっていました。まずマイグレーションファイルを作り、それからそのファイルを適用するのでしたね。

マイグレーションファイルを作る

では、マイグレーションファイルを作りましょう。これはVS Codeのターミナルからコマンドを使って行うことができました。現在、Webサーバーを実行しているかもしれませんが、その場合はCtrlキー＋「C」キーで中断するか、「ターミナル」メニューの「新しいターミナル」メニューで新たなターミナルを開くなりしてください。そして、以下のように実行をしましょう。

```
python manage.py makemigrations hello
```

これで、マイグレーションファイルが作成されます。「hello」フォルダ内の「migrations」フォルダの中に、「0002_message.py」というファイルが作成されます(0002の番号は、違っている場合もあります)。これが、今回のマイグレーションファイルです。

```
問題　出力　デバッグ コンソール　ターミナル　　　powershell
PS C:\Users\tuyan\Desktop\django_app> python manage.py makemigrations hello
Migrations for 'hello':
  hello\migrations\0002_alter_friend_age_message.py
    - Alter field age on friend
    - Create model Message
PS C:\Users\tuyan\Desktop\django_app>
行 21、列 1　スペース: 2　UTF-8　CRLF　Python　3.11.4 64-bit (microsoft store)
```

図4-43　makemigrationsでマイグレーションファイルを作成する。

マイグレーションファイルの中身

では、作成されたマイグレーションファイルがどのようになっているのか、作成されたファイルを見てみましょう。

なお、これは筆者の環境で生成されたものです。環境やDjangoのバージョンなどによって生成されるスクリプトが変わることもありますので参考程度に見てください。

リスト4-34

```
from django.db import migrations, models
import django.db.models.deletion

class Migration(migrations.Migration):

  dependencies = [
    ('hello', '0001_initial'),
  ]

  operations = [
    migrations.AlterField(
      model_name='friend',
      name='age',
      field=models.IntegerField(),
    ),
    migrations.CreateModel(
      name='Message',
      fields=[
        ('id', models.BigAutoField(auto_created=True, primary_key=True, \
          serialize=False, verbose_name='ID')),
        ('title', models.CharField(max_length=100)),
        ('content', models.CharField(max_length=300)),
```

```
            ('pub_date', models.DateTimeField(auto_now_add=True)),
            ('friend', models.ForeignKey(on_delete=django.db.models.deletion. ↵
              CASCADE, \
              to='hello.friend')),
        ],
        options={
            'ordering': ('pub_date',),
        },
    ),
]
```

dependencies変数

ここでは、Migrationクラスが作成されています。これが、マイグレーションの内容を表すものでしたね。

最初に、dependenciesという変数が用意されています。これは、「依存ファイル」を示すものです。ここに指定したマイグレーションファイルが必要(つまり、実行済みである)ということを記してあると考えてください。

常に、新たに作成されたマイグレーションファイルのdependenciesに、その前に実行したマイグレーションファイルを指定することで、どのような順番でマイグレーションが実行されてきたか、そのつながりを確認できるようになっているのです。

fieldsで項目を指定

その後にあるfieldsという変数で、テーブルに用意する項目の内容が設定されています。この部分ですね。

```
fields=[
    ('id', models.AutoField(auto_created=True, primary_key=True, …略…)),
    ('title', models.CharField(max_length=100)),
    ('content', models.CharField(max_length=300)),
    ('pub_date', models.DateTimeField(auto_now_add=True)),
    ('friend', models.ForeignKey(on_delete=…略…, to='hello.Friend')),
],
```

よく見ると、Messageモデルクラスに用意した項目の内容が記述されているのがわかるでしょう。最初のidと、最後のfriendの2つはちょっと複雑ですが、それ以外は見たことある内容ですね。

IDはAutoField

最初のidという項目は、models.AutoFieldというものが用意されています。これは、自動生成される項目のためのクラスです。auto_createdとかprimary_keyといった引数がありますが、これらで「自動的に値が設定されるプライマリキー」を設定していた、と考えてください。

ForeignKeyは、toでクラス指定

最後のForeignKeyが、1対多の関連付けのための項目でしたね。ここにはon_deleteの他に、toという引数が用意されています。これで、関連付けるクラスを指定しています。

Metaクラスはoptionsで

Messageモデルクラスには、Metaクラスというのも用意してありました。これで、並べ替えの設定をしていたのでしたね。これは、optionsという変数に用意されています。

```
options={
  'ordering': ('pub_date',),
},
```

これですね。Metaクラスに用意しておいたorderingの変数が、このoptionsに用意されているのがわかるでしょう。

マイグレーションを実行！

さて、一通りのマイグレーション内容がわかったところで、マイグレーションを実行しましょう。ターミナルから以下のように実行をしてください。

```
python manage.py migrate
```

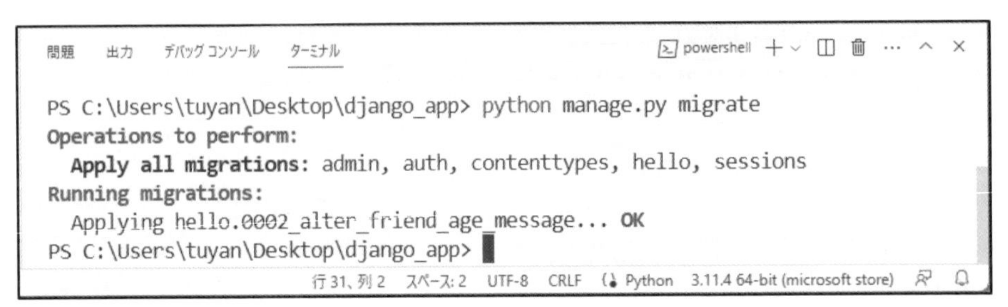

図4-44 migrateコマンドでマイグレーションを実行する。

これで、作成されたマイグレーションファイルが適用されます。データベースにもこれでテーブルが追加されたはずです。

admin.pyの修正

マイグレーションはできましたが、まだMessageテーブルの内容は空っぽです。内容を確認し、実際にレコードが作成できるか試してみるため、管理ツール(admin)に登録を行っておきましょう。

「hello」フォルダ内のadmin.pyを開き、その内容を以下のように書き換えてください。

リスト4-35
```
from django.contrib import admin
from .models import Friend, Message

# Register your models here.
admin.site.register(Friend)
admin.site.register(Message)
```

これで、管理ツールにMessageモデルクラスが追加されました。Webサーバーを起動すれば、管理ツールでMessageを編集できるようになります。

Webサーバーを起動！

では、ターミナルから以下のように実行して、Webサーバーを起動しましょう。これで、新たに作成したMessageと、関連付けをしてあるFriendが使えるようになったはずですね。

```
python manage.py runserver
```

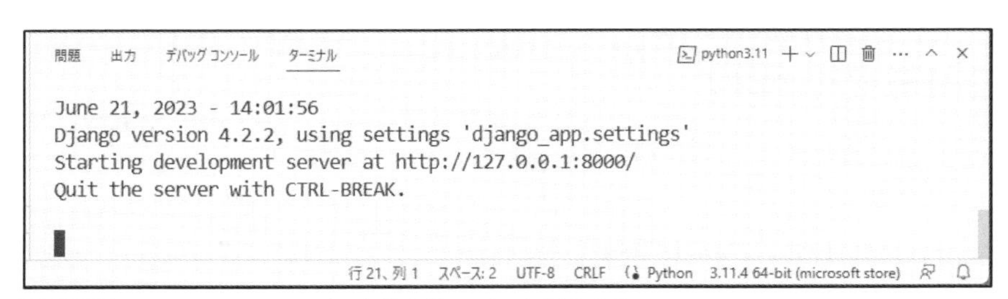

図4-45 runserverコマンドでWebサーバーを起動する。

管理ツールでMessageを使おう

では、管理ツールにアクセスをしましょう。Webブラウザで、以下のアドレスにアクセスを行ってください。管理ツールが表示されます。

```
http://localhost:8000/admin/
```

「HELLO」のところを見ると、Friendsの下に「Messages」という項目が追加されているのがわかるでしょう。これで、Messagesも管理ツールで利用できますね！

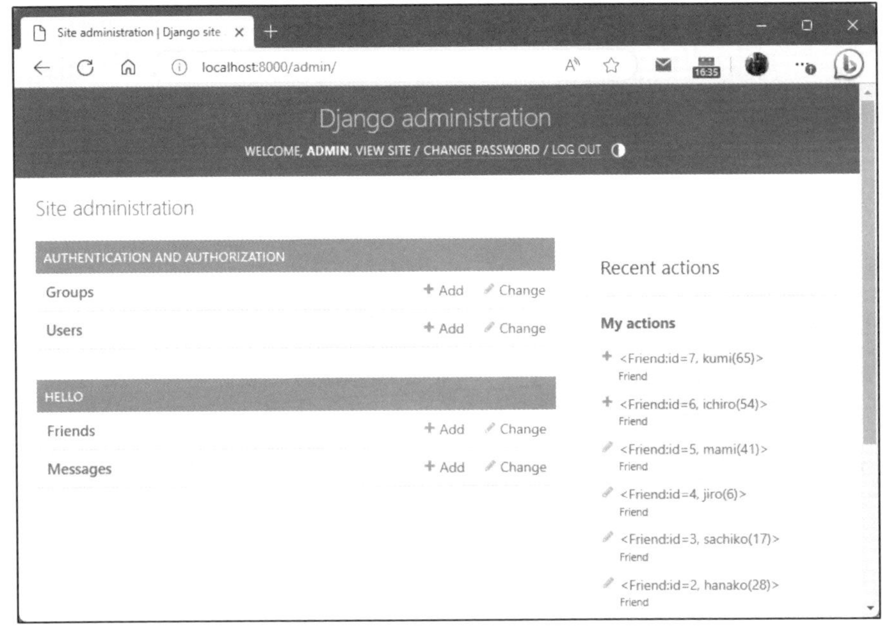

図4-46 /adminにアクセスし、管理ツールを表示する。

Messageを作成してみる

では、Messagesの右側にある「Add」アイコンをクリックして、Messageの作成ページに移動してみましょう。

ここには、Friend、Title、Contentの3つの項目が表示されます。プライマリキーのidや、自動設定されるpub_dateなどは表示されないようになっています。

また、Friendはフィールドではなくポップアップメニューになっており、現在、Friendに登録されている利用者が項目として表示されているのがわかります。ここから利用者を選んで、TitleとContentを記入し、送信すれば、メッセージを送れます。

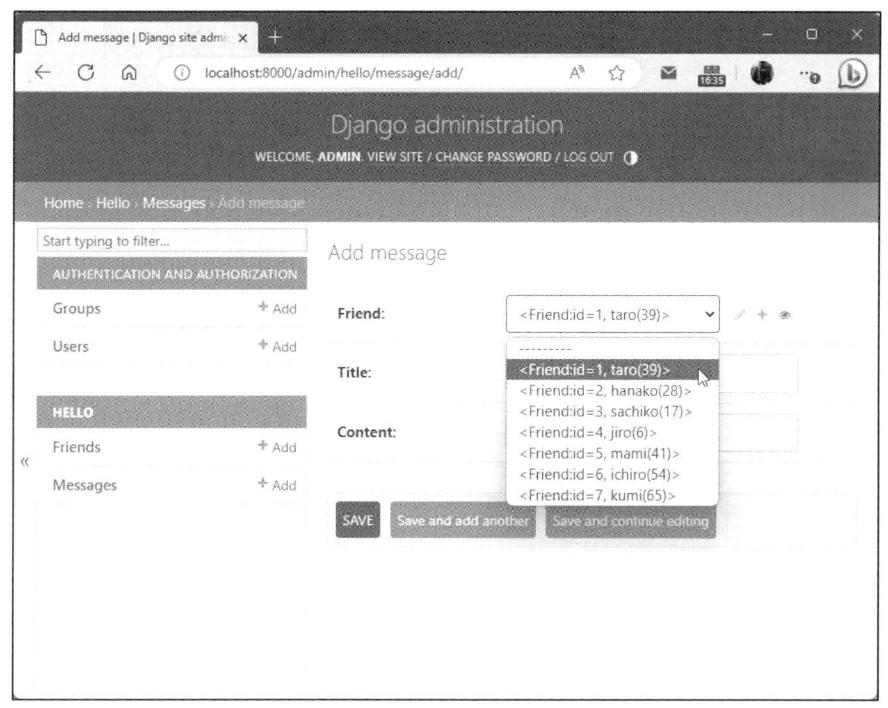

図4-47　Messageの作成画面。Friendメニューを選び、TitleとContentを記入して送信すれば、メッセージを投稿できる。

ダミーを追加しよう

では、やり方がわかったら、ダミーとしてMessageをいくつか作成し保存しておきましょう。ダミーレコードがあると、スクリプトでレコードの表示などを行う際もだいぶ楽になります。

また、ForeignKeyを設定しておいたMessageモデルは、ポップアップメニューでFriendを選び関連付けられるようになっているのも確認できました。いちいちIDを調べて入力して、なんて作業は必要ありません。簡単でいいですね！

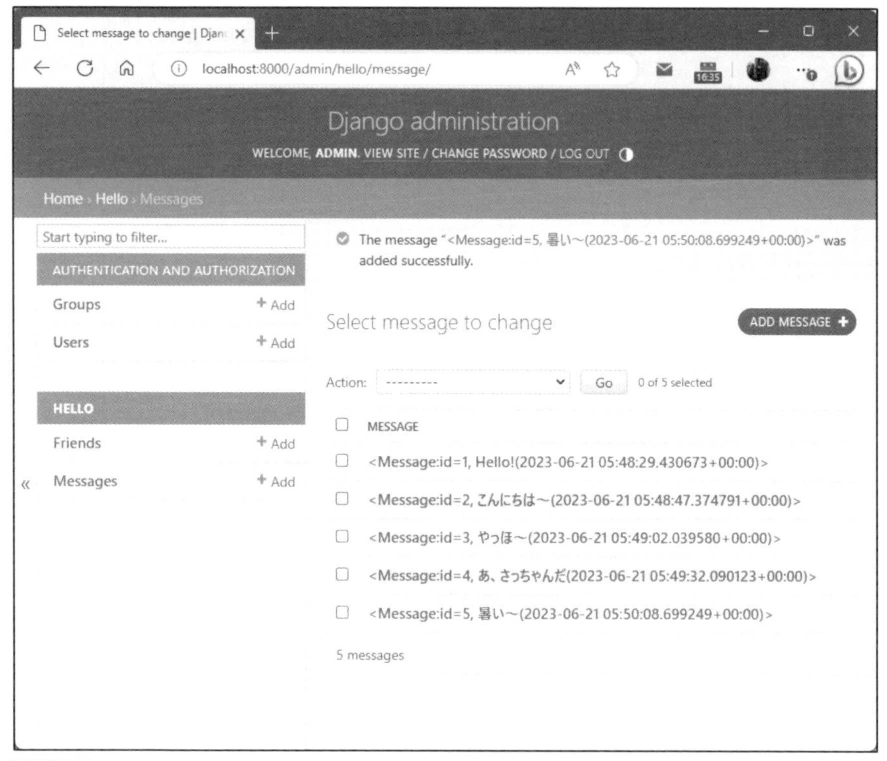

図4-48 ダミーにいくつかMessageレコードを作成したところ。

Messageページを作ろう

では、Messageを利用するページを作ってみましょう。ここでは、messageというページとして作成をしてみます。

まずは、アドレスの設定をしておきましょう。「hello」フォルダ内のurls.pyに書かれているurlpatterns変数の値に、以下のものを追記してください。

リスト4-36

```
path('message/', views.message, name='message'),
path('message/<int:page>', views.message, name='message'),
```

これで、/hello/message/と/hello/message/番号 というアドレスでmessage関数が呼び出されるようになります。

MessageFormを作る

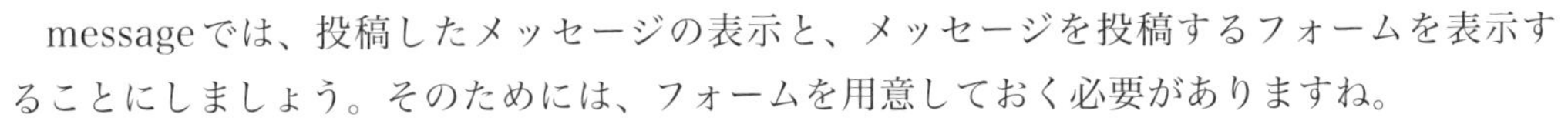

messageでは、投稿したメッセージの表示と、メッセージを投稿するフォームを表示することにしましょう。そのためには、フォームを用意しておく必要がありますね。

では、「hello」フォルダ内のforms.pyを開いて、以下のスクリプトを追記しましょう。既に書いてあるものは消さないようにしてください。

リスト4-37

```
from.models import Friend, Message  #追加する

class MessageForm(forms.ModelForm):
  class Meta:
    model = Message
    fields = ['title','content','friend']
    widgets = {
      'title': forms.TextInput(attrs={'class':'form-control form-control-sm'}),
      'content': forms.Textarea(attrs={'class':'form-control form-control-sm',↵
        'rows':2}),
      'friend': forms.Select(attrs={'class':'form-control form-control-sm'}),
    }
```

最初のfrom.models import Friend, Messageを追加しておくのを忘れないようにしてください。

ここでは、ModelFormの派生クラスとしてMessageFormクラスを作成しています。Metaクラスを使い、modelにMessageを、そしてfieldにtitle, content, friendの3つを用意してあります。idやpub_dateは値を自動設定するのでfieldに用意する必要はありません。

widgetsには、title, content, friendのそれぞれのウィジェットを用意してあります。これらは、それぞれformsのTextInput, Textarea, Selectというクラスを指定してあります。TextareaとSelectは初めて登場しましたが、それぞれ<textarea>と<select>を生成するウィジェットクラスです。

message関数を作る

では、messageページで実行するビュー関数を作りましょう。「hello」フォルダ内のviews.pyを開いて、以下のスクリプトを追記してください。くれぐれも既にあるスクリプトは消さないように。

リスト4-38

```
from .models import Friend, Message
from .forms import FriendForm, MessageForm

def message(request, page=1):
    if (request.method == 'POST'):
        obj = Message()
        form = MessageForm(request.POST, instance=obj)
        form.save()
    data = Message.objects.all().reverse()
    paginator = Paginator(data, 5)
    params = {
        'title': 'Message',
        'form': MessageForm(),
        'data': paginator.get_page(page),
    }
    return render(request, 'hello/message.html', params)
```

これも、最初に2行あるimport文は、必ず記述しておいてください。これらがないとmessage関数は動きません。

Messageの保存

このmessage関数では、GETでのアクセスと、メッセージの投稿フォームからPOST送信されたメッセージの処理の両方を行っています。

まず、POST送信された際の処理を見てみましょう。ここでは、送信された内容をもとにMessageを作成し保存をしています。

```
if (request.method == 'POST'):
    obj = Message()
    form = MessageForm(request.POST, instance=obj)
    form.save()
```

ModelFormを利用した送信時の保存は、既にやりましたね。モデルクラスのインスタンスを作り、それとPOST送信された内容を使ってModelFormを作成し、saveする、という手順でした。

ここでは、まずMessageインスタンスを作成しています。そして、それとrequest.POSTを引数に指定し、MessageFormインスタンスを作ります。そして、saveを呼び出して保存します。手順さえ頭に入っていれば、難しいことは何もないでしょう？

MessageをPaginatorで取り出す

もう1つ、Messageの取得も行っています。これは、まずallを使って全レコードを取り出すQuerySetを用意します。

```
data = Message.objects.all().reverse()
```

Messageモデルクラスでは、Metaクラスを使ってpub_date順に並べ替えを行っていましたね。ここでは、それをreverseで逆順にしています。これで、pub_dateがいちばん新しいものから順に並べ替えられます。

これを引数にして、Paginatorインスタンスを作成します。

```
paginator = Paginator(data, 5)
```

ここでは、1ページあたりのレコード数を5にしていますが、これはそれぞれで好きに変更して構いません。こうしてPaginatorが用意できたら、そこから現在開いているページのレコードを取り出し、テンプレートに渡す変数に設定しておきます。

```
params = {
    'title': 'Message',
    'form': MessageForm(),
    'data': paginator.get_page(page),
}
```

get_pageでレコードを取り出していますね。引数のpageは、このmessage関数の引数で渡された値です。例えば、/hello/message/1とアクセスしていたら、1がpageに設定されているわけですね。これをそのままget_pageの引数に指定することで、そのページのレコードを取り出すようにしているのですね。

message.htmlテンプレートを書こう

さあ、残るはテンプレートファイルのみです。「templates」フォルダ内の「hello」フォルダの中に、新たに「message.html」という名前でファイルを作ってください。そして以下のようにソースコードを記述します。

リスト4-39

```
{% load static %}
```

```
<!doctype html>
<html lang="ja">
<head>
   <meta charset="utf-8">
   <title>{{title}}</title>
   <link href="https://cdn.jsdelivr.net/npm/bootstrap/dist/css/bootstrap.css"
   rel="stylesheet" crossorigin="anonymous">
   </head>
<body class="container">
   <h1 class="display-4 text-primary">
      {{title}}</h1>
      <form action="{% url 'message' %}" method="post">
      {% csrf_token %}
      {{ form.as_p }}
      <input type="submit" value="send"
         class="btn btn-primary">
   <div class="mt-5"></div>
   <table class="table">
      <tr>
         <th class="py-1">title</th>
         <th class="py-1">name</th>
         <th class="py-1">datetime</th>
      </tr>
   {% for item in data %}
      <tr>
         <td class="py-2">{{item.title}}</td>
         <td class="py-2">{{item.friend.name}}</td>
         <td class="py-2">{{item.pub_date}}</td>
      <tr>
   {% endfor %}
   </table>
   <ul class="pagination  justify-content-center">
      {% if data.has_previous %}
      <li class="page-item">
         <a class="page-link" href="{% url 'message' %}">
            &laquo; first</a>
      </li>
      <li class="page-item">
         <a class="page-link"
         href="{% url 'message' %}{{data.previous_page_number}}">
            &laquo; prev</a>
      </li>
      {% else %}
      <li class="page-item">
         <a class="page-link">&laquo; first</a>
```

```
    </li>
    <li class="page-item">
      <a class="page-link">&laquo; prev</a>
    </li>
    {% endif %}
    <li class="page-item">
      <a class="page-link">
      {{data.number}}/{{data.paginator.num_pages}}</a>
    </li>
    {% if data.has_next %}
    <li class="page-item">
      <a class="page-link"
      href="{% url 'message' %}{{data.next_page_number }}">
        next &raquo;</a>
    </li>
    <li class="page-item">
      <a class="page-link"
      href="{% url 'message' %}{{data.paginator.num_pages}}">
        last &raquo;</a>
    </li>
    {% else %}
    <li class="page-item">
      <a class="page-link">next &raquo;</a>
    </li>
    <li class="page-item">
      <a class="page-link">last &raquo;</a>
    </li>
    {% endif %}
  </ul>
</body>
</html>
```

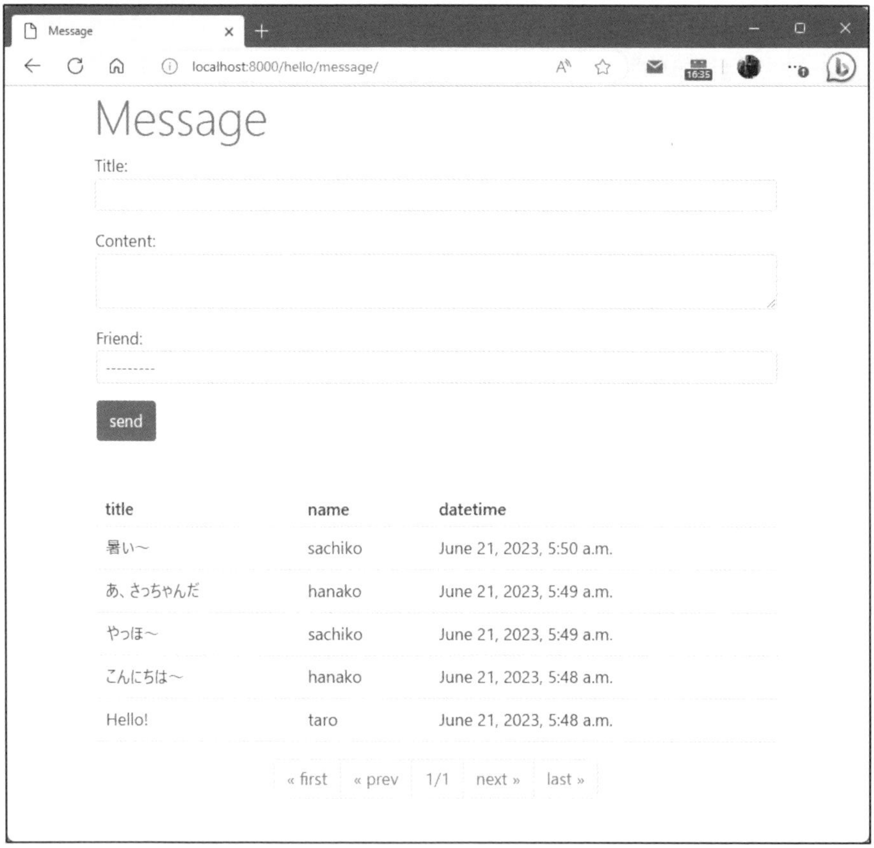

Message

Title:

Content:

Friend:

----

send

title	name	datetime
暑い〜	sachiko	June 21, 2023, 5:50 a.m.
あ、さっちゃんだ	hanako	June 21, 2023, 5:49 a.m.
やっほ〜	sachiko	June 21, 2023, 5:49 a.m.
こんにちは〜	hanako	June 21, 2023, 5:48 a.m.
Hello!	taro	June 21, 2023, 5:48 a.m.

« first « prev 1/1 next » last »

図4-49 /hello/message/にアクセスすると、メッセージの投稿フォームと、投稿されたメッセージが表示される。

記述したら、http://localhost:8000/hello/message/ にアクセスをしてみてください。このページには、メッセージ投稿用のフォームと、投稿されたメッセージの一覧が表示されます。

フォームには、TitleとContentのテキスト入力フィールド、そしてFriendのプルダウンメニューが用意されています。メニューには、登録済みのFriendレコードが表示されます。このフォームは、{{ form.as_table }} でただFriendFormを書き出しているだけです。これで、Friendはプルダウンメニューの形で表示されるようになるんですね。

MessageからFriendの情報を得る

その下のテーブルには、投稿されたメッセージのタイトルと投稿者名、投稿日時が一覧表示されています。これは、ビュー関数側からテンプレートへと渡された変数dataを使い、繰り返しで表示を作成しています。

ここで注目してほしいのは、投稿者の「名前」です。Messageクラスには、名前の項目なんてありませんよね？

これは、そのMessageに関連付けられているFriendのnameを出力したものなのです。ここでは、こんな具合に名前を出力しています。

```
<td class="py-2">{{item.friend.name}}</td>
```

forでdataから取り出したオブジェクト(Messageインスタンス)から、friendという属性を利用しています。このfriendは、ForeignKeyを使って設定されていました。これで、関連付けられたFriendがfriend属性に組み込まれることになるんです。

item.friend.nameは、friendに設定されたFriendインスタンスのnameを取り出すものです。ここではForeignKeyですが、1対1のOneToOneFieldや、多対多のManyToManyFieldの場合も同じように使うことができます。

リレーションでは、設定項目を用意してある従テーブル側では、関連する相手のモデルがそのまま属性として保管されているのです。なんて便利！

indexに投稿メッセージを表示するには？

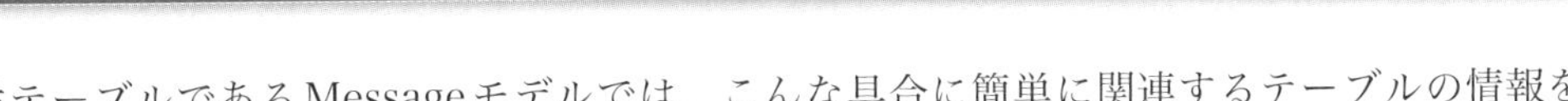

従テーブルであるMessageモデルでは、こんな具合に簡単に関連するテーブルの情報を取り出すことができました。

では、主テーブル側はどうでしょう。主テーブル側には、ForeignKeyのような関連テーブルのオブジェクトを保管する項目はありません。では、関連するモデルは取り出せないのでしょうか。

もちろん、そんなことはありません。ちゃんとそのための手段が用意されています。では、それを使ったサンプルを見ながら、使い方を説明していくことにしましょう。

今回は、主テーブルのFriendを表示するindexのテンプレートを修正して表示を変更することにしましょう。「templates」フォルダ内の「hello」フォルダ内にあるindex.htmlを開いてください。そして、<body>タグの部分を以下のように書き換えましょう。

リスト4-40

```
<body class="container">
  <h1 class="display-4 text-primary">
    {{title}}</h1>
  <p>{{message|safe}}</p>
  <table class="table">
    <tr>
      <th>id</th>
      <th>name</th>
```

```
        <th>age</th>
        <th>mail</th>
        <th>birthday</th>
        <th>Messages</th>
      </tr>
    {% for item in data %}
      <tr>
        <td>{{item.id}}</td>
        <td>{{item.name}}</td>
        <td>{{item.age}}</td>
        <td>{{item.mail}}</td>
        <td>{{item.birthday}}</td>
        <td>
          <ul>
          {% for ob in item.message_set.all %}
            <li>{{ob.title}}</li>
          {% endfor %}
          </ul>
        </td>
      <tr>
    {% endfor %}
    </table>
    <ul class="pagination justify-content-center">
      {% if data.has_previous %}
      <li class="page-item">
        <a class="page-link" href="{% url 'index' %}">
          &laquo; first</a>
      </li>
      <li class="page-item">
        <a class="page-link"
        href="{% url 'index' %}{{data.previous_page_number}}">
          &laquo; prev</a>
      </li>
      {% else %}
      <li class="page-item">
        <a class="page-link">&laquo; first</a>
      </li>
      <li class="page-item">
        <a class="page-link">&laquo; prev</a>
      </li>
      {% endif %}
      <li class="page-item">
        <a class="page-link">
        {{data.number}}/{{data.paginator.num_pages}}</a>
      </li>
```

```
    {% if data.has_next %}
    <li class="page-item">
      <a class="page-link"
      href="{% url 'index' %}{{data.next_page_number }}">
        next &raquo;</a>
    </li>
    <li class="page-item">
      <a class="page-link"
      href="{% url 'index' %}{{data.paginator.num_pages}}">
        last &raquo;</a>
    </li>
    {% else %}
    <li class="page-item">
      <a class="page-link">next &raquo;</a>
    </li>
    <li class="page-item">
      <a class="page-link">last &raquo;</a>
    </li>
    {% endif %}
  </ul>
</body>
```

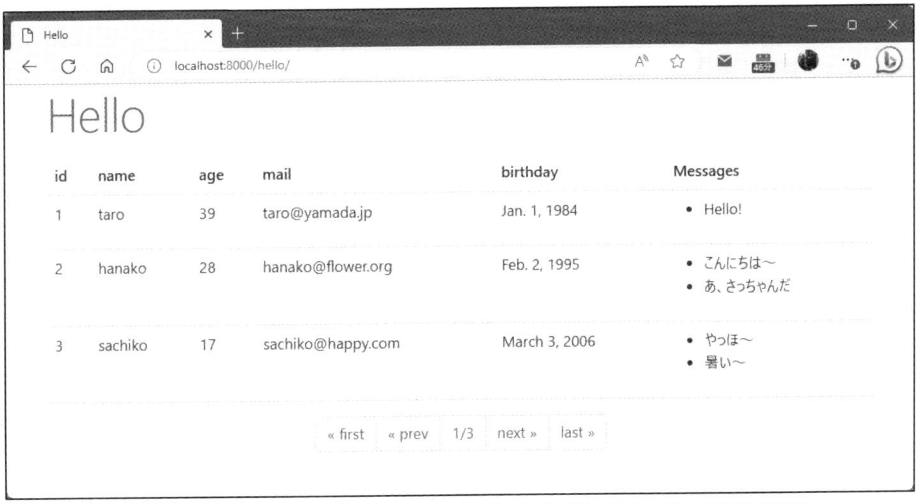

図4-50 修正したindexページ。各Friendの項目には、投稿したメッセージが表示される。

修正したら、http://localhost:8000/hello/ にアクセスをしてみてください。Friendの一覧がテーブルにまとめられて表示されますが、それぞれの項目には、その人が投稿したMessageのタイトルが表示されるようになっています。

ここでは、index.htmlだけしか修正していません。つまり、具体的な処理を実行しているビュー関数側は、まったく何も変更していないのです。けれど、ちゃんと各Friendが投稿したMessageの内容が表示されていますね。

message_setで関連モデルを得る

ここでは、forを使った繰り返しで、index関数側から渡された変数dataの内容を出力しています。こんな感じですね。

```
{% for item in data %}
     ……出力内容……
{% endfor %}
```

このitemには、取り出したFriendインスタンスが代入されていることになります。問題は、このFriendインスタンスから、それに関連するMessageをどうやって取り出すか、です。これは、以下のように行っています。

```
{% for ob in item.message_set.all %}
     <li>{{ob.title}}</li>
{% endfor %}
```

「message_set」という属性が見えますね。これは、関連するテーブルモデルであるMessageが保管されている属性なのです。

「○○_set」は、逆引き名として扱われます。「逆引き名」というのは、ForeignKeyのような関連項目がない主テーブルのモデルクラス側から従テーブル側を取り出すための項目名のことです。

RelatedManagerって？

この○○_setには、相手側のモデルクラスの「RelatedManager」というものが設定されます。普通、モデルにはobjectsという属性があって、そこにManagerっていうクラスのインスタンスが設定されていました。そこにあるallなどを呼び出すことで、レコードを取り出したりできました。RelatedManagerは、このManagerの仲間です。

ただし、テーブル全般を扱うManagerと違って、RelatedManagerは相手側テーブルの関連するレコードだけを操作するものです。Managerでは、allメソッドで全レコードを取り出せますが、RelatedManagerではallメソッドで、そのレコードに関連する相手側テーブルのレコードだけが取り出されます。ちょっとわかりにくいですが、例えばitem.message_set.allとすると、itemに代入されているFriendインスタンスが投稿したMessageインスタンスをすべて得ることができる、というわけです。

相手側テーブルへのアクセスの基本

この「ForeignKeyなどを指定した側と、指定してない側で、それぞれどうやって関連する相手側のレコードを取り出すか」は、リレーションを使う場合とっても重要です。整理するとこうなります。

- **ForeignKeyなどを指定したテーブル(従テーブル)のモデルでは、相手のテーブル名の属性が用意されていて、それで相手のレコードを取り出せる。**
- **ForeignKeyなどがない側のテーブル(主テーブル)のモデルでは、「○○_set」という逆引き名の属性にあるRelatedManagerを使って、相手側のレコードを取り出せる。**

この2通りのやり方をしっかり覚えておきましょう。この2つができれば、リレーションは使えるようになります。

Chapter 1 Chapter 2 Chapter 3 Chapter 4 Chapter 5

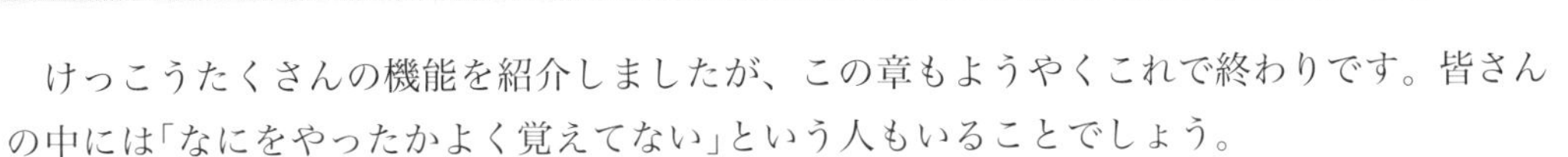

この章のまとめ

けっこうたくさんの機能を紹介しましたが、この章もようやくこれで終わりです。皆さんの中には「なにをやったかよく覚えてない」という人もいることでしょう。

前章がデータベースの基礎編とすれば、この章はデータベースの中級編といっていいでしょう。前章の知識があれば、とりあえず「ごく単純なWebアプリ」ぐらいなら作れます。ですから、無理にこの章の内容すべてを詰め込んで覚える必要はありません。

ある程度、データベースとモデルが使えるようになったところで、この章の内容を少しずつ咀嚼していけばいいでしょう。その際、「この機能を覚えよう!」というポイントを以下にまとめておきましょう。

バリデーションはModelFormの基本から

まずは、バリデーションです。これは、ModelFormを使ったバリデーションから覚えたほうがよいでしょう。最初に覚えておきたいのは「主なバリデーションルール」の使い方です。それらがわかったら、とりあえず自分のアプリで簡単なバリデーションを設定して使えるようになります。オリジナルのバリデーションルールの作り方などは後回しにしてOKです。

ページネーションはしっかり!

この章でいちばん重要なのは、ページネーションです。これは、すぐにでも覚えて使えるようになってほしい機能です。Paginatorの使い方さえわかれば利用できるので、そんなに難しくはありません。頑張って使えるようになりましょう！

前後の移動リンクについては、ここで紹介したスクリプトをコピペして使えるようになればそれで十分でしょう。

リレーションは「1対多」から

リレーションは、まず本書でサンプルとして作成した「1対多」の関係をしっかりと使えるようにしましょう。これがいちばん多用される関連付けです。

リレーションは、使い方そのものはそれほど難しくはありません。ForeignKeyの項目の書き方、モデルクラスから相手側テーブルにどうアクセスするか、その2点さえわかっていれば使えるようになります。

Chapter

5

アプリ作りに挑戦しよう

最後に、アプリの作成について実際にかんたんなサンプルを作りながら体験しましょう。まず一般的なDjangoのアプリを作り、それをベースにフロントエンドにReactフレームワークを導入したり、作ったアプリをテストしたりする方法について説明します。

Section 5-1 ミニSNSを作ろう！

ポイント

- ▶ Djangoの認証を使ったアプリを作りましょう。
- ▶ アプリとモデル設計の考え方について学びましょう。
- ▶ システムメッセージの使い方を覚えましょう。

ミニSNS開発に挑戦！

というわけで、Djangoの基本的な使い方はだいたいわかりました。まだまだ知らないことだらけですが、とりあえずデータベースを使ったごくかんたんなアプリぐらいなら作れるようになっているはずです。

そこで最後に、実際のアプリ作りに挑戦してみることにしましょう。今回作るのは、ごく単純なSNSアプリです。SNSというとTwitterやLINE、Facebookなどが有名ですが、これらは個人が作るにはあまりにも巨大で複雑です。が、その基本部分ぐらいは作れるはずですよ。

今回作るアプリにある機能は、ざっとこんな感じです。

- ログイン機能。あらかじめ管理ツールでユーザーを登録しておき、そのユーザーでログインして使います。
- メッセージの投稿と表示。メッセージは新しいものからページ分けして表示されます。また自分の投稿したメッセージだけをまとめてみることもできます。
- Good機能。いわゆる「いいね」ボタンです。投稿にある「good!」ボタンを押すと、「いいね」することができます。また「いいね」した投稿だけをまとめてみることもできます。

見ればわかるように、前章で作成したメッセージボードに「いいね」機能を付けたものを想像するといいでしょう。

まずはログイン！

ミニSNSは、http://localhost:8000/sns/ というアドレスにしてあります。アクセスすると、自動的にログインページにリダイレクトされます。ここで、あらかじめ登録してあるユーザー名とパスワードを入力するとログインできます。

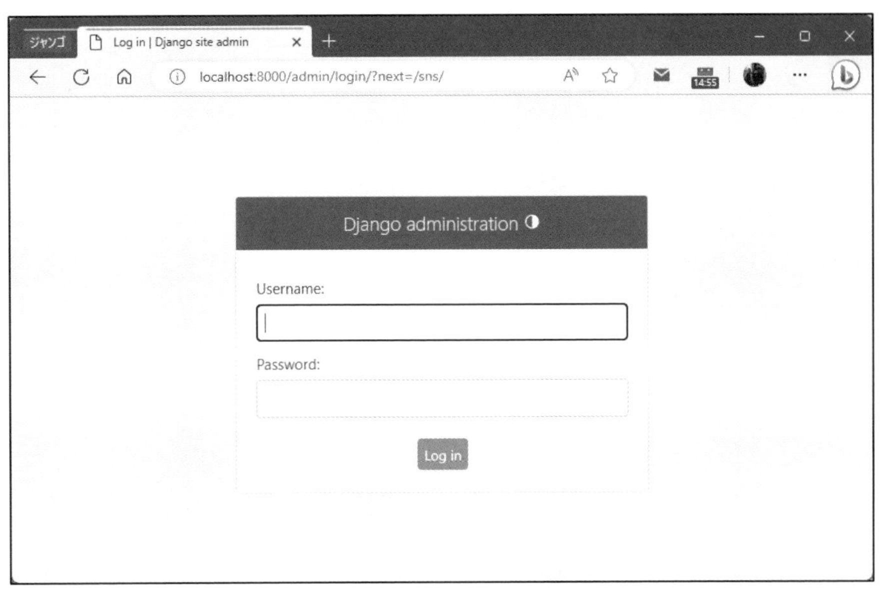

図5-1 /snsにアクセスすると、自動的にログインページが現れる。

トップページの表示

ログインすると、/snsの画面が現れます。このページでは一番上にメニューのリンクがあり、その横にログインしているユーザー名が表示されています。

その下には投稿用のフォームがあり、その下に最近投稿されたメッセージが表示されます。

図5-2 /snsの画面。投稿フォームと投稿されたメッセージが表示される。

Chapter 1
Chapter 2
Chapter 3
Chapter 4
Chapter 5

ページネーション

メッセージ表示の一番下には、ページネーションのリンクが表示されています。これによりページを移動できます。デフォルトでは、1ページあたり10メッセージが表示されています。この表示数はかんたんに変更できます。

top post good logined: "hanako"

まだまだ。梅雨の中休みかな。

"taro" (June 22, 2023, 1:36 a.m.)

good=1 good!

もう夏ですね～。梅雨って終わったのかな？

"hanako" (June 22, 2023, 1:33 a.m.)

good=1

« first « prev 1/4 next » last »

[logout] copyright 2023 SYODA-Tuyano.

図5-3 メッセージの下にあるページ移動のリンク。

「good!」ボタン

表示される投稿の右側には、「goods=XX」というような表示があります。これは、Goodされた数を表示するものです。また、その横の「good!」というボタンをクリックすると、その投稿に「いいね」をすることができます。

この「good!」ボタンは、自分の投稿には表示されません。自分以外の投稿にのみGood!することができます。

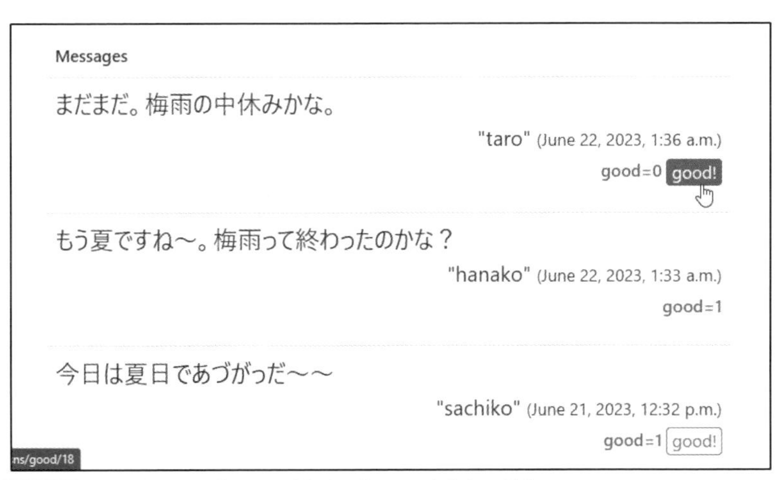

図5-4 各投稿には、「いいね」をする「good!」ボタンがある。

「good!」ボタンをクリックして「いいね」すると、ページの上部にメッセージが表示されます。このメッセージは、右側の×をクリックすれば消えます。また既に「いいね」している投稿で更に「good!」を押すと、既に「いいね」済みであるメッセージが表示されます。

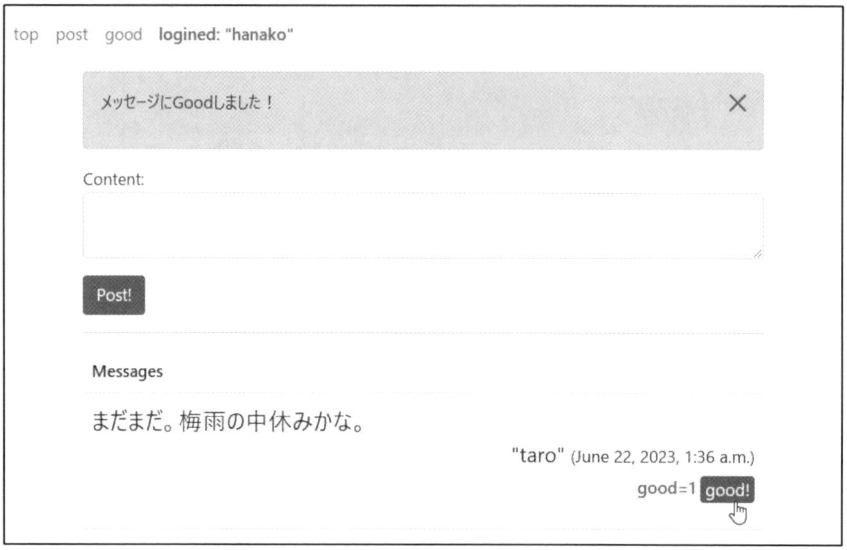

top post good logined: "hanako"

メッセージにGoodしました！

Content:

Post!

Messages

まだまだ。梅雨の中休みかな。

"taro" (June 22, 2023, 1:36 a.m.)

good=1 good!

図5-5 「good!」ボタンを押すとメッセージが表示される。

自分の投稿を見る

上部にあるメニューから「post」リンクをクリックすると、投稿ページに移動します。ここで自分が投稿したメッセージを確認できます。

図5-6 Postページ。自分のメッセージを表示する。

「いいね」した投稿を見る

メニューの「good」をクリックすると、「いいね」したメッセージが一覧表示されます。これにより、「good!」ボタンで重要なメッセージだけまとめることができるようになります。

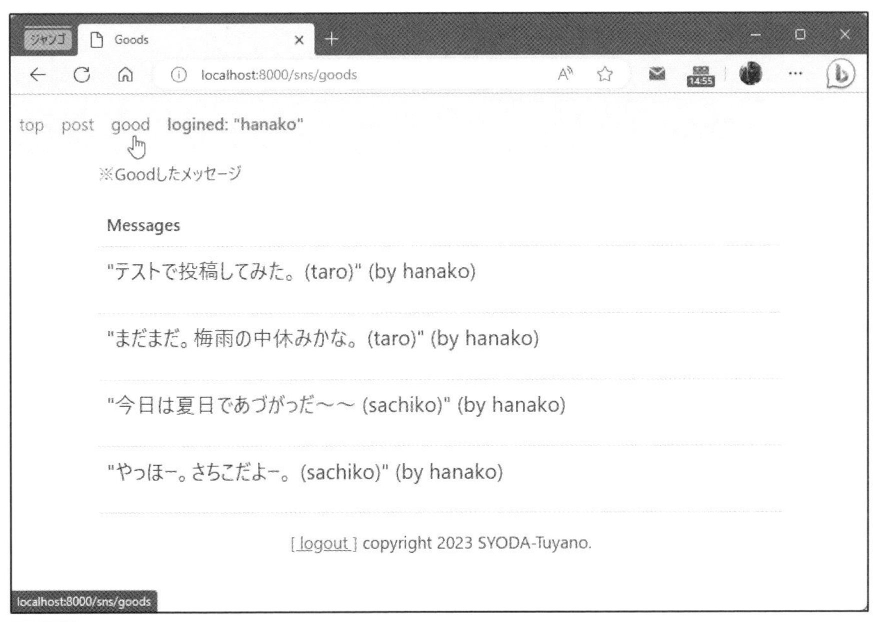

図5-7 「/goods」では「いいね」したメッセージが表示される。

SNSアプリケーションを追加しよう

では、ミニSNSを作っていきましょう。これは、サンプルのdjango_appプロジェクトに新しいアプリケーションとして追加して作成することにします。

アプリは、ターミナルから作成しましたね。前章の終わりの状態のままで、ターミナルからサーバーを起動した状態のままになっている場合は、Ctrlキー＋Cキーでサーバーの実行を中断するか、「新しいターミナル」メニューでターミナルを新たに開いてください。

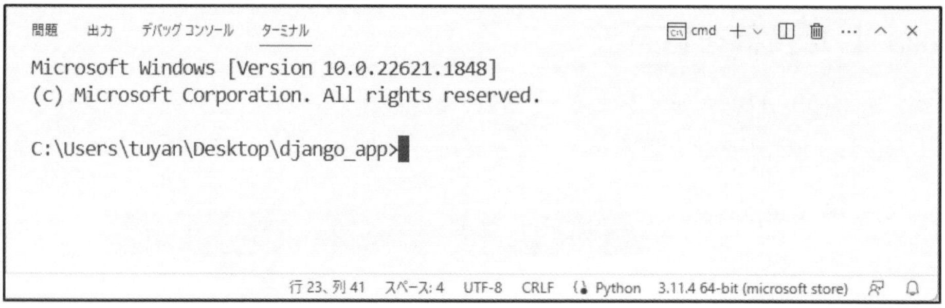

```
問題　出力　デバッグ コンソール　ターミナル　　cmd
Microsoft Windows [Version 10.0.22621.1848]
(c) Microsoft Corporation. All rights reserved.

C:\Users\tuyan\Desktop\django_app>

行 23、列 41　スペース: 4　UTF-8　CRLF　{} Python　3.11.4 64-bit (microsoft store)
```

図5-8　ターミナルを用意する。

アプリを作成する

ターミナルが用意できたら、アプリを作成しましょう。VS Codeのターミナルで作業をします。アプリ実行中の場合は、Ctrlキー＋「C」キーで中断するか、「ターミナル」メニューの「新しいターミナル」でターミナルを開くかしてください。

今回は、「sns」という名前でアプリを作成します。ターミナルから以下のようにコマンドを実行しましょう。

```
python manage.py startapp sns
```

これで「sns」というアプリがプロジェクトに追加されます。

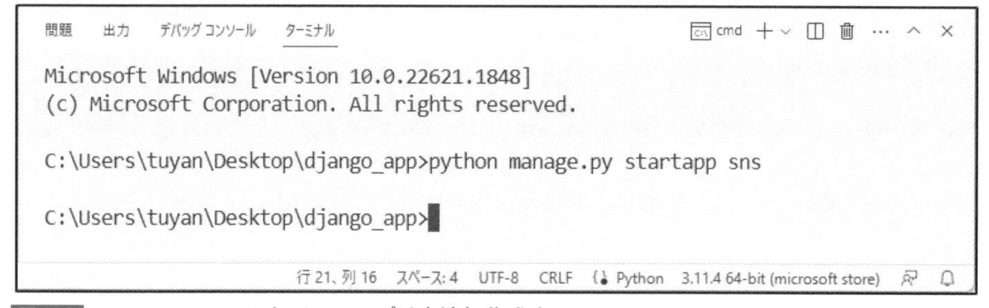

図5-9　startappコマンドでsnsアプリを追加作成する。

アプリを登録する

作成したアプリは、プロジェクトに登録しておきます。プロジェクト名のフォルダ(「django_app」フォルダ)内にあるsettings.pyを開き、INSTALLED_APPS変数に'sns'を追加しましょう。以下のようになっていればOKです。

リスト5-1

```
INSTALLED_APPS = [
    'django.contrib.admin',
    'django.contrib.auth',
    'django.contrib.contenttypes',
    'django.contrib.sessions',
    'django.contrib.messages',
    'django.contrib.staticfiles',
    'hello',
    'sns', # 追加したもの
]
```

アプリを設計する

これでアプリの入れ物部分はできました。ここにスクリプトやテンプレートを作成していくことになります。が、そのためには、まず「アプリの基本的な設計」ができてないといけません。

アプリの設計は、だいたい以下のような感じで進めます。

- **アプリの機能の洗い出し。どんな機能が必要になるかを全部書き出そう。**
- **データベース設計。どんな情報を保存するかを洗い出し、それらを保管するためのテーブルを設計していこう。**
- **各ページの設計。洗い出したアプリの機能とデータベースのテーブルをもとに、どういうページを用意し、そこにどんな機能をもたせるかを考えよう。**

これぐらいまでアプリの構成が整理できたら、実際にどんなアプリになるかがつかめてくるはずです。それをもとに作っていけばいいのです。

データベースを設計する

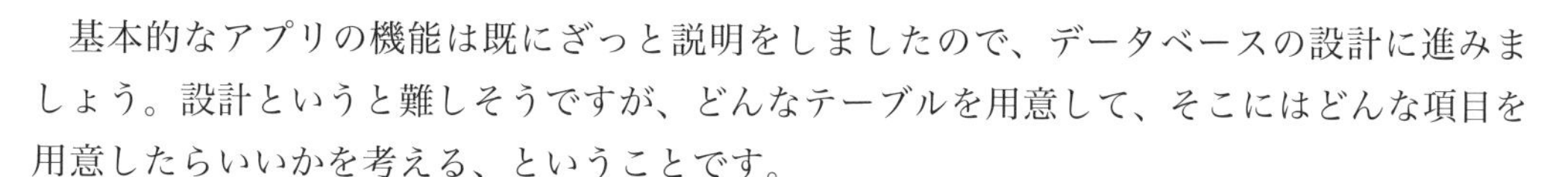

基本的なアプリの機能は既にざっと説明をしましたので、データベースの設計に進みましょう。設計というと難しそうですが、どんなテーブルを用意して、そこにはどんな項目を用意したらいいかを考える、ということです。

今回のミニSNSアプリで必要になるテーブルについて整理していきましょう。

Chapter 1
Chapter 2
Chapter 3
Chapter 4
Chapter 5

●ユーザーアカウント

これは、特に作成しません。Djangoには、データベーステーブルの管理機能がありましたね。これには、ユーザーアカウントの管理機能も組み込まれています。この機能を利用することにします。

●メッセージ

SNSの中心となるのが、投稿メッセージのテーブルです。これには以下のような項目を用意しておきます。

owner ID	投稿者
content	コンテンツ
good count	goodした数
pub_date	投稿日時

●good

goodは、メッセージに対する「いいね」情報です。「いいね」したユーザーと、いいねしたメッセージを管理します。

owner ID	goodしたユーザーのID
message ID	goodしたメッセージのID
pub_date	goodした日時
pub_date	投稿日時

モデルを作成しよう

では、データベース設計をもとに、モデルを作成していきましょう。「sns」アプリケーションのフォルダ内にある「models.py」を開いて、以下のようにスクリプトを記述しましょう。モデルクラスは2つあります。間違えないように注意して書いてください。

リスト5-2

```
from django.db import models
from django.contrib.auth.models import User
```

```
# Messageクラス
class Message(models.Model):
  owner = models.ForeignKey(User, on_delete=models.CASCADE, \
    related_name='message_owner')
  content = models.TextField(max_length=1000)
  good_count = models.IntegerField(default=0)
  pub_date = models.DateTimeField(auto_now_add=True)

  def __str__(self):
    return str(self.content) + ' (' + str(self.owner) + ')'

  class Meta:
    ordering = ('-pub_date',)

# Goodクラス
class Good(models.Model):
  owner = models.ForeignKey(User, on_delete=models.CASCADE, \
    related_name='good_owner')
  message = models.ForeignKey(Message, on_delete=models.CASCADE)
  pub_date = models.DateTimeField(auto_now_add=True)

  def __str__(self):
    return '"' + str(self.message) + '" (by ' + \
      str(self.owner) + ')'

  class Meta:
    ordering = ('-pub_date',)
```


モデルのスクリプトについて

ここで作ったモデルクラスは、どういうものなんでしょうか。ここでかんたんに説明しておきましょう。

●Messageクラス

ここでは、ownerにmodels.ForeignKeyを設定して他のモデルと連携しています。pub_dateにはauto_now_add=Trueを指定して作成時に自動的に値が設定されるようにしてあります。

また、Metaクラスで並び順のorderingの設定をしています。よく見ると、ordering = ('-pub_date',)となっていますね。

'pub_date'ならば、pub_dateの小さい順(つまり、古い順)の並び順になりますが、

'-pub_date'と頭にマイナス記号をつけることで、逆順(つまり、新しい順)にできるのです。これは覚えておくと便利ですね！

●Goodクラス

ownerとmessageの2つにmodels.ForeignKeyがそれぞれ用意されています。これも両者の関連を示すだけのモデルなのでとてもシンプルです。またpub_dateにはauto_now_add=Trueを用意して値が自動設定されるようにしています。

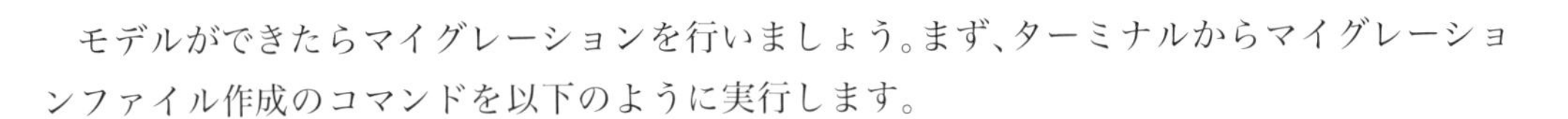

マイグレーションしよう

モデルができたらマイグレーションを行いましょう。まず、ターミナルからマイグレーションファイル作成のコマンドを以下のように実行します。

```
python manage.py makemigrations sns
```

```
問題　出力　デバッグ コンソール　ターミナル

C:\Users\tuyan\Desktop\django_app>python manage.py makemigrations sns
Migrations for 'sns':
  sns\migrations\0001_initial.py
    - Create model Message
    - Create model Good

C:\Users\tuyan\Desktop\django_app>

行 26、列 20　スペース: 2　UTF-8　CRLF　{} Python　3.11.4 64-bit (microsoft store)
```

図5-10　makemigrationsコマンドでsnsのマイグレーションファイルを作成する。

マイグレーションを実行！

これで、「sns」アプリの「migrations」フォルダ内にマイグレーションファイル(0001_initial.pyというファイル)が作成されます。では、このファイルを適用しましょう。ターミナルから以下のように実行してください。

```
python manage.py migrate
```

```
問題　出力　デバッグ コンソール　ターミナル　　　　　cmd + ∨ ◫ 🗑 … ^ ×

C:\Users\tuyan\Desktop\django_app>python manage.py migrate
Operations to perform:
  Apply all migrations: admin, auth, contenttypes, hello, sessions, sns
Running migrations:
  Applying sns.0001_initial... OK

C:\Users\tuyan\Desktop\django_app>
　　　行 26、列 20　スペース: 2　UTF-8　CRLF　{} Python　3.11.4 64-bit (microsoft store)
```

図5-11　migrateコマンドでマイグレーションを実行する。

admin.pyにsnsのテーブルを登録する

さあ、これでモデル関係はできました。プログラムの作成を続ける前に、管理ツールでの作業を行っておきましょう。

まず、Djangoの管理ツールにsnsのモデル類を登録しましょう。プロジェクトの「sns」フォルダの中にあるadmin.pyを開いて、以下のように記述をしてください。

リスト5-3

```
from django.contrib import admin
from .models import Message,Good

admin.site.register(Message)
admin.site.register(Good)
```

これで、Djangoの管理ツールでsnsのモデル類が編集できるようになります。アプリのプログラム作成に進む前に、管理ツールで必要なデータを作成しておきましょう。

管理ツールでユーザー登録！

ではDjangoのサーバーを起動しましょう。管理ツールはWebからアクセスをしますからサーバーを実行しておく必要があります。まだ実行していない人は、VS Codeのターミナルから以下のように実行してください。

```
python manage.py runserver
```

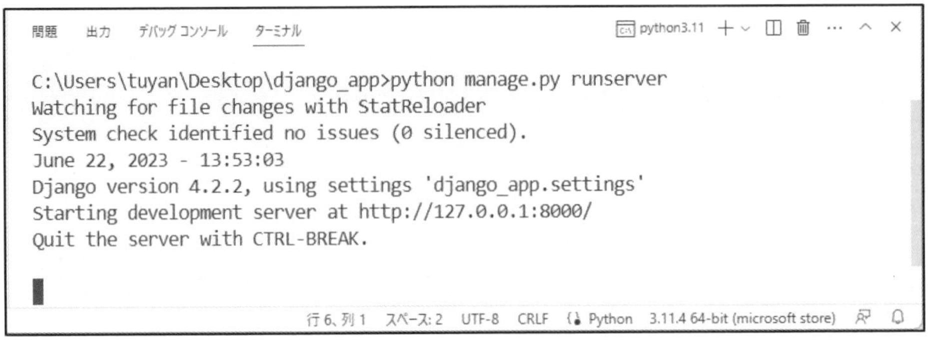

```
問題　出力　デバッグ コンソール　ターミナル　　python3.11

C:\Users\tuyan\Desktop\django_app>python manage.py runserver
Watching for file changes with StatReloader
System check identified no issues (0 silenced).
June 22, 2023 - 13:53:03
Django version 4.2.2, using settings 'django_app.settings'
Starting development server at http://127.0.0.1:8000/
Quit the server with CTRL-BREAK.

行 6、列 1　スペース: 2　UTF-8　CRLF　Python　3.11.4 64-bit (microsoft store)
```

図5-12　runserverでサーバー起動をする。

これでサーバーが起動します。以前、管理ツールを使ったときに、管理者(admin)のアカウントを作成していましたね。Webブラウザから以下のアドレスにアクセスをしてください。ログインページが表示されます。先に「3-2 管理ツールを使おう」で作成したadminアカウントとパスワードを入力してログインしましょう。

```
http://localhost:8000/admin/
```

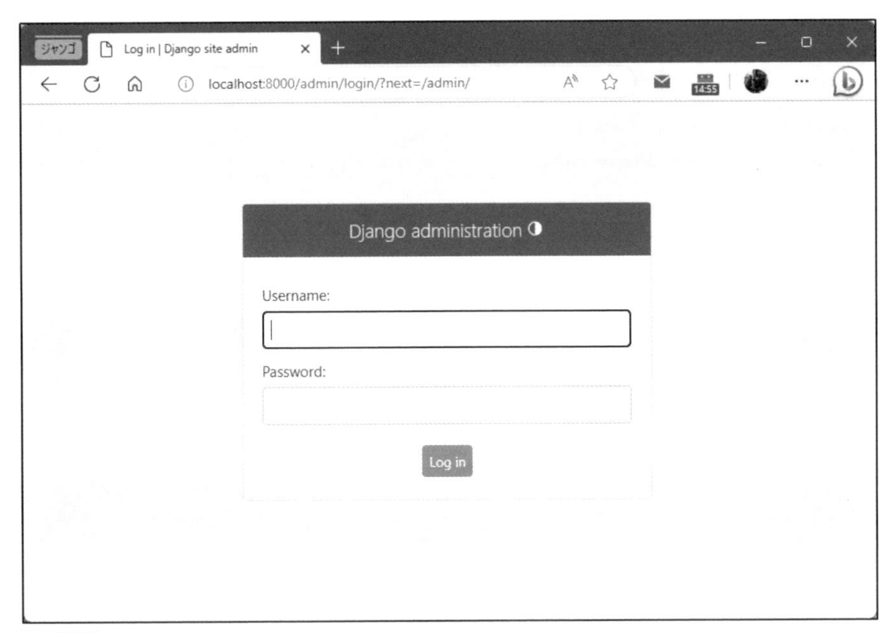

図5-13　adminでログインをする。

Userの作成ページに移動しよう

ログインすると、利用可能なテーブルが表示されます。ここで、「AUTHENTICATION AND AUTHORIZATION」というところにある「Users」の「Add」リンクをクリックして、ユーザーの作成ページに移動します。

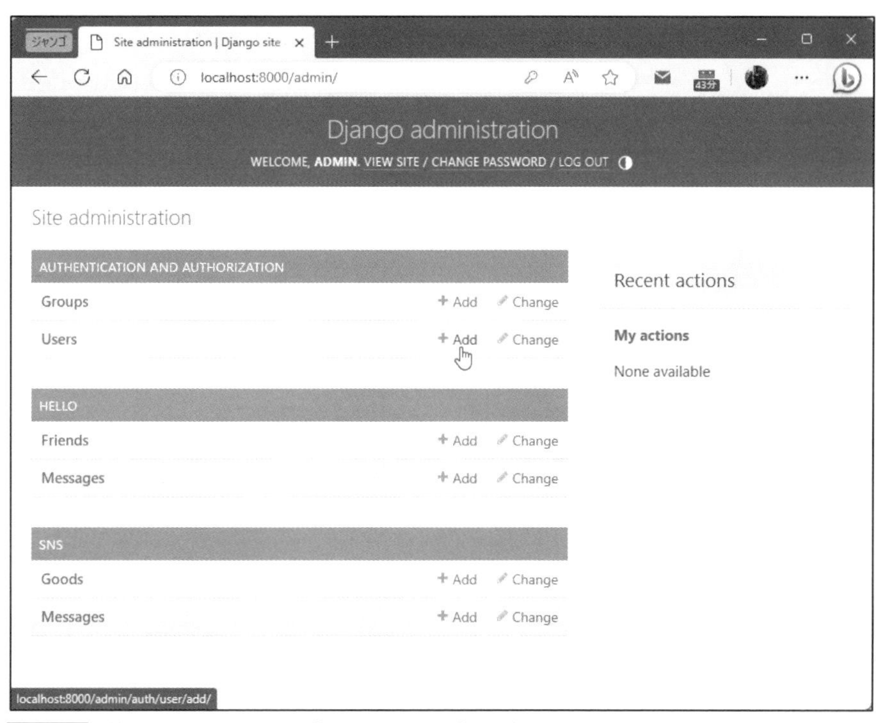

図5-14　管理ツールのページ。「Users」にある「Add」をクリックする。

ユーザーを登録しよう

実際にログインするユーザーを作成しておきましょう。現れた「Add User」のフォームに、ユーザー名(Username)、パスワード(Password)、確認のパスワード(Password confirmation)を入力して「SAVE」ボタンを押します。2つのパスワードは必ず同じものを記入します。また文字数は8文字以上にします。

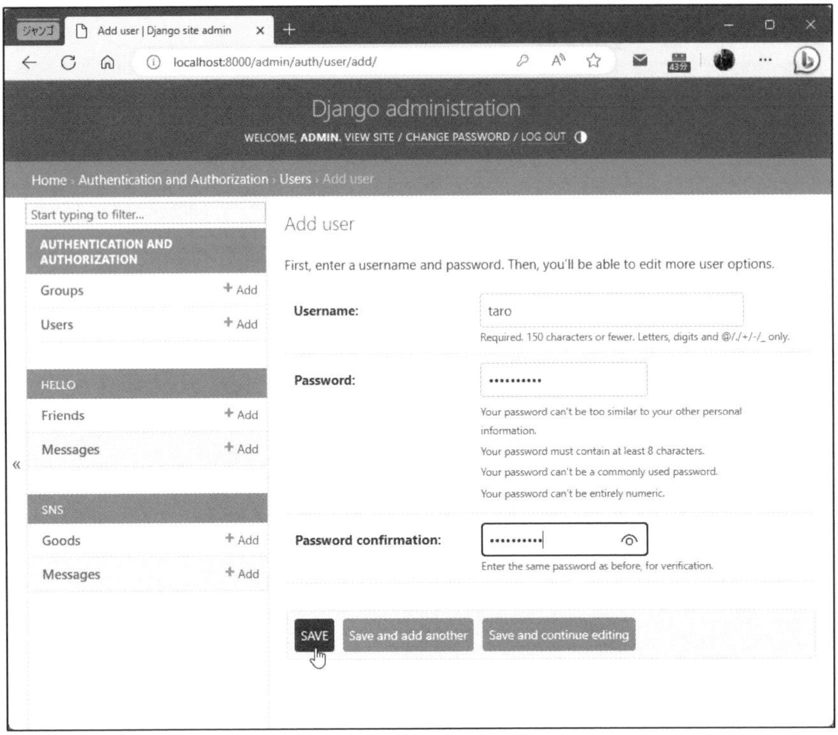

図5-15 ユーザー名とパスワードを入力する。

「Change User」という表示に進んだら、ユーザーの名前やメールアドレスなど必要に応じて記入していきます。ここで注意してほしいのは、詳細設定の「Permissions」にある「Active」と「Staff status」のチェックは必ずONにしておく、という点です。これを忘れるとログインできなくなるので注意しましょう。

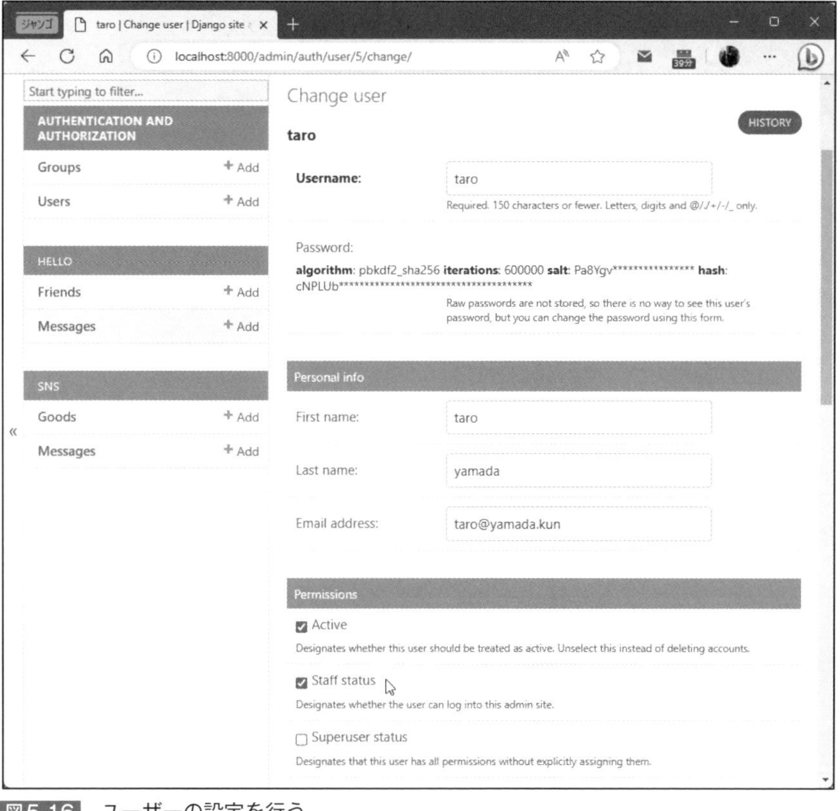

図5-16　ユーザーの設定を行う。

実際にいくつかのユーザーを登録したら、左側のAUTHENTICATION AND AUTHORIZATIONから「Users」をクリックして登録したUserの一覧を表示して作成内容を確認しておきましょう。

図5-17 サンプルとしていくつかのユーザーを作成したところ。

フォームを作成する

モデル関係の作業が一通り終わったところで、アプリのプログラムの作成に戻りましょう。次に作るのは、フォームです。

「sns」フォルダの中に、新たに「forms.py」という名前でファイルを作成してください。そして、以下のリストのようにスクリプトを記述しましょう。なお、ここでは一応、モデル関係のフォームも一通り用意していますが、(未使用)と表示してあるクラスは、今回のプログラムでは使っていません。ですから、これらは書かなくても問題ありません。

リスト5-4

```
from django import forms
from.models import Message,Good
from django.contrib.auth.models import User

# Messageのフォーム(未使用)
class MessageForm(forms.ModelForm):
    class Meta:
        model = Message
        fields = ['owner','content']
```

```
# Goodのフォーム(未使用)
class GoodForm(forms.ModelForm):
  class Meta:
    model = Good
    fields = ['owner', 'message']

# 投稿フォーム
class PostForm(forms.Form):
  content = forms.CharField(max_length=500, \
    widget=forms.Textarea(attrs={'class':'form-control', 'rows':2}))

  def __init__(self, user, *args, **kwargs):
    super(PostForm, self).__init__(*args, **kwargs)
```


PostFormについて

ではコードをかんたんに説明しておきましょう。ここでは3つのクラスを掲載していますが、実際に使っているのはPostFormクラスだけです。

PostFormは、通常の投稿とシェア投稿で利用されるフォームです。ここでは、普通の変数として用意する項目と、__init__によって生成される項目の2つが用意されています。

まず、変数で用意する項目。これですね。

```
content = forms.CharField(max_length=500, widget=forms.Textarea(…略…))
```

CharFieldですが、widget=forms.Textareaという値が用意されています。これは、<textarea>の表示を使うことを設定するものです。これで、テキストエリアを使った広い入力エリアでテキスト入力を行えます。

次に用意するのが、__init__を使って作成する項目です。ここではsuperを使って継承元にメッセージを送っているだけです。

この__init__メソッドは、インスタンスの初期化時の処理を行うためのものです。

urls.pyの作成

次は、urlpatternsの用意をしましょう。「sns」フォルダの中に新しいファイルを作成してください。名前は「urls.py」としておきます。そして以下のリストのように記述をしておきましょう。

リスト5-5

```
from django.urls import path
from . import views

urlpatterns = [
  path('', views.index, name='index'),
  path('<int:page>', views.index, name='index'),
  path('post', views.post, name='post'),
  path('goods', views.goods, name='goods'),
  path('good/<int:good_id>', views.good, name='good'),
]
```

これが、今回作成する各種ページのURLとビュー関数の設定です。全部で5つのWebページ(ただし、goodは画面の表示はありません)を作成していることがわかります。

django_appのurls.pyを修正

続いて、作成したurls.pyをプロジェクトに登録しましょう。プロジェクト名のフォルダ(ここでは「django_app」フォルダ)内にあるurls.pyを開き、そこに記述されているurlpatterns変数の内容を以下のように修正します。

リスト5-6

```
urlpatterns = [
    path('admin/', admin.site.urls),
    path('hello/', include('hello.urls')),
    path('sns/', include('sns.urls')), #☆
]
```

最後に☆マークのところでsnsのパスが追加されていますね。これで、「sns」内のurls.pyの内容が読み込まれてURL設定されるようになります。

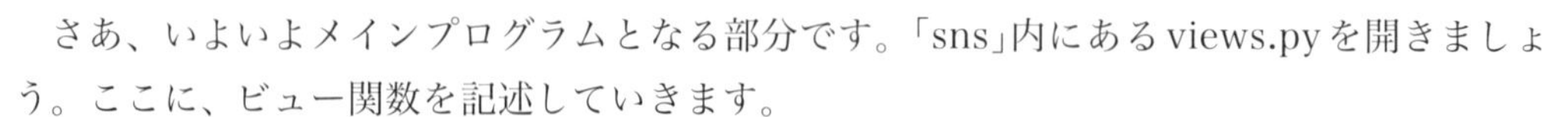

views.pyの修正

さあ、いよいよメインプログラムとなる部分です。「sns」内にあるviews.pyを開きましょう。ここに、ビュー関数を記述していきます。

メインプログラムだけあって、今回はけっこうな長さになっています。間違いの内容、1つ1つの関数ごとによく内容を確認しながら書いていきましょう。

リスト5-7

```
from django.shortcuts import render
from django.shortcuts import redirect
from django.contrib.auth.models import User
from django.contrib import messages
from django.core.paginator import Paginator
from django.db.models import Q
from django.contrib.auth.decorators import login_required

from .models import Message,Good
from .forms import PostForm

# indexのビュー関数
@login_required(login_url='/admin/login/')
def index(request, page=1):
  max = 10 #ページ当たりの表示数
  form = PostForm(request.user)
  msgs = Message.objects.all()
  # ページネーションで指定ページを取得
  paginate = Paginator(msgs, max)
  page_items = paginate.get_page(page)

  params = {
    'login_user':request.user,
    'form': form,
    'contents':page_items,
  }
  return render(request, 'sns/index.html', params)

# goodsのビュー関数
@login_required(login_url='/admin/login/')
def goods(request):
  goods = Good.objects.filter(owner=request.user).all()

  params = {
    'login_user':request.user,
    'contents':goods,
  }
  return render(request, 'sns/good.html', params)

# メッセージのポスト処理
@login_required(login_url='/admin/login/')
def post(request):
  # POST送信の処理
  if request.method == 'POST':
```

```
        # 送信内容の取得
        content = request.POST['content']
        # Messageを作成し設定して保存
        msg = Message()
        msg.owner = request.user
        msg.content = content
        msg.save()
        return redirect(to='/sns/')

    else:
        messages = Message.objects.filter(owner=request.user).all()
        params = {
            'login_user':request.user,
            'contents':messages,
        }
        return render(request, 'sns/post.html', params)

# goodボタンの処理
@login_required(login_url='/admin/login/')
def good(request, good_id):
    # goodするMessageを取得
    good_msg = Message.objects.get(id=good_id)
    # 自分がメッセージにGoodした数を調べる
    is_good = Good.objects.filter(owner=request.user) \
        .filter(message=good_msg).count()
    # ゼロより大きければ既にgood済み
    if is_good > 0:
        messages.success(request, '既にメッセージにはGoodしています。')
        return redirect(to='/sns')

    # Messageのgood_countを1増やす
    good_msg.good_count += 1
    good_msg.save()
    # Goodを作成し、設定して保存
    good = Good()
    good.owner = request.user
    good.message = good_msg
    good.save()
    # メッセージを設定
    messages.success(request, 'メッセージにGoodしました！')
    return redirect(to='/sns')
```

index関数について

このviews.pyは、一度に全部理解するのは大変です。最初から完璧に理解するのでなく、ポイントをつかんで、まずは「全体としてこんな感じになってる」ということを把握しましょう。

ログイン必須にするには？

SNSアプリでは、ユーザー認証機能を使ってログインする必要があります。このユーザー認証機能は、ただdjango.contrib.authアプリをインストールするだけで自動的にページに組み込まれるわけではありません。ユーザー認証を利用したいページに、「このページはログインしていないとアクセスできない」ということを設定しておく必要があります。

それを行っているのが、index関数の前にあるこの文です。

```
@login_required(login_url='/admin/login/')
```

この@login_requiredというのは「アノテーション」と呼ばれるものです。アノテーションは、関数やクラスなどに特定の役割や設定などを割り振るのに使われます。

引数には、login_urlという値が用意されていますが、これはログインページのURLを指定するものです。ここでは、/admin/login/が指定されていますが、これがdjango.contrib.authのログインページになります。

これで、@login_requiredアノテーションを付けたビュー関数によるページは、ログインしないとアクセスできなくなります。ログインしていないユーザーがそのページにアクセスすると、自動的にログインページにリダイレクトされます。実にかんたんにユーザー認証が必要なページが作れてしまうんですね！

なお、この@login_requiredアノテーションを利用する際には、必ず以下のようにimport文を用意しておくのを忘れないでください。

```
from django.contrib.auth.decorators import login_required
```

ログインユーザーについて

indexでは、login_userという変数に現在ログインしているユーザーを保管しています。現在のユーザーを取得するのは、実はとてもかんたん。request.userで取り出すことができるんです。

Djangoのプロジェクトでは、django.contrib.authというアプリケーションが組み込まれています（「django_app」フォルダ内のsettings.pyにあるINSTALLED_APP変数部分を見るとわかります)。このdjango.contrib.authが、Djangoに組み込まれているユーザー認証機能です。先にDjangoの管理ツールを利用したときにログインしたりユーザーを作成しましたが、あのユーザー認証機能です。django.contrib.authは、http://localhost:8000/admin/ というアドレスで組み込まれています。

request.userで得られるユーザー情報は、Userというクラスのインスタンスになっています。これを使うには、以下のようにimport文を用意しておきます。

```
from django.contrib.auth.models import User
```

このUserがユーザーを管理しているモデルクラスになります。モデルクラスですから、必要なレコードを取り出したりする処理も通常のモデルと全く同じように行えます。

投稿の取得

メッセージの投稿関係はpost関数として用意してあります。このpost関数は、実は2つの処理を行っています。

1つは、index.htmlに用意されているメッセージ投稿用フォームの送信処理です。そしてもう1つは、自分が投稿したメッセージを表示するpost.htmlの表示処理です。POSTアクセスしていたときはフォームの送信処理を行い、GETでアクセスしたときは自分が投稿したMessageを取得してpost.htmlで表示を行うのですね。

POST時の処理は、Messageインスタンスを作成して保存するだけのものです。これは特に説明は不要でしょう。GET時の処理は、ログインしているユーザーが投稿したMessageだけを以下のように取り出しています。

```
messages = Message.objects.filter(owner=request.user).all()
```

filterを使い、ownerの値がrequest.userと同じものだけを取り出します。これで自分が投稿したメッセージだけが取り出せます。

「いいね」したメッセージの取得

こうした「メッセージの取得」はもう1つあります。それは「いいね」したメッセージを取り出す部分(goods関数)です。ここでは、以下のようにして「いいね」の情報を取り出しています。

```
goods = Good.objects.filter(owner=request.user).all()
```

「『いいね』したメッセージ」というと、どうしても「Messageを取り出す」と考えてしまいます。けれどMessageには、goodに関するフィールドなどはありません。「どうやって、Messageに関連するGoodがあるか調べればいいんだろう」と頭を悩ませた人もいることでしょう。

そうした人は考え違いをしています。「自分が押した『いいね』」のレコード(Goodモデル)を集めればいいのです。そして表示する際に、そのGoodから関連するMessageを取り出して表示すればいいのです。

 「いいね！」の処理 

さて、「いいね！」に相当するのが、「good!」ボタンです。これをクリックしたときの処理が、good関数です。

ここで行っていることは、割とかんたんなものです。流れを整理しましょう。

1. good!したMessageを取り出す。
2. ownerが自分でmessageがこのMessageであるGoodを検索し、その数を調べる。
3. 数がゼロより大きければ、既にそのMessageにgood!したということなので、システムメッセージを設定して戻る。
4. Messageのgood_countを1増やしてsaveする。
5. Goodインスタンスを作成し、ownerに本人のUser、messageにgood!したMessageを設定してsaveする。
6. システムメッセージを設定して戻る。

good!は、Goodインスタンスを作って保存しますが、それだけではダメです。goodしたMessageに「good!したよ」ということを教える(good!数を1増やす)必要もあります。

 システムメッセージを使う 

「いいね！」の処理では、これまで見たことのない以下のような文が実行されています。これはなんでしょう。

```
messages.success(request, 'メッセージにGoodしました！')
```

このmessagesというのは、from django.contrib import messagesという文でimportされているモジュールです。これは、システムメッセージを表示する「メッセージフレーム

Chapter 1
Chapter 2
Chapter 3
Chapter 4
Chapter 5

ワーク」と呼ばれる機能です。これは、django.contrib.messagesというアプリとしてプロジェクトに組み込まれています。

システムメッセージは、画面に表示させたいメッセージを作成するための仕組みです。messagesのメソッドを呼び出すことで、システムメッセージを作成できます。作成したシステムメッセージは、かんたんにテンプレートで表示させることができます。

システムメッセージは、必要に応じていくらでも作成し追加することができます。それらは、次に画面が表示されたときにすべて表示できます。一度表示すると、作成したシステムメッセージは自動的に消えるのです。

ここでは、successというメソッドを使っていますが、他にもいくつかのものが用意されています。

```
messages.debug(request, メッセージテキスト )
messages.info(request, メッセージテキスト )
messages.success(request, メッセージテキスト )
messages.warning(request, メッセージテキスト )
messages.error(request, メッセージテキスト )
```

これらはいずれも同じようにシステムメッセージを追加します。違いは、メッセージの重要度です。メッセージフレームワークは、重要度別にどこまでメッセージを表示するか設定したり、特定のメッセージだけを表示させたりする機能をもっているんですね。

このシステムメッセージ表示機能はなかなか重宝するのでぜひ覚えておきましょう。

テンプレートを用意する

さて、残るはテンプレート関係だけです。まずは、テンプレートを配置するフォルダを作りましょう。

「sns」フォルダの中に「templates」というフォルダを作ります。そして更にその中に「sns」というフォルダを作ってください。ここがテンプレート関係の保管場所になります。

ここには、全部で3つのテンプレートを作成していきます。

layout.html	全体のレイアウトを作成するテンプレート
index.html	indexページのレイアウト
post.html	Postページのレイアウト
good.html	Goodページのレイアウト

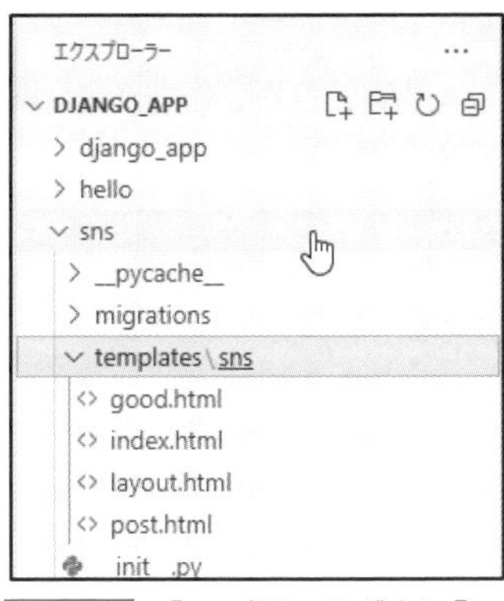

図5-18 「sns」フォルダ内に「templates」フォルダ、更にその中に「sns」フォルダを作る。

レイアウト用テンプレートって？

ここでは、各ページで使うテンプレートの他に「レイアウトのテンプレート」というものも用意しています。これは、すべてのテンプレートの土台となるものです。

Djangoのテンプレートは「継承」をサポートしています。これはクラスの継承などと同じで、既にあるテンプレートの内容をそのまま受け継いで新しいテンプレートを作ることです。

継承元になるテンプレートでは、「ブロック」というものを用意しておきます。これは、なにかの値がはめ込まれる「穴」のようなものです。このテンプレートを継承したテンプレートでは、継承元にある穴(ブロック)にはめ込むコンテンツを用意しておきます。すると、その穴(ブロック)にそのコンテンツがはめ込まれた形でページがレイアウトされるのです。

このレイアウト技法は、アプリ全体で共通するレイアウトを作成するのにとても役に立つものなので、ここで実際にテンプレートを作成しながら使い方を覚えていきましょう。

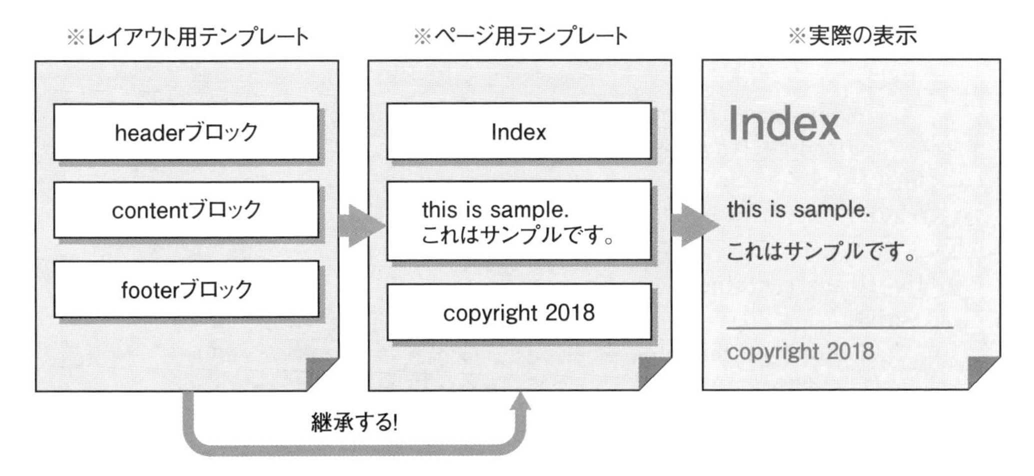

図5-19 テンプレートは継承できる。継承したテンプレートは、継承元のブロックにコンテンツをはめ込んでページを作る。

layout.htmlを作る

では、順に作成していきましょう。まずは、レイアウト用のテンプレートからです。「templates」フォルダ内の「sns」フォルダの中に「layout.html」という名前でファイルを作成しましょう。そして以下のようにソースコードを記述します。

リスト5-8

```
{% load static %}
<!doctype html>
<html lang="ja">
<head>
  <meta charset="utf-8">
  <title>{% block title %}{% endblock %}</title>
  <script src="https://cdn.jsdelivr.net/npm/bootstrap/dist/js/bootstrap.   ↵
    bundle.js"></script>
  <link href="https://cdn.jsdelivr.net/npm/bootstrap/dist/css/bootstrap.css"
  rel="stylesheet" crossorigin="anonymous">
</head>
<body>
  <nav class="navbar fixed-top navbar-expand navbar-light bg-light">
  <ul style="width:100%" class="navbar-nav mr-auto">
    <li class="nav-item">
      <a class="nav-link" href="{% url 'index' %}">top</a>
    </li>
    <li class="nav-item">
      <a class="nav-link" href="{% url 'post' %}">post</a>
    </li>
    <li class="nav-item">
      <a class="nav-link" href="{% url 'goods' %}">good</a>
    </li>
    <li class="nav-item nav-link fw-bold text-primary">
      logined: "{{login_user}}"</li>
  </ul>
  </nav>

  <div class="container">
    <div>
      {% block header %}
      {% endblock %}
    </div>
    <div class="content">
      {% block content %}
      {% endblock %}
```

```
      </div>

      <div class="my-3 text-center">
        <span class="font-weight-bold">
          <a href="/admin/logout?next=/sns/">
            [ logout ]</a></span>
        <span class="float-right">copyright 2023
          SYODA-Tuyano.</span>
      </div>
    </div>
  </body>
  </html>
```

基本的には、HTMLのタグの中にテンプレート用のタグが埋め込まれた、見慣れたスタイルのソースコードですが、中にいくつか、こういうタグが用意されているのがわかるでしょう。

```
{% block ○○ %}
{% endblock %}
```

これが、テンプレートに空けられた「穴」である、「ブロック」です。このテンプレートを継承したテンプレートでは、このブロック部分にはめ込むコンテンツを用意するわけですね。

このテンプレートで用意されているブロックは以下のようになっています。

title	タイトル表示のブロックです。
header	ページの上部にある、タイトルなどのヘッダー情報を表示するエリアです。
content	ページ中央にある、ページのコンテンツを表示するエリアです。

この他、{{login_user}}でログインユーザー名を表示する変数などが用意されています。

index.htmlを作る

では、各ページのテンプレートを作りましょう。まずはindexページのテンプレートからです。「templates」フォルダ内の「sns」フォルダ内に、「index.html」という名前でファイルを作成しましょう。そして以下のように内容を記述します。

リスト5-9

```
{% extends 'sns/layout.html' %}

{% block title %}Index{% endblock %}

{% block header %}
<h1 class="display-4 text-primary">SNS</h1>
{% if messages %}
<div class="alert alert-primary alert-dismissible fade show"
  role="alert">
  {% for message in messages %}
    <p>{{ message }}</p>
    {% endfor %}
    <button type="button" class="btn-close"
      data-bs-dismiss="alert"></button>
</div>
{% endif %}
{% endblock %}

{% block content %}
<form action="{% url 'post' %}" method="post">
  {% csrf_token %}
  {{form.as_p}}
  <button class="btn btn-primary">Post!</button>
</form>
<hr>
<table class="table mt-3">
    <tr><th>Messages</th></tr>
{% for item in contents %}
  <tr><td>
  <p class="fs-4 my-0">
    {{item.content}}</p>
  <p class="my-0 text-end">
    <span class="fs-5">
      "{{item.owner}}"
    </span>
    <span class="fs-6">
      ({{item.pub_date}})
    </span></p>
  <p class="mt-1 fs-6 text-end">
  <span class="h6 text-primary">
    good={{item.good_count}}
  </span>
  <span class="float-right">
    {% if item.owner != login_user %}
```

```
        <a href="{% url 'good' item.id %}">
          <button class="py-0 px-1 btn btn-outline-primary">
            good!</button></a>
      {% endif %}
    </span>
    </p>
  </td></tr>
  {% endfor %}
  </table>

  <ul class="pagination justify-content-center">
    {% if contents.has_previous %}
    <li class="page-item">
      <a class="page-link" href="/sns/">
        &laquo; first</a>
    </li>
    <li class="page-item">
      <a class="page-link"
      href="/sns/{{contents.previous_page_number}}">
        &laquo; prev</a>
    </li>
    {% else %}
    <li class="page-item">
      <a class="page-link">&laquo; first</a>
    </li>
    <li class="page-item">
      <a class="page-link">&laquo; prev</a>
    </li>
    {% endif %}
    <li class="page-item">
      <a class="page-link">
      {{contents.number}}/{{contents.paginator.num_pages}}</a>
    </li>
    {% if contents.has_next %}
    <li class="page-item">
      <a class="page-link"
      href="/sns/{{contents.next_page_number }}">
        next &raquo;</a>
    </li>
    <li class="page-item">
      <a class="page-link"
      href="/sns/{{contents.paginator.num_pages}}">
        last &raquo;</a>
    </li>
    {% else %}
```

```
    <li class="page-item">
      <a class="page-link">next &raquo;</a>
    </li>
    <li class="page-item">
      <a class="page-link">last &raquo;</a>
    </li>
    {% endif %}
  </ul>
  {% endblock %}
```

テンプレートファイルというと、HTMLタグをベースに、いくつかテンプレート用のタグが追加されている、といったイメージがありますが、これはほぼ全編がテンプレート用の専用タグです。

ここでは、最初にこんなタグが記述されていますね。

```
{% extends 'sns/layout.html' %}
```

これが、継承を示すタグです。テンプレートの継承は、{% extends ○○ %}というタグで設定されます。必要な処理はたったこれだけです。

では、ブロックはどのように設定するんでしょうか。一番単純なtitleブロックの部分を見てみましょう。

```
{% block title %}Index{% endblock %}
```

レイアウト用テンプレートに用意したのと同じ、{% block ○○ %}と{% endblock %}が使われています。この2つのタグの間に書かれたものが、そのまま継承元のテンプレートのタグ部分にはめ込まれるのです。

構文タグについて

ここでは、その他にも{% %}を使ったタグがたくさん書かれていますね。その中でも重要な役割を果たしているのが、「制御構文に相当するタグ」です。これには以下のようなものがあります。

●if文のタグ

```
{% if 条件 %}
……条件がTrueのとき表示する内容……
{% endif %}
```

これは、if文に相当するものです。{% if ○○ %}という形で条件を設定すると、その条件が正しければ、その後の{% endif %}までの部分を表示します。

●for文のタグ

```
{% for 変数 in リストなど %}
……繰り返し表示する内容……
{% endfor %}
```

for構文に相当するものですね。リストなど用意し、そこから順に値を取り出しては変数に設定して、{% endfor %}までの内容を書き出していきます。テーブルやリストなどのように、同じタグを繰り返し表示するような場合に役立ちます。

これらはもちろん組み合わせて使えます。ifの内部にforを追加したり、forの繰り返し部分でifを利用して表示を作ったりすることもかんたんに行えます。

システムメッセージの表示

直接、今回のアプリとは関係ないのですが、ここではメッセージフレームワークによるシステムメッセージを表示するタグも用意されています。この部分です。

```
{% if messages %}
<div class="alert alert-primary alert-dismissible fade show"
  role="alert">
  {% for message in messages %}
    <p>{{ message }}</p>
    {% endfor %}
    <button type="button" class="btn-close"
      data-bs-dismiss="alert"></button>
</div>
{% endif %}
```

{% if messages %}でmessagesがある場合に表示を行うようにしてあります。表示する内容は、{% for message in messages %}でmessagesから繰り返し値を取り出して出力を行っています。

この部分は、そのままコピペして利用すればOK、と考えましょう。

post.htmlを作る

テンプレートはそれほど難しいものではないのでどんどん作っていきましょう。次は、投稿用のテンプレートです。「templates」フォルダ内の「sns」フォルダ内に、新たに「post.html」という名前でファイルを作成してください。そして以下のように記述をしましょう。

リスト5-10

```
{% extends 'sns/layout.html' %}

{% block title %}Post{% endblock %}

{% block header %}
<h1 class="display-4 text-primary">Post</h1>
<p  class="caption">※メッセージを投稿します。</p>
{% endblock %}

{% block content %}
<table class="table mt-3">
  <tr><th>Messages</th></tr>
{% for item in contents %}
  <tr><td>
  <p class="fs-5 my-0">
      {{item.content}}</p>
  <p class="text-end my-0"> ({{item.pub_date}})</p>
  <p class="text-end my-0 text-info">
      good={{item.good_count}}
  </p>
  </p>
</td></tr>
{% endfor %}
</table>
{% endblock %}
```

これも、やはり{% block %}を使ってtitle、header、contentといったブロックの内容を作成しています。contents変数で渡されたMessageをforで順に取り出し、その内容を表示しています。処理そのものは特に難しいことはありませんね。

good.htmlを作る

最後に、good.htmlです。これは「いいね」したメッセージを表示するページですね。以下のように内容を記述してください。

リスト5-11

```
{% extends 'sns/layout.html' %}

{% block title %}Goods{% endblock %}

{% block header %}
<h1 class="display-4 text-primary">Goods</h1>
<p  class="caption">※Goodしたメッセージ</p>
{% endblock %}

{% block content %}
<table class="table mt-3">
  <tr><th>Messages</th></tr>
{% for item in contents %}
  <tr><td>
  <p class="fs-5">{{item}}</p>
</td></tr>
{% endfor %}
</table>
{% endblock %}
```

ここでは、contents変数にはGoodインスタンスがまとめて保管されています。これを、ここではただ{{item}}で表示しているだけです。

Goodモデルクラスは、__str__メソッドで自身のMessageと投稿したUserを値として出力しているようにしています。これにより、ただGoodをテキストとして出力すれば、そのGoodがつけられたMessageの内容と「いいね」したユーザーが表示されるようになる、というわけです。

Section 5-2

Reactとの連携を考えよう

ポイント

- Django と React を連携する手順を学びましょう。
- JSON でデータを送受する基本を覚えましょう。
- Django で API サーバーを作る方法を理解しましょう。

フロントエンドもフレームワークの時代

実際にかんたんなサンプルを作成してみて、DjangoによるWebアプリ開発の実際がなんとなくわかってきたことと思います。ただし、ここまでのサンプルでは、まだ触れていないものがあります。それは「フロントエンドフレームワーク」です。

現在、多くのWebアプリがWebページの表示部分(フロントエンド)にフレームワークを導入するようになってきています。「React」や「Vue」といったソフトウェアの名前ぐらいは耳にしたことがあるでしょう。

こうしたフロントエンドフレームワークは、これまでのように「フォームを送信して次のページを作成し表示する」というやり方ではなく、「1枚のWebページを必要に応じて部分的に更新しながら動く」というやり方を取っています。JavaScriptには「Ajax」と呼ばれる機能があります。これは「Asynchronous JavaScript + XML」の略で、JavaScriptの非同期通信機能を使ってサーバーから必要に応じて情報を取得する技術のことです。このAjaxを使い、リアルタイムにページの表示を更新していくのです。

フォームを送信せず、Webサーバーからは必要に応じてデータだけを取得するため、サーバーは「データを受け取ったり、送信したりする」というだけのものになります。そしてWebアプリの基本的な処理はすべてフロントエンド側で行うようになるのです。

このように、Webアプリの仕組みそのものが変化するため、Webアプリの作り方もかなり変わってきます。フロントエンドフレームワークを使ったWebアプリでは、サーバー側は「API」と呼ばれるデータの送受をする機能を提供するだけのものとなり、ほとんどの処理をJavaScriptで実装していくことになるのです。

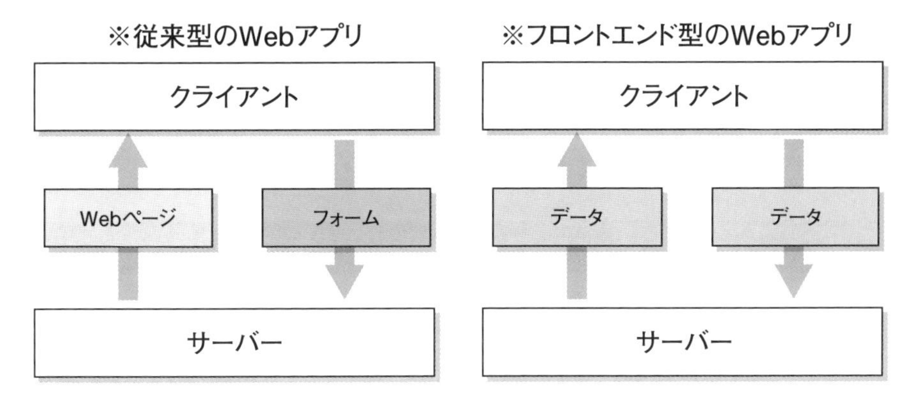

図5-20 従来型のWebアプリでは、フォームを送信して次のWebページを作成し返送する。フロントエンドフレームワークを使うと、Webページ内から必要に応じてデータを送受するだけになる。

Reactを利用したWebアプリ

ここでは、「React」というフロントエンドフレームワークを利用したWebアプリを作成してみます。Reactは、おそらくフロントエンドフレームワークの中でもっとも広く利用されているものでしょう。扱いもかんたんで、誰でも少し勉強すれば使えるようになります。

ただし、Reactのもっとも基本的な開発スタイルは、独自にプロジェクトを作成します。Djangoで利用する場合、DjangoのプロジェクトとReactのプロジェクトをそれぞれ作成し、2つをうまく融合して開発していくことになります。このあたりのやり方も理解しておかなければいけません。

ここでは、以下のような形でWebアプリを作っていくことにします。

●Django側

新たに「api」というアプリを作成し、ここにフロントエンドとデータをやり取りするためのAPI機能を実装していきます。

●React側

独自にReactのプロジェクトを作ってWebページを作り、その中から必要に応じてサーバーのAPIにアクセスするような仕組みを作ります。

このように2つのプロジェクトそれぞれにプログラムを作成したら、ReactプロジェクトをDjangoプロジェクト側にビルドして組み込み、両者を融合して動くようにします。

Djangoに「api」アプリを作成する

では、Django側に「api」アプリケーションを作成しましょう。VS Codeのターミナルから以下のようにコマンドを実行してください。

```
python manage.py startapp api
```

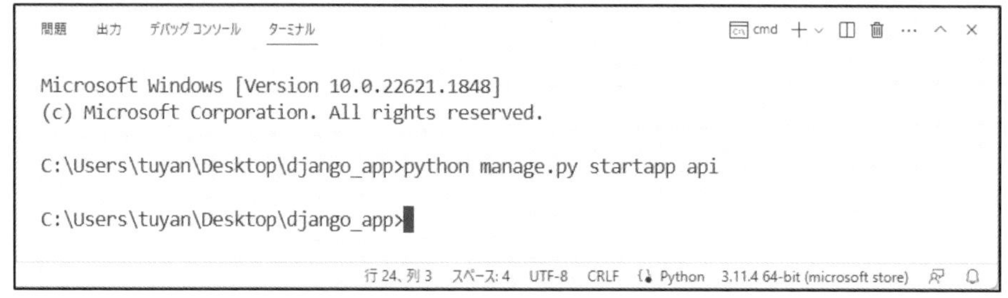

図5-21 新たにapiというアプリケーションを作成する。

これで、新たに「api」というフォルダが作られ、アプリケーションのファイル類が作成されます。

settings.pyの修正

作成した「api」アプリをプロジェクトに登録しましょう。「django_app」フォルダ内にある「settings.py」ファイルを開き、INSTALLED_APPSの値を以下のように修正します。

リスト5-12

```
INSTALLED_APPS = [
    ……略……
    'sns',
    'api',  #☆
]
```

☆が追記した文です。既に記述してある'sns',の後を改行し、'api',を追記すればいいのですね。これでapiアプリが認識されるようになりました。

CSRFミドルウェアの削除

続いて、CSRFミドルウェアを削除します。今回はフォームの送信はせず、直接APIにPOSTアクセスするため、CSRFが働くとうまくAPIアクセスができません。もちろん、CSRFの値を手動でつけてアクセスするようにすればいいのですが、今回はミドルウェアを

OFFにしておくことにします。

settings.py内からMIDDLEWAREという値を探してください。ここに、使用するミドルウェアの情報がリストにまとめられて設定されています。その中から、以下の文を探しましょう。

リスト5-13

```
'django.middleware.csrf.CsrfViewMiddleware',
```

この文を削除するかコメントアウト(冒頭に#をつける)して動作しないようにします。これで、CSRF機能がOFFになります。

TEMPLATESの修正

「api」からは、テンプレートファイルとしてReactのHTMLファイルを読み込み使用することになります。これは「templates」フォルダには用意されません。今回は「static」というフォルダから読み込んで使うことにします。そのための設定を用意します。

settings.pyからTEMPLATESという値を探し、そのリスト内にある「'DIRS': [],」という文を見つけてください。これを以下のように書き換えます。

リスト5-14

```
'DIRS': [os.path.join(BASE_DIR, 'static')],
```

これで、プロジェクト内の「static」というフォルダからテンプレートファイルを検索するようになります。

静的ファイル用フォルダの追加

続いて、「static」フォルダに静的ファイルを用意できるようにします。settings.pyから「STATIC_URL = 'static/'」という文を探してください。この文の後に以下を追記します(この文自体は削除しないでください)。

リスト5-15

```
# import os　冒頭に追加

STATICFILES_DIRS = [
    BASE_DIR / 'static',
]
```

これで「static」フォルダに静的ファイルを配置できるようになりました。settings.pyの修正はこれで完了です。

モデルを作成する

では、モデルを作成しましょう。「api」内の「models.py」ファイルを開き、その中に以下のようにモデルの定義を記述してください。

リスト5-16

```
from django.db import models
from django.contrib.auth.models import User

# Messageクラス
class Message2(models.Model):
  owner = models.ForeignKey(User, on_delete=models.CASCADE, \
    related_name='message2_owner')
  owner_name = models.TextField(max_length=100)
  content = models.TextField(max_length=1000)
  good_count = models.IntegerField(default=0)
  pub_date = models.DateTimeField(auto_now_add=True)

  def __str__(self):
    return str(self.content) + ' (' + str(self.owner) + ')'

  class Meta:
    ordering = ('-pub_date',)

# Goodクラス
class Good2(models.Model):
  owner = models.ForeignKey(User, on_delete=models.CASCADE, \
    related_name='good2_owner')
  message = models.ForeignKey(Message2, on_delete=models.CASCADE)
  pub_date = models.DateTimeField(auto_now_add=True)

  def __str__(self):
    return '"' + str(self.message) + '" (by ' + \
      str(self.owner) + ')'

  class Meta:
    ordering = ('-pub_date',)
```

先ほどの「sns」に作成したモデルとだいたい同じですが、多少の違いはあります。モデル名はそれぞれ「Message2」「Good2」としておきました。Message2には、owner_nameという項目を追加してあります。これはメッセージを投降したUserの名前を保管しておくものです。今回はフロントエンドからAPIにアクセスしてメッセージなどを取り出しますが、このとき、データ類はJSONフォーマットのテキストとして渡されます。このJSONデータには、関連する別のモデルの情報などは含まれていないのです。そこでユーザー名など必要なものはすべてモデル内に用意しておくようにしました。

マイグレーションの実行

作成したモデルをマイグレーションしてデータベースに反映します。ターミナルから以下の2文をそれぞれ実行してください。

リスト5-17

```
python manage.py makemigrations api
python manage.py migrate
```

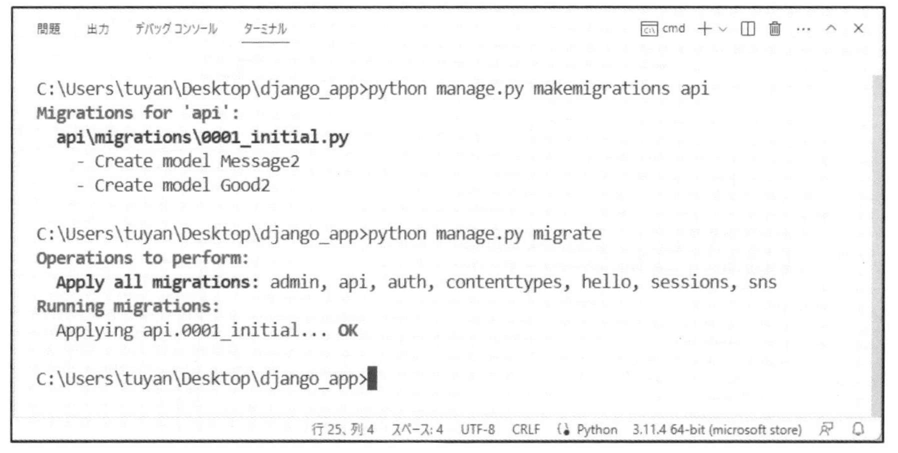

図5-22 マイグレーションを実行する。

makemigrations apiで「migrations」フォルダにマイグレーションファイルが作成され、migrateでマイグレーションが実行されます。

admin.pyにモデルを追加する

作成したモデルをDjango Administrationに登録します。「api」内の「admin.py」を開き、以下のように書き換えてください。

リスト5-18

```
from django.contrib import admin
from .models import Message2,Good2

admin.site.register(Message2)
```

```
admin.site.register(Good2)
```

これでMessage2とGood2が管理ページに追加され、データの作成などが行えるようになりました。

管理ページでサンプルデータを作る

では、作成したモデルにサンプルのデータを用意しておきましょう。「Python manage.py runserver」を実行してWebアプリを起動し、http://localhost:8000/adminにアクセスします。管理者の名前とパスワードを入力するフォームが現れるので、これらを入力してください。

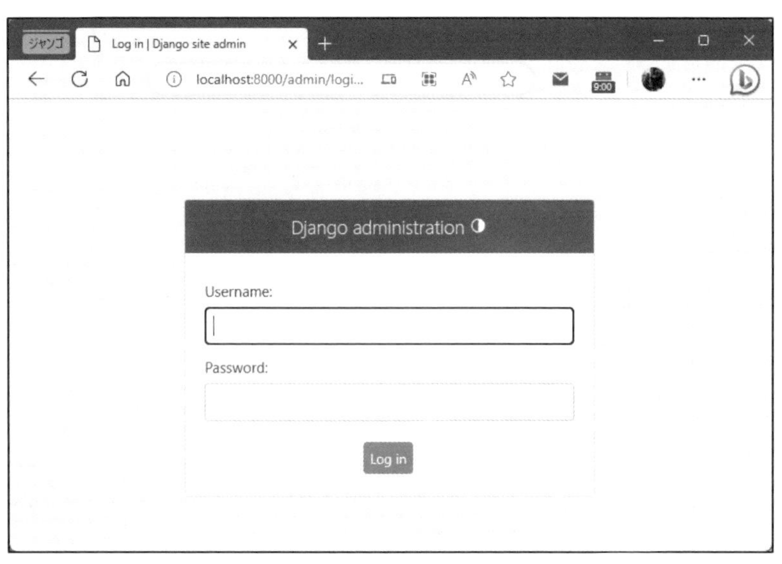

図5-23 ログイン画面。管理者名とパスワードを入力する。

モデルの一覧

ログインすると、各アプリケーションのモデルが一覧表示されます。admin.pyに登録したので、「api」アプリのモデル「Message2」と「Good2」も項目として表示されるようになっているのが確認できるでしょう。

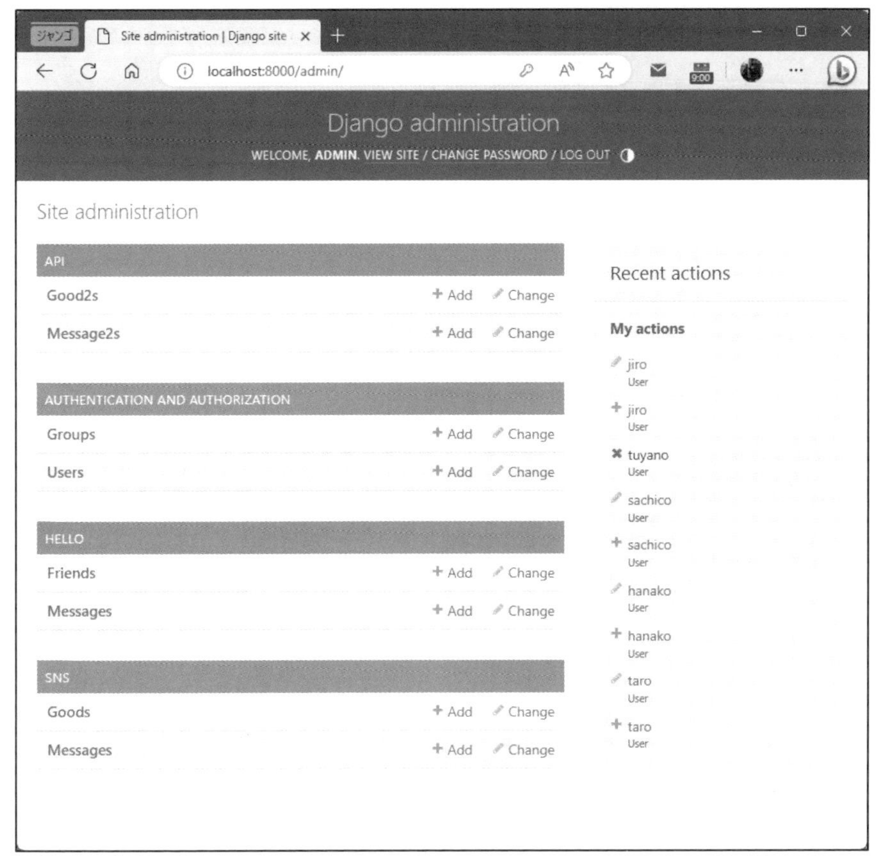

図5-24 「api」アプリのMessage2とGood2も追加されているのがわかる。

Messageを追加する

では、Message2のレコードを作成しましょう。「API」の「Message2s」というところの「Add」をクリックしてモデル作成のフォームを呼び出し、必要な事項を入力してレコードを作成してください。

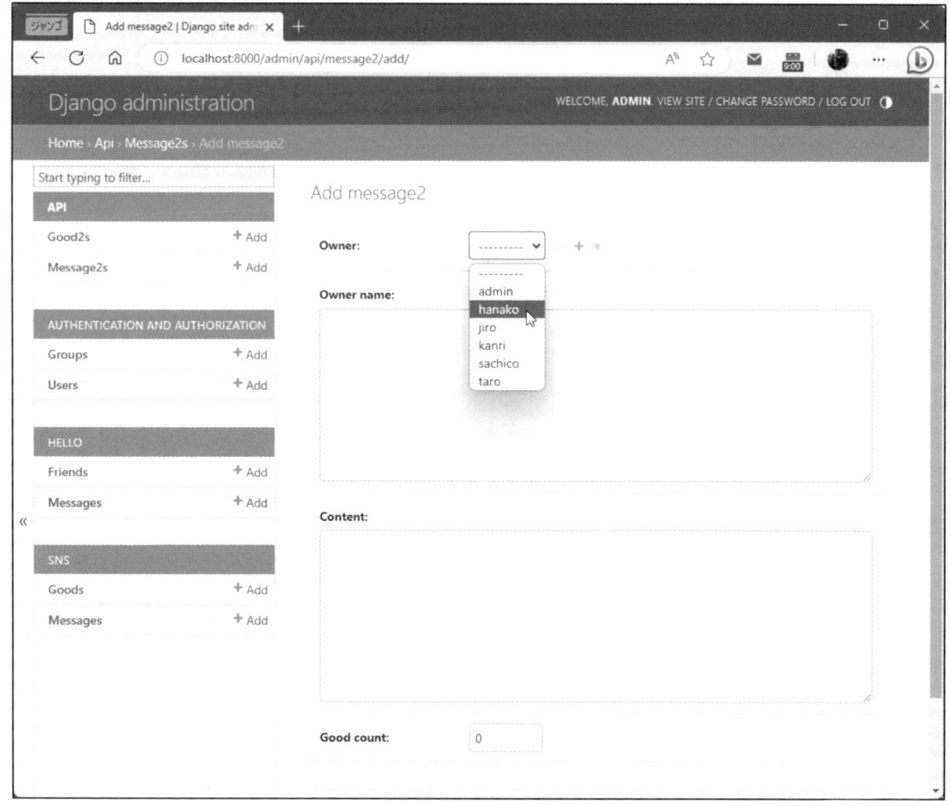

図5-25 「Message2s」の「Add」をクリックし、現れたフォームを使ってMessage2のレコードを作成する。

いくつかサンプルのレコードを作成しておきましょう。内容は適当で構いません。作成したら、管理ツールを抜けてアプリ作成に戻ります。

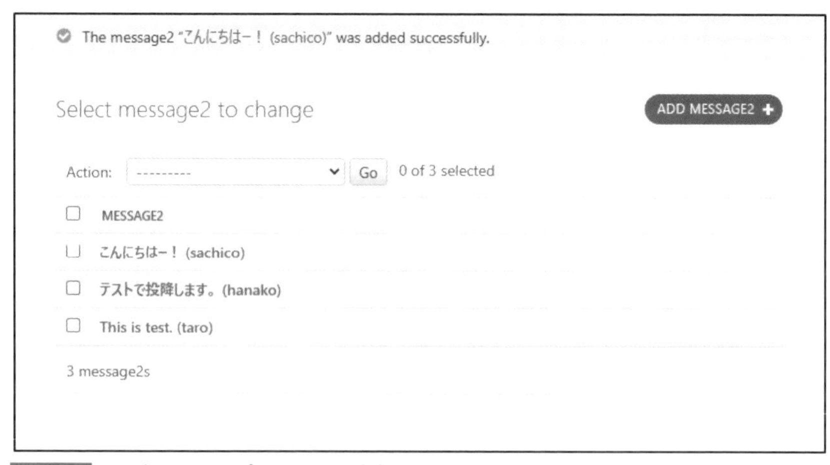

図5-26 いくつかサンプルレコードを作ったところ。

views.pyでAPIを作成する

では、「api」アプリに用意するAPIの機能を作成しましょう。「api」フォルダ内にある「views.py」を開いてください。そしてこの内容を以下のように書き換えましょう。

リスト5-19

```
from django.shortcuts import render
from django.contrib.auth.models import User
from django.core.paginator import Paginator
from django.contrib.auth.decorators import login_required
from django.http import HttpResponse, JsonResponse
from django.core.serializers import serialize
from django.forms.models import model_to_dict

from .models import Message2,Good2

import json

page_max = 10 #ページ当たりの表示数

# indexのビュー関数
@login_required(login_url='/admin/login/')
def index(request):
    return render(request, 'index.html')

# メッセージをJSONで送信する
@login_required(login_url='/admin/login/')
def msgs(request, page=1):
    msgs = Message2.objects.all()
    # ページネーションで指定ページを取得
    paginate = Paginator(msgs, page_max)
    page_items = paginate.get_page(page)
    serialized_data = serialize('json', page_items)
    return HttpResponse(serialized_data, content_type='application/json')

# ページ数を返す
@login_required(login_url='/admin/login/')
def plast(request):
    msgs = Message2.objects.all()
    paginate = Paginator(msgs, page_max)
    last_page = paginate.num_pages
    return JsonResponse({'result':"OK", 'value':last_page})
```

```
# ユーザー名を返す
@login_required(login_url='/admin/login/')
def usr(request, usr_id=-1):
    if usr_id == -1:
        usr = request.user
    else:
        usr = User.objects.filter(id=usr_id).first()
    return JsonResponse({'result':"OK", 'value':usr.username})

# メッセージのポスト処理
@login_required(login_url='/admin/login/')
def post(request):
    # POST送信の処理
    if request.method == 'POST':
        # 送信内容の取得
        byte_data = request.body.decode('utf-8')
        json_body = json.loads(byte_data)

        # Messageを作成し設定して保存
        msg = Message2()
        msg.owner = request.user
        msg.owner_name = request.user.username
        msg.content = json_body['content']
        msg.save()
        return HttpResponse("OK")

    else:
        return HttpResponse("NG")

# goodボタンの処理
@login_required(login_url='/admin/login/')
def good(request, good_id):
    # goodするMessageを取得
    good_msg = Message2.objects.get(id=good_id)
    # 自分がメッセージにGoodした数を調べる
    is_good = Good2.objects.filter(owner=request.user) \
        .filter(message=good_msg).count()
    # ゼロより大きければ既にgood済み
    if is_good > 0:
        return HttpResponse("NG")

    else:
        # Messageのgood_countを1増やす
        good_msg.good_count += 1
        good_msg.save()
```

```
    # Goodを作成する
    good = Good2()
    good.owner = request.user
    good.message = good_msg
    good.save()
    return HttpResponse("OK")
```

スクリプトのポイントを整理する

ここでの処理は、基本的にAPIのためのものであり、いずれもモデルにアクセスして必要な操作を行うだけのシンプルなものです。既にモデルの操作の基本はだいたいわかっていますから、改めて説明するような部分はそれほどないでしょう。重要なポイントに絞ってかんたんに補足しておくことにします。

表示メッセージの送信

まずは、msgs関数です。これはMessage2のインスタンスを取得して返すものです。以下のような形で関数を定義してありますね。

```
def msgs(request, page=1):
```

page引数で表示するページを指定しています。これをもとに指定のページのMessage2を取得します。

```
msgs = Message2.objects.all()
paginate = Paginator(msgs, page_max)
page_items = paginate.get_page(page)
```

これで指定したページのMessage2が得られました。通常ならこれをテンプレートに渡せばいいのですが、APIの場合はJSONフォーマットにして送信することになります。

まず、オブジェクトをシリアライズします。

```
serialized_data = serialize('json', page_items)
```

serializeにより、オブジェクトがシリアライズされます。後は、これをHttpResponseで返します。

```
return HttpResponse(serialized_data, content_type='application/json')
```

この際、content_typeを使ってコンテンツタイプを'application/json'に指定しておきます。こうすることで、シリアライズされたserialized_dataの値がJSONフォーマットのテキストとしてクライアント側に出力されるようになります。

Message2のPOST処理

続いて、post関数です。これは、送信された情報をもとにMessage2のレコードを追加するためのものです。

ここでは、if request.method == 'POST': でPOST送信されたかどうかチェックして処理を行っています。行う処理は、まず送信されたボディの値を取り出し、オブジェクトに変換する作業です。

```
byte_data = request.body.decode('utf-8')
json_body = json.loads(byte_data)
```

クライアントから送信される情報も、JSONフォーマットになっています。ここでは、まずrequest.body.decodeでボディの値をUTF-8でエンコードして取り出し、json.loadsでJSONフォーマットのテキストとして解析してPythonのオブジェクトを作成します。

後は、このjson_bodyオブジェクトから必要な値を取り出してMessage2インスタンスを作成し、保存するだけです。

```
msg = Message2()
msg.owner = request.user
msg.owner_name = request.user.username
msg.content = json_body['content']
msg.save()
return HttpResponse("OK")
```

ownerとowner_nameにrequest.userと request.user.usernameをそれぞれ保管しておきます。contentには、json_body['content']でクライアントから送られてきたcontentの値を設定します。最後にHttpResponse("OK")で「OK」を返信して終わりにしています。

JSONがポイント

APIとして処理を作成する際の最大の違いは、このように「JSONを使ってやり取りする」という部分にあります。クライアントから送られるのも、フォームではなくてJSONフォーマットのテキストですし、クライアントに返送するデータもJSONフォーマットのテキストに変換する必要があります。

従って、JSONテキストとPythonオブジェクトの間で相互に変換する方法をしっかりと理解しておかないといけません。クライアントからの受信はjson.loadsでオブジェクトに変換し、クライアントへの返信はserializeでシリアライズした値をHttpResponseでcontent_type='application/json'を指定して出力します。これがないとうまくJSONデータとして出力できないので注意してください。

ページ数とユーザー名の取得

この他、Message2のページ数を調べる関数plastと、ユーザー名を取得する関数usrというものが用意されています。これらは、やっていることは特に難しいものではありませんが、クライアントへ返信している値がちょっと変わっています。

●plastの場合

```
return JsonResponse({'result':"OK", 'value':last_page})
```

●usrの場合

```
return JsonResponse({'result':"OK", 'value':usr.username})
```

いずれも、「JsonResponse」というものを使っています。これはHttpResponseのJSON版といったもので、JSONデータをクライアントに返信するのに使います。

ここでは、resultとvalueという値をもった値を用意し、これをJsonResponseで返信しています。呼び出した側は、受け取った値をオブジェクトに変換し、そこからresultやvalueの値を取り出して利用すればいいのです。

コラム JsonResponseで送れるもの、送れないもの Column

ここではJsonResponseを使い、オブジェクトをJSONデータとして出力しています。これを見て、「なんだ、こんな便利なものがあるのに、なんで今まで使わなかったんだ？」と思ったかもしれません。

実は、JsonResponseはどんなデータでもJSONに変換して送れるわけではありません。JsonResponseで送信できるのは、「シリアライズ可能なオブジェクト」のみです。JsonResponseでは内部でjsonモジュールを使用しており、このjsonモジュールがサポートしていないデータ型はシリアライズできず利用できないのです。モデルからallなどで取り出したレコードのデータなども、そのままではJsonResponseに渡すことはできません。利用するためには、モデルクラスにto_jsonメソッドを実装してJSONフォーマットの値を取り出せるようにする必要があります。

urls.pyの作成

では、作成したviews.pyの関数をルーティングとして用意しましょう。「api」フォルダ内に「urls.py」という名前でファイルを作成してください。そして以下のように記述します。

リスト5-20

```
from django.urls import path
from . import views

urlpatterns = [
    path('', views.index, name='index'),
    path('plast', views.plast, name='plast'),
    path('msgs/<int:page>', views.msgs, name='msgs'),
    path('usr', views.usr, name='usr'),
    path('usr/<int:usr_id>', views.usr, name='usr'),
    path('post', views.post, name='post'),
    path('good/<int:good_id>', views.good, name='good'),
]
```

urls.pyをプロジェクトに追加

続いて、ルーティングのファイルをプロジェクトから読み込まれるようにします。「django_app」フォルダ内にある「urls.py」ファイルを開き、urlpatternsの値を以下のように修正しましょう。

リスト5-21

```
urlpatterns = [
    path('admin/', admin.site.urls),
    path('hello/', include('hello.urls')),
    path('sns/', include('sns.urls')),
    path('api/', include('api.urls')), #☆
]
```

☆マークの一文が追記したものです。これで、「api」フォルダのurls.pyのルーティング設定がapi/というパス下に割り当てられるようになります。

Node.jsの準備

続いて、Reactプロジェクトの作成です。Reactは、JavaScriptをベースとしたフレームワークです。こうしたJavaScriptのライブラリやフレームワークを利用する場合、必ずといっていいほど使われるのが「Node.js」というソフトウェアです。

Node.jsは、「JavaScriptエンジン」と呼ばれるプログラムです。JavaScriptのスクリプトをその場で実行するもので、これによりJavaScriptで普通のアプリケーションを作成できるようになります。

また、Node.jsにはプロジェクトを作成したり、必要なライブラリ類をパッケージとしてインストールしたりする機能も用意されており、JavaScriptベースのプログラム開発はNode.jsを使うのが基本といってもいいほどに普及しています。

Reactを使う場合は、まずNode.jsを準備しましょう。以下のURLにアクセスしてください。

```
https://nodejs.org/ja
```

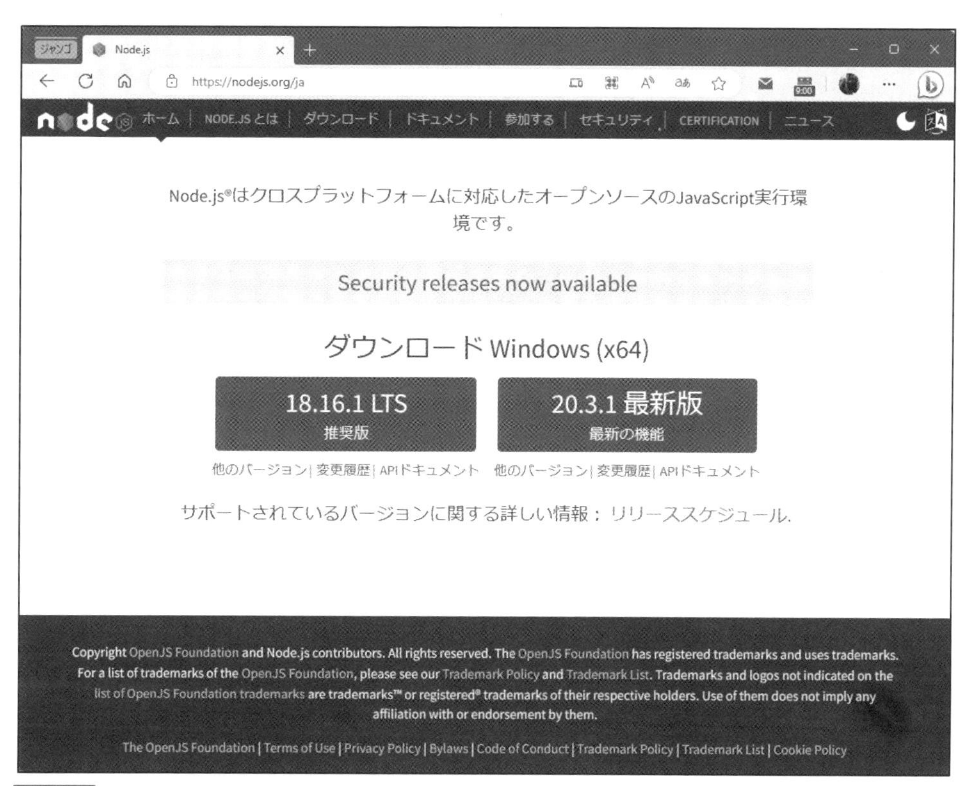

図5-27 Node.jsのWebサイト。

ここから、最新の偶数バージョンのNode.jsをダウンロードしてください(奇数バージョンは短期間でサポートが終了するためおすすめしません)。ダウンロードされるのは専用のインストールプログラムです。そのまま起動してインストールを行いましょう。

なお、本書はDjangoの解説書であるため、Node.jsの詳しい使い方などは特に説明しません。興味のある人は別途学習してください。

 Reactプロジェクトを作成する 

では、Reactのプロジェクトを作成しましょう。今回は「react-app」という名前で、Djangoのプロジェクト(django_app)と同じ場所に作成をします。

コマンドプロンプトやターミナルを開き、Djangoプロジェクトがある場所にカレントディレクトリを移動してください。そして以下のコマンドを実行しましょう。

```
npx create-react-app react-app
```

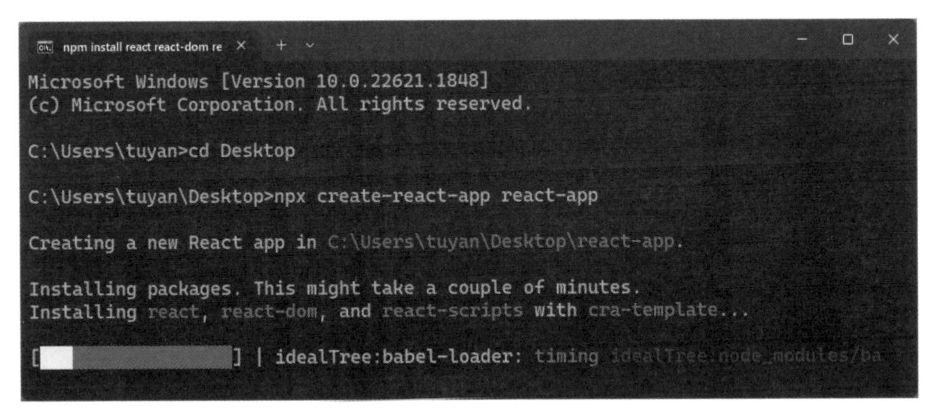

図5-28 create-react-appコマンドでReactプロジェクトを作成する。

これで「react-app」という名前のフォルダが作成され、そこにプロジェクトのファイル類が保存されます。作成されたら、VS Codeで開いて編集できるようにしておきましょう。

プロジェクトをイジェクトする

次に行うのは、「プロジェクトのイジェクト」です。Reactプロジェクトは、デフォルトではアプリケーションを実行するサーバープログラムと一体となっています。そこからReactによるWebアプリの部分(つまり、クライアントサイドの部分)を切り離して取り出せるようにするのが「イジェクト」です。

ターミナルから、以下のコマンドを実行してください。

```
npm run eject
```

これを実行すると、プロジェクトをイジェクトします。イジェクトすると、プロジェクト内に「config」というフォルダが作成され、そこにプロジェクトの細かな情報がまとめられます。

図5-29 npm run ejectコマンドでプロジェクトをイジェクトする。

config/path.jsの値を修正する

では、Reactプロジェクトのビルド場所をDjangoのプロジェクト内に変更しましょう。「config」フォルダにある「path.js」というファイルを開き、以下の文を探してください。

```
const buildPath = process.env.BUILD_PATH || 'build';
```

ここに、ビルド先のパスを指定します。今回は以下のように修正すればいいでしょう。

リスト5-31

```
const buildPath = process.env.BUILD_PATH || '../django_app/static';
```

これで、「django_app」プロジェクトの「static'」フォルダにReactのWebアプリケーションをビルドするようになります。

プロジェクトをビルドする

これでプロジェクトの設定は完了です。後は、Reactプロジェクトをビルドするだけです。

React側のターミナルから以下のコマンドを実行してください。

```
npm run build
```

これで、Reactのソースコード類がHTMLファイルにビルドされ、Djangoプロジェクト内の「static」フォルダに出力されます。

「static」フォルダ内のフォルダを移動する

では、Djangoプロジェクトの「static」フォルダを開いてみましょう。この中に、更に「static」というフォルダが作成されているのがわかります。そこには「css」「js」「media」といったフォルダが用意されています。これらは、Reactプロジェクトで使われているファイルがまとめられているフォルダです。

実は、DjangoプロジェクトにビルドされたReactのプログラムは、このままではまだ動かないのです。この「static」フォルダ内の「static」フォルダ内にあるものを、上の階層の「static」フォルダ内に移動する必要があります。

では、ここにある「css」「js」「media」の3つのフォルダを選択して、1つ上の「static」フォルダ(Djangoプロジェクト内にある「static」フォルダ)にドラッグ&ドロップして移動してください。VS Codeで作業すると「〜移動しますか？」と確認のアラートが表示されるので、そのまま「移動」ボタンを選べばフォルダが移動します。

なお、この作業は「3つのフォルダを移動する」ということではありません。「static」内の「static」内にあるすべてのフォルダを上の「static」に移動する、というものです。何という名前のフォルダを移動するかは関係ありません。

ですから、中に用意されるフォルダが変化しても、同じように作業すればちゃんと動作するようになります。

図5-30 「static」内の「static」内にあるフォルダ類を、上の階層の「static」内に移動する。

プロジェクトを実行しよう

これで完成です。では「python manage.py runserver」を実行してDjangoプロジェクトを実行してください。そして、「api」アプリにアクセスをしてみましょう。

```
http://localhost:8000/api/
```

図5-31 /api/にアクセスすると、Reactのページが表示される。

このURLにアクセスすると、Reactのサンプルページが表示されます。これは、Reactプロジェクトでデフォルトで用意されているページです。ReactプロジェクトのWebページが、Djangoプロジェクト内にビルドされ、/api/にアクセスして表示されたのです。

これで、ReactプロジェクトのWebアプリをDjangoプロジェクトに組み込んで使う方法がわかりました。「npm run build」でプロジェクトをビルドし、それから「static」内の「static」内にあるフォルダ類を上の階層の「static」に移動すればいいのですね！

index.htmlを修正する

では、ReactとDjangoの融合の方法がわかったところで、Reactプロジェクトを作成しましょう。

Reactのプロジェクトでは、Webページは3つのファイルによって構成されています。ベースとなるindex.htmlと、その中に組み込まれて表示されるReactの土台部分(index.js)、そして具体的な表示内容を実装したコンポーネント(App.js)です。

まずは、HTMLファイルから修正しましょう。Reactプロジェクトの「public」フォルダ内にあるindex.htmlを開いてください。そして以下のように内容を修正しましょう。

リスト5-32

```
<!DOCTYPE html>
<html lang="en">
  <head>
    <meta charset="utf-8" />
    <link rel="icon" href="favicon.ico" />
    <meta name="viewport" content="width=device-width, initial-scale=1" />
    <meta name="theme-color" content="#000000" />
    <script src="https://cdn.jsdelivr.net/npm/bootstrap/dist/js/bootstrap. ↵
      bundle.js"></script>
    <link href="https://cdn.jsdelivr.net/npm/bootstrap/dist/css/bootstrap.css"
    rel="stylesheet" crossorigin="anonymous">
      <title>React App</title>
  </head>
  <body>
    <noscript>You need to enable JavaScript to run this app.</noscript>
    <div id="root"></div>
  </body>
</html>
```

ここでは、<head>内にBootstrap関連の記述を追加してあります。また、Reactのロゴなど使わないものに関しては削除してあります。

index.jsを作成する

このindex.htmlでは、<body>内には<div id="root">という要素があるだけです。この要素にReactのコンポーネントが組み込まれて表示されます。

このindex.htmlに組み込まれるコンポーネントは、Reactプロジェクトの「src」フォルダ内にある「index.js」というものです。これを開いて修正をしましょう。

リスト5-33

```
import React from 'react';
import ReactDOM from 'react-dom/client';
import './index.css';
import App from './App';
import reportWebVitals from './reportWebVitals';

const root = ReactDOM.createRoot(document.getElementById('root'));

root.render(
  <React.StrictMode>
```

```
    <nav className="navbar fixed-top navbar-expand navbar-light bg-light">
    <ul style={{width:"100%"}} className="navbar-nav mr-auto">
      <li className="nav-item">
        <a className="nav-link" href="/">top</a>
      </li>
      <li className="nav-item">
        <a className="nav-link" href="/post">post</a>
      </li>
      <li className="nav-item">
        <a className="nav-link" href="/goods">good</a>
      </li>
    </ul>
    </nav>

    <div className="container">

      <App />

      <div className="my-3 text-center">
        <span className="font-weight-bold">
          <a href="/admin/logout?next=/sns/">
            [ logout ]</a></span>
        <span className="float-right">copyright 2023
          SYODA-Tuyano.</span>
      </div>
    </div>
  </React.StrictMode>
);

reportWebVitals();
```

JSXの表示

ここで行っていることは、Reactについて学習しないとちょっと理解するのは難しいでしょう。ただ、かんたんに「こういうことをしている」というのは説明できます。

まず、Reactのオブジェクトを作成しています。

```
const root = ReactDOM.createRoot(document.getElementById('root'));
```

これは、id="root"の要素にReactが作成した内容を組み込むオブジェクトを作成するものです。組み込む内容は、以下のようにして定義しています。

```
root.render(
  <React.StrictMode>
    ……表示内容……
  </React.StrictMode>
);
```

root.renderというものの引数内に、HTMLのタグのようなものがずらっと記述されてますね。これがReactの表示内容です。

この記述は「JSX」と呼ばれるものです。JSXは、JavaScriptの文法を拡張したもので、JavaScriptの中でHTMLの要素を値として記述できるようにしたものです。

ここでは、<React.StrictMode>という要素の中に、Webページ上部のメニューや下部のフッター表示などを用意してあります。そして肝心のコンテンツの部分には、<App />というものが記述されています。

この<App />は、「App」というコンポーネントです。このAppコンポーネントが、実際に表示される内容となります。

App.jsを作成する

Appコンポーネントは、「src」フォルダにある「App.js」というファイルとして作成されています。ここにある内容を修正することで、表示するコンテンツを変更できます。

では、App.jsを開いてその内容を以下のように書き換えましょう。

リスト5-34

```
import React, { useState, useEffect } from 'react';

function App() {
  const [content, setContent] = useState('');
  const [message, setMessage] = useState('');
  const [msgs, setMsgs] = useState([]);
  const [user, setUser] = useState('noname');
  const [pnum, setPnum] = useState(1);
  const [plast, setPlast] = useState(1);

  const getMsgs = (num)=>{
    getPlast();
    setPnum(num);
    fetch('http://localhost:8000/api/msgs/' + num)
      .then(resp=> resp.json())
    .then(res=>{
      setMsgs(res);
```

```
    });
  }
  const getUser = ()=> {
    fetch('/api/usr')
      .then(resp=> resp.json())
    .then(res=>{
      setUser(res.value);
    });
  }
  const getPlast = ()=> {
    fetch('/api/plast')
      .then(resp=> resp.json())
    .then(res=>{
      setPlast(res.value);
    });
  }

  const doChange = (event)=> {
    setContent(event.target.value);
  }
  const doAction = (event)=> {
    const data = {
      content:content,
    }
    fetch('/api/post', {
      method: 'post',
      headers: {},
      body: JSON.stringify(data),
    }).then(resp=>resp.text())
      .then(res=>{
        getPlast();
        getMsgs(1);
        if (res == 'OK') {
          setContent('');
          setMessage('メッセージを投稿しました！');
        }
      });
  }
  const doGood = (event)=> {
    fetch('/api/good/' + event.target.id)
      .then(resp=> resp.text())
      .then(res=>{
        getMsgs(pnum);
        if (res=='OK') {
          setMessage('Good!しました。');
        } else {
          setMessage('既にGoodしています。');
```

```
      }
    });
  }
  const onFirst = (event)=> {
    getMsgs(1);
  }
  const onPrev = (event)=> {
    const p = pnum - 1 <= 1 ? 1 : pnum - 1;
    getMsgs(p);
  }
  const onNext = (event)=> {
    const p = pnum + 1 <= 1 ? 1 : pnum + 1;
    getMsgs(p);
  }
  const onLast = (event)=> {
    getMsgs(plast);
  }

  useEffect(()=>{
    getUser();
    getMsgs(1);
  },[]);

  return (
    <div className="App">
      <h1 className="display-4 text-primary">SNS</h1>
      <p className="fs-3">logined: "{user}".</p>
      <div>
      {message != '' &&
      <div className="alert alert-primary alert-dismissible fade show" ↵
        role="alert">
        <p>{ message }</p>
        <button type="button" class="btn-close"
          data-bs-dismiss="alert"></button>
      </div>
      }
      <div className="content">
        <textarea className="form-control"
          onChange={doChange} value={content}></textarea>
        <button className="btn btn-primary"
          onClick={doAction}>Post!</button>
        <hr/>
        <table className="table mt-3">
          <tr><th>Messages</th></tr>
          {msgs.map(obj=>(
            <tr><td>
            <p className="fs-4 my-0">
```

```
            {obj.fields.content}</p>
          <p className="my-0 text-end">
            <span className="fs-5">
              "{obj.fields.owner_name}"
            </span>
            <span className="fs-6">
              ( {obj.fields.pub_date} )
            </span></p>
            <p className="mt-1 fs-6 text-end">
            <span className="h6 text-primary">
              good= {obj.fields.good_count}
            </span>
            <span className="float-right">
              <span className="mx-2">
                {console.log(obj.fields)}</span>
              <button className="py-0 px-1 btn btn-outline-primary"
                id={obj.pk} onClick={doGood}>good!</button>
            </span>
          </p>
        </td></tr>
        )) }
      </table>
      <ul class="pagination justify-content-center">
        <li class="page-item">
          <a class="page-link" href="#" onClick={onFirst}>
            &laquo; first</a>
        </li>
        <li class="page-item">
          <a class="page-link" onClick={onPrev} href="#">
            &laquo; prev</a>
        </li>
        <li class="page-item">
          <a class="page-link">
          {pnum}/{plast}</a>
        </li>
        <li class="page-item">
          <a class="page-link" onClick={onNext} href="#">
            next &raquo;</a>
        </li>
        <li class="page-item">
          <a class="page-link" onClick={onLast} href="#">
            last &raquo;</a>
        </li>
      </ul>
    </div>
    </div>
  </div>
```

```
  );
}

export default App;
```

かなり長くなりましたが、これでReactのプログラムは完成です。Reactはページ移動などをしないので、一般的には1つのWebページだけで完結します。

なお今回は、トップページ(メッセージの表示と投稿を行うページ)だけを実装してあります。投稿の一覧や「いいね」の一覧などは用意してありません。

動作を確認しよう

すべて記述できたら、Reactプロジェクトを「npm run build」でビルドしましょう。そして、Djangoプロジェクトの「static」フォルダ内のフォルダ類を移動し、プロジェクトを完成させます。

作業できたら、Djangoプロジェクトを実行し、http://localhost:8000/api/にアクセスしてください。SNSアプリと同様の表示が現れます。

図5-32 /api/にアクセスするとReact版のSNSアプリが表示される。

フロントエンドとAPIの関係を把握しよう

これで、フロントエンドをReactで作成し、バックエンドをDjangoで用意するプロジェクトが作成できました。フロントエンドを別プロジェクトとして作成し融合する場合、注意したいのが「フロントエンドとバックエンドをどのようにつなぐか」です。

両プロジェクトは別々に作成されます。これらがスムーズに動くようにするためには、バックエンドのAPIと、フロントエンドでのAjaxによるアクセスがきちんとつながらなければいけません。そのためには、両者の正確な仕様をしっかりと決めておく必要があります。

まずはAPIを作成する際に、その仕様をきちんと把握しておきましょう。具体的には以下のようなものです。

●API側の仕様

- アクセスに使うメソッド（GETか、POSTか、など）
- アクセスするパス
- アクセス時に送信する値とそのフォーマット
- アクセス後に返される値とそのフォーマット

これらをきっちりと指定してAPIを定義すれば、フロントエンドからどのように利用すればいいのかが自ずとわかります。この仕様をもとにフロントエンド側の処理を作成していけば、フロントエンドとバックエンドをスムーズにつなぐことができるでしょう。

Chapter 1
Chapter 2
Chapter 3
Chapter 4
Chapter 5

Section 5-3 アプリをテストしよう

ポイント

- ▶ ユニットテストの考え方について学びましょう。
- ▶ TestCaseクラスの基本を理解しましょう。
- ▶ さまざまなテスト用メソッドの使い方を学びましょう。

テストってなに？

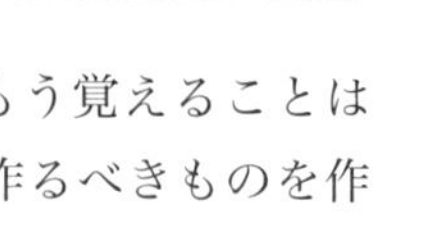

これでWebアプリの作り方はだいぶわかってきました。では、これでもう覚えることはないのか、というと、そうではありません。「完成！」といっても、一通り作るべきものを作り終えた、というだけです。一通り完成した後にも、実はやるべき作業が待っています。それは、「テスト」です。

テストというのは、「プログラムが意図した通りにちゃんと動いているか」をチェックする作業です。「本当に思った通りに動くようにプログラムが書けているか」は、誰も保証してくれません。ちゃんと思い通りに動くかどうかは、いろいろ試して確認してみなければわからないのです。

ユニットテストについて

このテストで一般的に多用されているのが「ユニットテスト(単体テスト)」と呼ばれるものです。

ユニットテストは、プログラムの1つ1つの部品(ユニット)ごとにその動作が正常に行われているのかどうかをテストするものです。多くのプログラミング言語では、このユニットテストのためのライブラリやフレームワークなどが作成されており、そうしたものを使ってテストの処理を書き実行できるようになっています。

Djangoには、標準でユニットテストのための機能が組み込まれています。これは、プロジェクトごとにそのスクリプトファイルが用意されています。先に作成した「sns」アプリのフォルダの中を見てみましょう。そこに「tests.py」というファイルが作成されているのがわかるはずです。これが、snsアプリをテストするためのスクリプトファイルなのです。ここにテストの処理を記述し、Djangoのコマンドを使ってテストを実行することができるようになっています。

 TestCaseクラスについて 

では、作成されているtests.pyを開いてみましょう。すると、ここには以下のような文が書かれているのがわかります。

リスト5-35

```
from django.test import TestCase

# Create your tests here.
```

import文とコメントがあるだけで、テストの本体はありません。importでは、「TestCase」というクラスをインポートしているのがわかります。これが、ユニットテストのためのクラスなのです。

ユニットテストは、このTestCaseクラスを継承したクラスとして作成をします。基本的なテスト用クラスは以下のような形で作成します。

```
class クラス名 (TestCase):
    def test_メソッド名(self):
        ……テスト処理……
```

TestCaseクラスでは、テスト用の処理を記述したメソッドを用意しますが、これには決まった命名規則があります。「test_○○」というように、test_で始まる名前をつけることになっているのです。Djangoではテストを実行すると、TestCase継承クラスをチェックし、その中にあるtest_で始まるメソッドをすべて探して実行するようになっているのです。メソッド名がtest_で始まらない場合、そのメソッドはテスト時に実行されず、普通のメソッドとして扱われます。

 テストの基本を覚えよう 

では、テストは一体、どうやって行うのでしょうか。ごく基本的なテストのための処理を実際に作って動かしてみましょう。「sns」フォルダ内のtests.pyの内容を以下のように記述してください。

リスト5-36

```
from django.test import TestCase

class SnsTests(TestCase):

  def test_check(self):
    x = True
    self.assertTrue(x)
    y = 100
    self.assertGreater(y, 0)
    arr = [10, 20, 30]
    self.assertIn(20, arr)
    nn = None
    self.assertIsNone(nn)
```

テストを実行する

具体的な説明は後で行うとして、これを保存し、実際に実行してテストしてみましょう。テストの実行はターミナルから行います。VS Codeのターミナルは使える状態になっていますか？ アプリを実行中の場合はCtrlキー+「C」キーで中断してください。そして、以下のように実行をしましょう。

```
python manage.py test sns
```

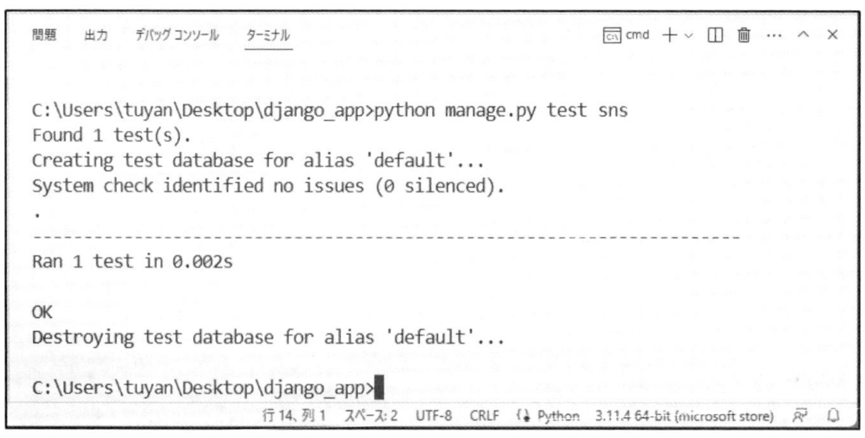

図5-33 テストを実行する。「OK」と表示されれば問題ない。

実行すると、ターミナルに実行状況に関するメッセージが出力されます。「Ran 1 test in

0.001s」というのが、テストの実行を知らせるメッセージで、その下に表示される「OK」が結果です。1つのテストを実行し、問題なかった、ということを表しています。

テストの実行は、manage.pyの「test」というオプションを使って行います。これは以下のように実行します。

```
python manage.py test アプリ名
```

testの後に、テストを実行するアプリ名を指定します。ここでは「test sns」としていますから、「sns」アプリに用意されているtests.pyのテストを実行していたのですね。テストのスクリプトであるtests.pyはアプリごとに用意されているので、どのアプリのテストを実行するかを指定する必要があるのです。

値をチェックするためのメソッド

では、ここで実行したスクリプトがどんなものか見てみましょう。ここでは、test_checkというメソッドを定義し、その中でさまざまな値を変数に用意してそれをチェックする、という処理を行っています。

「テスト」と一口にいうとなんだか複雑そうなことを行っているイメージがありますが、実はやっていることはとても単純です。「これの値は○○か？」というのを調べているだけなのです。変数xの値はTrueか。変数yの値はゼロより大きいか。20はリストarrの中に含まれているか。変数nnはNoneか。そういったことをチェックしていたのです。

この「値のチェック」を行うために用意されているのが「assert○○」という名前のメソッドです。これには、非常に沢山のメソッドが用意されています。ここで主なものをかんたんに紹介しておきましょう。

●値がTrueか／Falseか

```
assertTrue( 値 )
assertFalse( 値 )
```

●2つの値が等しいか／等しくないか

```
assertIs( 値1, 値2 )
assertIsNot( 値1, 値2 )
assertEqual( 値1, 値2 )
assertNotEqual( 値1, 値2 )
```

●2つの値のどちらが大きいか

```
assertGreater( 値1, 値2 )
assertGreaterEqual( 値1, 値2 )
assertLess( 値1, 値2 )
assertLessEqual( 値1, 値2 )
```

●値がNoneか／Noneでないか

```
assertIsNone( 値 )
assertIsNotNone( 値 )
```

●値がリストに含まれるか／含まれないか

```
assertIsIn( 値, リスト )
assertIsNotIn( 値, リスト )
```


いずれも引数にはチェックする値となるものを指定します。これらを実行し、値に問題がなければそのままテストを通過します。もし値に問題があると、テストは通過しません。

テスト失敗の例

では、「テストを通過しない」ときはどのようになるのでしょうか。実際に試してみましょう。先ほどのtest_checkメソッドを以下のように書き換えてみてください。

リスト5-37

```
def test_check(self):
    x = True
    self.assertTrue(x)
    y = 0
    self.assertGreater(y, 100)
    nn = None
    self.assertIsNone(nn)
```

```
問題　出力　デバッグ コンソール　ターミナル
C:\Users\tuyan\Desktop\django_app>python manage.py test sns
Found 1 test(s).
----------------------------------------------------------------------
Traceback (most recent call last):
  File "C:\Users\tuyan\Desktop\django_app\sns\tests.py", line 9, in test_check
    self.assertGreater(y, 100)
AssertionError: 0 not greater than 100

----------------------------------------------------------------------
Ran 1 test in 0.001s

FAILED (failures=1)
Destroying test database for alias 'default'...

C:\Users\tuyan\Desktop\django_app>
行 5、列 3　スペース: 2　UTF-8　CRLF　Python　3.11.4 64-bit (microsoft store)
```

図5-34　実行すると「FAIL: test_check (sns.tests.SnsTests)」と表示され、テストに失敗したことがわかる。

これを実行すると、「FAIL: test_check (sns.tests.SnsTests)」とメッセージが表示され、そこに失敗した内容が表示されます。「AssertionError: 0 not greater than 100」と表示されていますね。AssertionErrorというのが、assert○○というメソッドの呼び出しで問題が発生したことを示すエラーです。ここでは、0 not greater than 100とあり「ゼロは100より大きくない」といっています。これにより、self.assertGreater(y, 100)に問題が発生していたことがわかります。

このようにして、テストの実行結果に問題が発生したら、どこで発生して、なぜ問題が発生したのかを調べ、解決していきます。そうやって、「OK」になるまで問題をチェックしていくのです。

 セットアップとティアダウン 

テストの内容によっては、事前に準備が必要だったり、終了後に後始末が必要になったりすることもあります。こうした場合の処理もTestCaseには用意されています。

```
class テストクラス(TestCase):

    @classmethod
    def setUpClass(cls):
        super().setUpClass()
        ……事前処理……

    @classmethod
    def tearDownClass(cls):
        ……事後処理……
```

```
        super().tearDownClass()
```

setUpClassは事前の準備を行うもので、tearDownClassは事後の後始末を行うためのものです。いずれもクラスメソッドであり、@classmethodアノテーションを付けて記述します。

これらは、必ずsuper()～を使って親クラスのメソッドを呼び出すようにしてください。また、setUpClassのsuper()は処理の最初に、tearDownClassの場合は処理の最後につける、というのが基本です。

これらのメソッドは、使わない場合はメソッドを用意する必要はありません。処理が必要となる場合のみ作成すればいいでしょう。

データベースをテストする

これでテストの基本的なやり方はわかりました。が、正直いって「変数xがTrueかどうかとか、別にアプリと全然関係ないのでは？」と思った人も多いことでしょう。例えばSNSアプリなら、具体的に何の値をどうチェックすればテストになるのか？ そこがわからないとちゃんとしたテストは書けません。

こうしたアプリの場合、ポイントは「データベース」です。データが正しく保管され利用できるようになっているかを調べることが重要ですね。

データベースをチェックする

では、「データベース」のテストを行ってみましょう。test.pyを以下のように書き換えてみてください。

リスト5-38

```
from django.test import TestCase

from django.contrib.auth.models import User
from .models import Message

class SnsTests(TestCase):

    def test_check(self):
        usr = User.objects.first()
        self.assertIsNotNone(usr)
        msg = Message.objects.first()
        self.assertIsNotNone(msg)
```

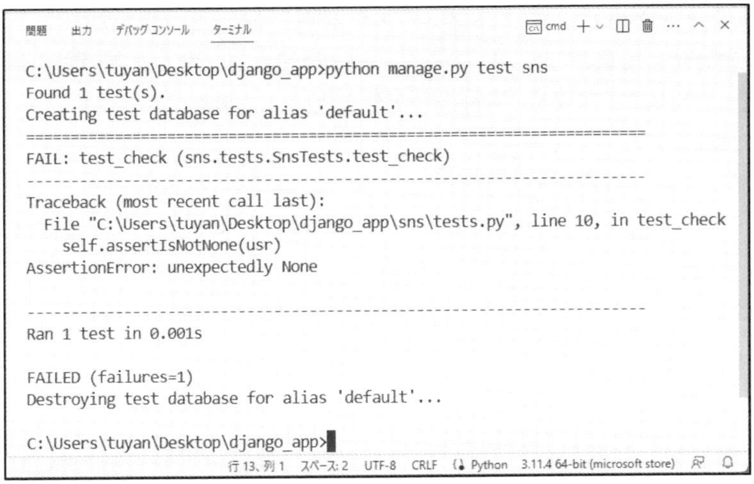

```
問題  出力  デバッグ コンソール  ターミナル

C:\Users\tuyan\Desktop\django_app>python manage.py test sns
Found 1 test(s).
Creating test database for alias 'default'...
======================================================================
FAIL: test_check (sns.tests.SnsTests.test_check)
----------------------------------------------------------------------
Traceback (most recent call last):
  File "C:\Users\tuyan\Desktop\django_app\sns\tests.py", line 10, in test_check
    self.assertIsNotNone(usr)
AssertionError: unexpectedly None

----------------------------------------------------------------------
Ran 1 test in 0.001s

FAILED (failures=1)
Destroying test database for alias 'default'...

C:\Users\tuyan\Desktop\django_app>
行 13、列 1  スペース: 2  UTF-8  CRLF  Python  3.11.4 64-bit (microsoft store)
```

図5-35　実行すると、FAIL: test_checkと失敗が報告される。

記述したら、「python manage.py test sns」をターミナルから実行してテストを行ってみてください。すると、予想外の結果になるでしょう。「FAIL: test_check (sns.tests.SnsTests)」といったメッセージが表示されるはずです。

これは、self.assertIsNotNone(usr)のところで問題が発生していることを表します。assertIsNotNoneで変数usrがNoneでないかチェックをしているのですが、ここで問題が起きています。つまり、usrの値はNoneになっているのです。

ここでは、こんな具合にしてUserの値を取り出しています。

```
usr = User.objects.first()
```

Userから最初の値を取り出しているだけですね。それなのに、usrはNoneで、Userインスタンスが取り出せていないことがわかります。Userにはいくつかのユーザーが登録済みのはず。なぜ、そんなことになっているのでしょうか。

それは、「テストで使われるデータベースは、アプリのデータベースではない」からです。

テストで使うデータベースは？

テスト実行時のメッセージの中に、データベースに関するものがありますね。この2文です。

```
Creating test database for alias 'default'...
Destroying test database for alias 'default'...
```

最初に表示されているのは「defaultのデータベースを作成しています」というもので、最後に表示されるのが「作成したdefaultのデータベースを削除します」というものです。

実は、テストではアプリに用意されているデータベースは使われません。その設定情報を使い、テスト用のデータベースを作成し、実行後にそれを削除するようになっているのです。これはそのためのメッセージだったのです。

この「テスト用のデータベースをその都度作って利用している」というのは非常に重要です。そうすることで、アプリのデータベースをテストによって書き換えてしまったりすることを防いでいるのですね。

しかし、逆にいえば、「アプリで使っているデータベースをそのままテストでは使えない」ということなのです。

 データベースのテストを完成させる 

では、どうすればいいのか。これは、面倒ですが「テストするモデルのインスタンスを作成して保存してからテストを実行する」しかありません。

では、やってみましょう。tests.pyの内容を以下のように書き換えてください。

リスト5-39

```
from django.test import TestCase

from django.contrib.auth.models import User
from .models import Message

class SnsTests(TestCase):

    @classmethod
    def setUpClass(cls):
        super().setUpClass()
        usr = cls.create_user()
        cls.create_message(usr)

    @classmethod
    def create_user(cls):
        # Create test user
        User(username="test", password="test", is_staff=True, is_active=True). ↵
            save()
        usr = User.objects.filter(username='test').first()
        return (usr)

    @classmethod
    def create_message(cls, usr):
```

```
    # Create test message
    Message(content='this is test message.', owner_id=usr.id).save()
    Message(content='test', owner_id=usr.id).save()
    Message(content="ok", owner_id=usr.id).save()
    Message(content="ng", owner_id=usr.id).save()
    Message(content='finish', owner_id=usr.id).save()

  def test_check(self):
    usr = User.objects.first()
    self.assertIsNotNone(usr)
    msg = Message.objects.first()
    self.assertIsNotNone(msg)
```

さあ、これでデータベースのテストが行えます。ターミナルから「python manage.py test sns」を実行しましょう。ちゃんと「OK」が表示されます。

ここでは、「create_user」「create_message」という2つのクラスメソッドを用意してあります。create_userは、テスト用のUserを作成するものです。またcreate_messageはメッセージのサンプルを作成するメソッドで、5つのサンプルメッセージを追加しています。

これらのメソッドは、setUpClassメソッドの中から呼び出しています。こうすることで、テスト実行時にこれらが自動的に呼び出されるようになります。

これらのメソッドによりテスト用データベースに必要なレコードが作成されました。後は、test_checkでUserとMessageのインスタンスを取得しNoneかチェックする処理を実行すればいいのです。

データベースをいろいろ調べる

データベースのテストを行う準備はできました。ではtest_checkメソッドを書き換えて、もう少しいろいろとデータベースのチェックを行ってみることにしましょう。

リスト5-40

```
def test_check(self):
  usr = User.objects.filter(username='test').first()

  msg = Message.objects.filter(content="test").first()
  self.assertIs(msg.owner_id, usr.id)
  self.assertEqual(msg.owner.username, usr.username)

  c = Message.objects.all().count()
  self.assertIs(c,5)

  msgs = Message.objects.filter(content__contains="test").all()
```

```
self.assertIs(msgs.count(), 2)

msg1 = Message.objects.all().first()
msg2 = Message.objects.all().last()
self.assertIsNot(msg1, msg2)
```

ここでは、3つのassertIsと1つのassertEqual、1つのassertIsNotの計5つのチェックを実行しています。それぞれデータベースのどういう内容をチェックしているか整理しましょう。

●msgのowner_idがuser.idと同じかどうか

```
self.assertIs(msg.owner_id, usr.id)
```

●msgのownerのusernameとusrのusernameが同じ名前かどうか

```
self.assertEqual(msg.owner.username, usr.username)
```

●全Messageのレコード数が5かどうか

```
c = Message.objects.all().count()
self.assertIs(c,5)
```

●msgsのレコード数が2つかどうか

```
self.assertIs(msgs.count(), 2)
```

●最初と最後のMessageが異なるものかどうか

```
self.assertIsNot(msg1, msg2)
```

さまざまなモデルのインスタンスを取得し、その内容をチェックしていることがわかります。特に、最初のassertIsとassertEqualは非常に重要です。これらは、Messageのリレーションで関連付けられているUserが正しく連携できているかをチェックしています。これらが正常なら、モデルの関連付けが正しく機能していることになります。

データベースは、このように「必要に応じてレコードを取り出し、その内容が意図した通りになっているか」を調べてテストをします。ここでは事前に決まった値をデータベースに保存して試していますが、例えばランダムにレコードを追加して得られるレコードを調べるなどすれば、更に厳密なテストができるでしょう。

assertIsとassertEqualの違いは？ Column

ここで行ったテストを見て、「assertIsとassertEqualって、同じじゃないの？」と思った人も多いかもしれません。この2つは、「2つの値が同じか調べる」というものですが、厳密には違うのです。

assertIsは、「両者が同一のものである」ことを調べます。例えば2つのインスタンスを保管した変数があったなら、「2つが同じインスタンスを示している」ことを調べるのです。

これに対し、assertEqualは「両者が同じ値として扱える」ことを調べます。クラスのインスタンスなどは、異なるものであっても内容が同じならば「等しい」と判断できるわけです。リスト5-40では、2つのテキストを比べていますが、テキストの場合も「異なる2つのテキストが同じ内容と判断できるか」はassertEqualを使います。

これからさきはどうするの？

というわけで、これでDjangoによるWebアプリケーション作成の超入門は、これでおしまいです。「なんだか全然プログラミングできるようになった気がしない」なんて人もいるかもしれませんね。でも、大丈夫。あなただけでなく、誰だってみんなそうだから。

プログラミングというのは、「ひたすら書いて慣れる」のが最善の習得方法なんです。基本的な使い方を通り一遍にざっと読んだからって、わかるようになんて絶対になりません。本当に使えるようになるかどうかは、「これからさき、どれだけ繰り返しソースコードを書いて動かすか」にかかってきます。本気で覚えたいなら、何よりもまずコードを書きましょう。

「そうはいっても、どこから手を付けたらいいかわからないよ」という人。そんな人のために、「とりあえず、これからさきはこうしよう！」というかんたんな道標を用意しておきましょう。

Pythonの入門書を買いに走れ！

まず、何よりも先にやるべきことは「Pythonという言語をしっかり覚えること」です。現在、多くの入門書が出版されていますから、こうした書籍を活用し、Pythonというプログラミング言語を基礎から身につけていきましょう。

DjangoはPythonの機能をフルに活かしたフレームワークですから、Pythonの理解が深まればそれだけDjangoもしっかり理解できるようになります。Djangoをマスターするには、まずPythonからです！

本書をもう一度しっかり読み返そう

ある程度Pythonも身についてきたら、本書を最初からしっかりと読み返していきましょう。これだけで、Djangoの理解はだいぶ深まるはずです。このとき大切なのは、「掲載されたリストを全部書くこと」です。

プログラミングの習得は「どれだけコードを書いたか」で決まります。本書に掲載されているリストは、ビギナーでもわかるように書いたつもりです。ですから書きながら内容を理解していきましょう。

サンプルを改良しよう

本書では、最後にミニSNSを作りました。これは、それなりに使えるようにしたつもりですが、まだまだ手直しや拡張する部分がたくさんあります。

例えば、利用者のページを用意して、興味のある利用者がどんな人が見られるようになっているといいですね。それに、テキストだけでなくイメージファイルを投稿したりできると更にいいでしょう。こんな具合に、便利そうな機能を自分なりに実装して拡張していきましょう。

オリジナルアプリに挑戦！

ある程度、テクニックが増えていったら、それらを組み合わせてオリジナルのアプリが作れないか考えてみましょう。アプリの開発は、単に「機能を実装する」ことの集まりではありません。アプリを作り公開するには、それなりの知識が必要となるのです。実際に自分だけのアプリを作ることで、開発に必要なさまざまな経験を得ることができるはずです。

ここまでくれば、あなたはもう立派なプログラマ。それなりのものを作れるだけの知識と経験を身につけているはずです。では、さっそく今から始めましょう、PythonとDjangoの学習を！

2023.8　掌田津耶乃

Index

索引

記号・数字

A

B

C

D

E

F

G

H

I

J

L

M

N

O

P

Q

R

S

T

U

V

W

あ行

か行

さ行

た行

は行

ま行

や行

ら行

著者紹介

掌田 津耶乃（しょうだ　つやの）

日本初のMac専門月刊誌「Mac+」の頃から主にMac系雑誌に寄稿する。ハイパーカードの登場により「ビギナーのためのプログラミング」に開眼。以後、Mac、Windows、Web、Android、iOSとあらゆるプラットフォームのプログラミングビギナーに向けた書籍を執筆し続ける。

■最近の著作

「R/RStudioでやさしく学ぶプログラミングとデータ分析」（マイナビ）
「Rustハンズオン」（秀和システム）
「Spring Boot 3 プログラミング入門」（秀和システム）
「C# フレームワーク ASP.NET Core入門 .NET 7対応」（秀和システム）
「Google AppSheetで作るアプリサンプルブック」（ラトルズ）
「マルチプラットフォーム対応 最新フレームワーク Flutter 3入門」（秀和システム）
「見てわかるUnreal Engine 5 超入門」（秀和システム）

●著書一覧

http://www.amazon.co.jp/-/e/B004L5AED8/

●ご意見・ご感想の送り先

syoda@tuyano.com

Python Django 4 超入門（パイソン ジャンゴ フォー ちょうにゅうもん）

発行日　2023年　9月10日　　第1版第1刷

著　者　掌田　津耶乃（しょうだ　つやの）

発行者　斉藤　和邦

発行所　株式会社　秀和システム
〒135-0016
東京都江東区東陽2-4-2　新宮ビル2F
Tel 03-6264-3105（販売）Fax 03-6264-3094

印刷所　三松堂印刷株式会社

ISBN978-4-7980-6241-9 C3055